普通高等院校规划教材

建筑火灾安全工程

主　编　张洪杰

副主编　韩　军　幸福堂

　　　　陈旺生　王　洁

U0324088

中国矿业大学出版社

内 容 提 要

本书从火灾的燃烧基础出发,讨论火灾发生、发展以及蔓延的规律,建筑分类和耐火等级、总平面布局和平面布置、防火防烟分区与分隔、安全疏散和避难等防火方法和技术,灭火救援设施、建筑灭火器、火灾自动报警系统、自动喷水灭火系统、防排烟系统、消防应急照明和疏散指示系统等消防设施及灭火技术。从系统安全的理论出发,讨论了建筑火灾的风险评估的基本方法。

本书可作为高等院校安全工程、消防工程、建筑环境与设备工程、建筑技术、工程管理等专业的教材,也可供从事消防工作的科研人员、工程技术人员及管理人员参考。

图书在版编目(C I P)数据

建筑火灾安全工程/张洪杰主编. —徐州:中国
矿业大学出版社,2019.5
　ISBN 978 - 7 - 5646 - 4434 - 5

　Ⅰ. ①建… Ⅱ. ①张… Ⅲ. ①建筑物—消防—安全工
程 Ⅳ. ①TU998.1

　中国版本图书馆 CIP 数据核字(2019)第 088240 号

书　　名	建筑火灾安全工程	
主　　编	张洪杰	
责任编辑	黄本斌	
出版发行	中国矿业大学出版社有限责任公司	
	(江苏省徐州市解放南路　邮编 221008)	
营销热线	(0516)83884103　83885105	
出版服务	(0516)83995789　83884920	
网　　址	http://www.cumtp.com　**E-mail**:cumtpvip@cumtp.com	
印　　刷	江苏凤凰数码印务有限公司	
开　　本	787×1092　1/16　**印张** 15.5　**字数** 387 千字	
版次印次	2019 年 5 月第 1 版　2019 年 5 月第 1 次印刷	
定　　价	28.00 元	

(图书出现印装质量问题,本社负责调换)

前　言

随着经济的快速发展和城市化的进程加快,高层和超高层建筑、大型商业建筑和城市综合体等越来越多,规模越来越大,建筑布局和功能日益复杂,火灾风险也越来越大,建筑火灾安全管理和灭火救援工作形势严峻。研究建筑火灾发生和防治的规律,采取切实有效的建筑火灾安全技术,是当前加强城市公共安全的一项重要任务,具有重要的现实意义和社会价值。

本书从系统安全的角度出发,引入安全风险管控的思想,以"防住火灾风险、控住火灾事故、保住建筑和人员生命及财产安全"为基本和首要要求,将建筑物作为一个整体,分析建筑的总平面布局、防火防烟分区、安全疏散和避难以及建筑内各部分的消防措施等。本书内容吸收国内外专家学者的先进理论和技术,同时结合国家消防相关法律法规,研究提高建筑火灾安全性的综合措施。

首先,本书从火灾燃烧基础理论出发,研究火灾发生、发展和蔓延的基本规律。其次,对建筑物的耐火等级、建筑的总平面布局、防火防烟分区与分隔、安全疏散和避难等防火方法和技术、灭火救援设施、建筑灭火器、火灾自动报警系统、自动喷水灭火系统、防排烟系统、消防应急照明和疏散指示系统等方面的技术和措施进行综合分析。最后,在对建筑火灾及其主动和被动防护知识综合掌握的基础上,采用风险评价等相关方法和技术对建筑火灾进行了风险分析。

"建筑火灾安全工程"作为高等院校安全工程、消防工程、建筑技术等专业本科的主干课程,旨在使未来的安全工程师、消防工程师和建筑师等掌握建筑火灾的特点、建筑防火、灭火及火灾风险评价等方面的方法和技术,提高建筑防火设计和建筑火灾安全管理的科学性、合理性和有效性。

全书共15章,由张洪杰担任主编,其中第1章和第2章由幸福堂编写;第4章和第5章由韩军编写;第6章和第7章由王洁编写;第8章由陈旺生编写;其余各章由张洪杰编写。此外姜学鹏、卢颖、秦林波、赵波等对相关材料的选取和收集给予了许多帮助,张文鹏、赵小炯、丁连树、朱逸龙、郑子豪和苏腾飞等研究生参与了图表、文字的整理、修改和校对。

本书参照和引用了国家的技术标准规范,由于技术标准规范会随着经济社会的发展和技术的进步而有所更新,读者在使用过程中应注意以现行国家消防技术标准为依据。

本书参阅了国内外诸多专家的著作,在此特向他们深表敬意。

由于作者水平有限,书中不妥之处在所难免,诚请广大读者批评指正。

作　者
2018 年 12 月

目 录

第1章 绪 论

1.1 火灾的特征及其危害

1.1.1 火灾的特征

火是一种快速的氧化反应过程,具有一般燃烧现象的特点,往往伴随着发热、发光、火焰、发光的气团及燃烧爆炸造成的噪声等。火的正确使用所能提供的能量,不仅改善了人类基本的饮食和居住条件,而且极大地促进了社会生产力的发展,对人类文明的进步做出了重大的贡献。

火灾是指在时间或空间上失去控制的燃烧。火灾会对自然和社会造成一定程度的损害。火灾科学的研究表明,火灾的发生和发展具有双重性,即火灾既具有确定性,又具有随机性。火灾的确定性是指在某特定的场合下发生了火灾,火灾基本上按着确定的过程发展,火源的燃烧蔓延、火势的发展、火焰烟气的流动传播将遵循确定的流体流动、传热传质以及物质守恒等规律。火灾的随机性主要指火灾在何时、何地发生是不确定的,是受多种因素影响随机发生的。

火灾从发生、发展到最终造成重大灾害性事故大致可分为3个阶段:初期增长阶段、充分发展阶段、减弱阶段。一旦火灾发展到充分发展阶段,火灾所产生的烟和热,以及有毒有害物质(CO、CO_2、碳氢化合物、氮氧化物等)不仅会严重威胁人的生命安全、造成巨大的财产损失,也会对环境和生态系统造成不同程度的破坏。全球每年火灾造成的直接经济损失约为地震的5倍,仅次于干旱和洪涝,而其发生的频率则高居各类灾害之首。火灾造成的直接和间接经济损失、人员伤亡损失、灭火消防费用、保险管理费用以及投入的消防工程费用统称为火灾代价。世界火灾统计中心的统计结果表明,世界上许多发达国家每年火灾直接经济损失占国民生产总产值的1.5%左右,而整个火灾代价为国民生产总值的1%左右,人员死亡率在十万分之二左右。

1.1.2 火灾的分类

根据不同的需要,火灾可以按不同的方式进行分类。

(1) 按照燃烧对象的性质分类

按照国家标准《火灾分类》(GB/T 4968)的规定,火灾分为 A、B、C、D、E、F 六类。

A 类火灾:固体物质火灾。这种物质通常具有有机物性质,一般在燃烧时能产生灼热的余烬。例如,木材、棉、毛、麻、纸张等火灾。

B 类火灾:液体或可熔化固体物质火灾。例如,汽油、煤油、原油、甲醇、乙醇、沥青、石蜡等火灾。

C 类火灾:气体火灾。例如,煤气、天然气、甲烷、乙烷、氢气、乙炔等火灾。

D类火灾:金属火灾。例如,钾、钠、镁、钛、锆、锂等火灾。

E类火灾:带电火灾。物体带电燃烧的火灾。例如,变压器等设备的电气火灾等。

F类火灾:烹饪器具内的烹饪物(如动物油脂或植物油脂)火灾。

(2) 按照火灾事故所造成的灾害损失程度分类

依据国务院 2007 年 4 月 9 日颁布的《生产安全事故报告和调查处理条例》(国务院令 493 号)中规定的生产安全事故等级标准,消防部门将火灾相应地分为特别重大火灾、重大火灾、较大火灾和一般火灾四个等级。

① 特别重大火灾是指造成 30 人以上死亡,或者 100 人以上重伤,或者 1 亿元以上直接财产损失的火灾;

② 重大火灾是指造成 10 人以上 30 人以下死亡,或者 50 人以上 100 人以下重伤,或者 5 000 万元以上 1 亿元以下直接财产损失的火灾;

③ 较大火灾是指造成 3 人以上 10 人以下死亡,或者 10 人以上 50 人以下重伤,或者 1 000 万元以上 5 000 万元以下直接财产损失的火灾;

④ 一般火灾是指造成 3 人以下死亡,或者 10 人以下重伤,或者 1 000 万元以下直接财产损失的火灾。

注:"以上"包括本数,"以下"不包括本数。

此外,火灾还可以根据发生的场所进行分类,本书不做详细介绍。

1.1.3　火灾的危害

(1) 危害生命安全

建筑物火灾会对人的生命安全构成严重威胁。一场大火,有时会吞噬几十人甚至几百人的生命。建筑物火灾对生命的威胁主要来自以下几个方面:① 建筑物采用的许多可燃性材料,在起火燃烧时产生高温高热,对人员的肌体造成严重伤害,甚至致人休克、死亡。据统计,因燃烧热造成的人员死亡约占整个火灾死亡人数的 1/4。② 建筑内可燃材料燃烧过程中释放出的一氧化碳等有毒烟气,人吸入后会产生呼吸困难、头痛、恶心、神经系统紊乱等症状,威胁生命安全。在所有火灾遇难者中,约有 3/4 的人是吸入有毒有害烟气后直接导致死亡的。③ 建筑物经燃烧,达到甚至超过了承重构件的耐火极限,导致建筑整体或部分构件坍塌,造成人员伤亡。

(2) 造成经济损失

火灾造成的经济损失主要以建筑火灾为主。体现在以下几个方面:① 火灾烧毁建筑物内的财物,破坏设施设备,甚至会因火势蔓延而使整幢建筑物化为灰烬。② 建筑物火灾产生的高温高热,将造成建筑结构的破坏,甚至引起建筑物整体倒塌。③ 扑救建筑火灾所用的水、干粉、泡沫等灭火剂,不仅本身是一种资源损耗,而且将使建筑内的财物遭受水渍、污染等损失。④ 建筑火灾发生后,因建筑修复重建、人员善后安置、生产经营停业等,也会造成巨大的间接经济损失。

(3) 破坏文明成果

一些历史保护建筑、文化遗址一旦发生火灾,除了会造成人员伤亡和财产损失外,大量文物、典籍、古建筑等稀世瑰宝面临烧毁的威胁,这将对人类文明成果造成无法挽回的损失。1923 年 6 月 27 日,原北京紫禁城(现为故宫博物院)内发生火灾,将建福宫一带清宫储藏珍宝最多的殿宇楼馆烧毁,史料记载,共烧毁金佛 2 665 尊、字画 1 157 件、古玩 435 件、古书几万册,损失难以估量。

（4）影响社会稳定

当重要的公共建筑、重要的单位发生火灾时,会在很大的范围内引起关注,并造成一定程度的负面效应,影响社会稳定。2009 年 2 月 9 日,正值元宵节,在建的中央电视台电视文化中心（又称央视新址北配楼）发生特大火灾,大火持续燃烧了数小时,全国甚至世界范围内的主流媒体第一时间都进行了报道,火灾事故的认定及责任追究也受到了广泛的关注,造成了很大的社会反响。从许多火灾案例来看,当学校、医院、宾馆、办公楼等公共场所发生群死群伤恶性火灾,或者涉及粮食、能源、资源等国计民生的重要工业建筑发生大火时,还会在民众中造成心理恐慌。普通家庭生活遭受火灾的危害,也将在一定范围内造成负面影响,损害群众的安全感,影响社会的稳定。

（5）破坏生态环境

火灾的危害不仅表现为毁坏财物、残害人类生命,而且还会破坏生态环境。2005 年 11 月 13 日,中石油吉林石化公司双苯厂发生火灾爆炸事故,由于生产装置及部分循环水系统遭到严重破坏,致使苯、苯胺和硝基苯等 98 t 残余物料通过清净废水排水系统流入松花江,引发特别重大水污染事件。事发后,松花江下游沿岸的哈尔滨、佳木斯,以及俄罗斯哈巴罗克尔等城市面临严重生态危机。而森林火灾的发生,会使大量的动植物灭绝、环境恶化、气候异常、干旱少雨、风暴增多、水土流失,导致生态平衡被破坏,引发饥荒和疾病的流行,严重威胁人类的生存和发展。

1.2　火灾发生的常见原因

事故都有起因,火灾也是如此。分析起火原因,了解火灾发生的特点,是为了更有针对性地运用技术措施,有效控火,防止和减少火灾危害。

（1）电气

电气火灾原因复杂,既涉及电气设备的设计、制造及安装,也与产品投入使用后的维护管理、安全防范相关。由于电气设备故障、电气设备设置或使用不妥、电气线路敷设不当及老化等所造成的设备过负荷、线路接头接触不良、线路短路等是引起电气火灾的直接原因。

（2）吸烟

未熄灭的烟蒂和火柴杆温度可达到 800 ℃,能引起许多可燃物质燃烧,在起火原因中,占有相当大的比重。例如,将没有熄灭的烟头和火柴杆扔在可燃物中引起火灾;躺在床上,特别是醉酒后躺在床上吸烟,烟头掉在被褥上引起火灾;在禁止火种的火灾高危场所,因违章吸烟引起火灾事故。

（3）生活用火不慎

生活用火不慎主要是指城乡居民家庭生活用火不慎。例如,炊事用火中炊事器具设置不当,安装不符合要求,在炉灶的使用中违反安全技术要求等引起火灾;家中烧香祭祀过程中无人看管,造成香灰散落引发火灾等。

（4）生产作业不当

生产作业不当主要是指违反生产安全制度引起火灾。例如,在易燃易爆的车间内动用明火,引起爆炸起火;将性质相抵触的物品混存在一起,引起燃烧爆炸;在用气焊焊接和切割时，飞进出的大量火星和熔渣，因未采取有效的防火措施，引燃周围可燃物；在机器运转过程中，不按时加油润滑，或者没有清除附在机器轴承上面的杂质、废物，使机器这些部位摩擦发热，引起附着物起火；化工生产设备失修，出现可燃气体、易燃、可燃液体跑、冒、滴、漏现象，遇到明火燃烧或爆炸等。

（5）玩火

未成年人因缺乏看管，玩火取乐，也是造成火灾常见的原因之一。此外，燃放烟花爆竹也属于"玩火"的范畴。被点燃的烟花爆竹本身即是火源，稍有不慎，就易引发火灾，爆炸还会造成人员伤亡。

（6）纵火

纵火分为刑事犯罪纵火和精神病人纵火。

（7）雷击

雷电导致的火灾原因大体上有三种：一是雷电直接击在建筑物上发生的热效应、机械效应作用等；二是雷电产生的静电感应作用和电磁感应作用；三是高电位雷电波沿着电气线路或金属管道系统侵入建筑物内部。在雷击较多的地区，建筑物上如果没有设置可靠的防雷保护设施，便有可能发生雷击起火。此外，一些森林火灾往往是由于雷击所引起的。

1.3　火灾安全科学与工程研究的发展

不少人早就提出应当定量研究火灾规律，但一直进展不大，只在近几十年得到了较快的发展。这种情况的出现实际上是历史发展的结果，首先是伴随着经济迅速发展而出现的火灾危险日益增大的现实提出了这种要求，其次是当代的科学技术成果使人们有能力开展相关研究。近50年，许多国家相继建立了一批有一定规模的火灾科研机构，大批科研人员纷纷进入这一研究领域，火灾科学和防治技术的研究成为当代最活跃的科研领域之一。火灾科学与消防工程学就是在这种背景下提出与发展起来的。

20世纪70年代末，近十个国际著名的火灾研究机构组织了几次大规模的联合研究项目。1985年在美国召开了第一次国际火灾安全科学讨论会，同时成立了国际火灾安全科学学会（International Association for Fire Safety Science，IAFSS），并编辑出版了国际火灾安全科学学会学报（Journal of Fire Science）。以后该学会的讨论每隔3年会在世界上不同的地方举行一次，其中第八届年会于2005年在我国北京举办。一些地区性的火灾科学学会也相继成立，例如亚澳火灾科学技术学会（Asia-Oceania Association for Fire Science and Technology，AOAFST），目前已召开了11届讨论会，其中第九届年会于2012年在我国合肥举办。

自20世纪90年代以来，我国在火灾科学方面的研究也取得了长足的进展。经各方面的专家认真讨论，结合我国的国情和习惯，提出以"火灾科学与消防工程"作为学科名称，并制定了学科发展的基本构架。

国内外关于火灾科学的讨论会，基本上是按火灾物理、火灾化学、火焰结构、人与火灾的相互影响、火灾研究的工程应用、火灾探测、火灾专门课题、统计与火险分析系统、烟气毒性和灭火技术等问题展开研讨。综合分析这些内容可以认为，火灾科学研究大致围绕着基础科学、安全工程和安全技术三方面展开。

火灾学或称火灾安全科学(Fire Safety Science),侧重研究火灾发生、发展及防治的基本规律,研究各类火灾的共性问题。火灾现象是多种多样的,但各类火灾都包括着火、火灾蔓延、烟气传播、灭火等过程,从机理上看这些分过程存在着共同规律。

火灾安全工程学或称消防工程学(Fire Safety Engineering)则基于对火灾规律的认识,侧重从系统安全的高度,研究如何实现建(构)筑物的总体安全。它的主要目标是保证人员在火灾中的安全,减少火灾的损失,最大限度地降低火灾对环境的破坏等。因此,它将在火灾发生、发展和蔓延的规律基础上,讨论建筑物的防火安全设计、火灾探测和灭火的技术原理、火灾过程的控制方法等。

消防安全技术(Fire Safety Technology)则是针对火灾防治的不同环节,研制开发实用技术与产品。例如适用于不同场合的火灾探测技术、扑灭特定环境的灭火技术、逃生救援技术、火灾鉴定技术等。发展消防安全技术应当以火灾安全科学与工程的知识为指导,同时还要掌握其他相关学科的知识,以便研制出适用、可靠的技术产品。

本书定位于讨论火灾安全工程学。它是在工程热物理、安全工程、建筑工程、电子工程、灾害学、系统工程及计算机科学基础上形成的一门新的交叉学科。火灾安全工程学要充分利用火灾科学的基础理论,但不过细探究某些火灾现象的机理;它也要涉及火灾防治技术,但又不过于具体考虑某些消防产品的设计和制造细节,而重在讨论这些技术的应用原理及在具体火灾场合下的适用性。通过这种工程分析,能够对新建筑物的防火设计、现有建筑物的火灾安全状况做出客观的评价,对火灾防治的经济性和有效性提出合理的建议。

第2章 火灾燃烧基础

燃烧基础知识主要包括燃烧条件、燃烧类型及其特点、燃烧产物等相关内容,是关于火灾机理及燃烧过程等最基础、最本质的知识。

2.1 燃烧条件及机理

燃烧是指可燃物与氧化剂作用发生的放热反应,通常伴有火焰、发光和(或)发烟现象。燃烧过程中,燃烧区的温度较高,使其中白炽的固体粒子和某些不稳定(或受激发)的中间物质分子内电子发生能级跃迁,从而发出各种波长的光。发光的气相燃烧区就是火焰,它是燃烧过程中最明显的标志。由于燃烧不完全等原因,会使产物中产生一些小颗粒,这样就形成了烟。

燃烧可分为有焰燃烧和无焰燃烧。通常看到的明火都是有焰燃烧;有些固体发生表面燃烧时,有发光发热的现象,但是没有火焰产生,这种燃烧方式则是无焰燃烧。燃烧的发生和发展,必须具备三个必要条件,即可燃物、氧化剂(助燃物)和点火能(引火源)。通常来说,可燃物和氧化剂是经常存在的,使它们开始相互反应,关键在于提供足够的点火能。另外,还应清楚,可燃物与氧化剂之间的氧化反应不是直接进行的,而是经过在高温中生成的活性基团和原子等中间物质,通过连锁反应进行的。如果消除活性基团,链反应中断,连续的燃烧过程就会停止。燃烧的4个条件间的关系如图2-1所示。

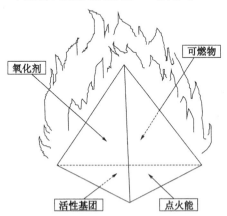

图 2-1 发生燃烧的条件

2.1.1 着火的形式

可燃物在与空气共存的条件下,当达到某一温度时,与引火源接触即能引起燃烧,并在引火源离开后仍能持续燃烧,这种持续燃烧的现象叫着火。着火就是燃烧的开始,并且以出现火焰为特征。着火是日常生活中最常见的燃烧现象。可燃物的着火方式一般分为下列几类:

(1)点燃(或称强迫着火)

点燃是指从外部能源,诸如电热线圈、电火花、炽热质点、点火火焰等得到能量,使混合气的局部范围受到强烈的加热而着火。这时就会在靠近点火源处引发火焰,然后依靠燃烧波传播到整个可燃混合物中,这种着火方式习惯上称为引燃。

(2)自燃

可燃物质在没有外部火花、火焰等火源的作用下,因受热或自身发热并蓄热所产生的自然燃烧,称为自燃。即物质在无外界引火源条件下,由于其本身内部所发生的生物、物理或化学变化而产生热量并积蓄,使温度不断上升,自然燃烧起来的现象。自燃点是指可燃物发生自燃的最低温度。

① 化学自燃。例如火柴受摩擦而着火;炸药受撞击而爆炸;金属钠在空气中自燃;煤因堆积过厚而自燃等。这类着火现象通常不需要外界加热,而是在常温下依据自身的化学反应发生的,因此习惯上称为化学自燃。

② 热自燃。如果将可燃物和氧化剂的混合物预先均匀地加热,随着温度的升高,当混合物加热到某一温度时便会自动着火(这时着火发生在混合物的整个体积中),这种着火方式习惯上称为热自燃。

2.1.2 燃烧机理

2.1.2.1 热自燃理论

在任何充满可燃预混气的体系中,可燃物能够氧化而放出热量,使得体系的温度升高;同时体系会通过容器的壁面向外散热,使得体系温度下降。

设反应容器的体积为 V,表面积为 F,内部充满可燃预混气。起初,容器壁面温度与环境温度 T_0 相同;在反应过程中,壁温则与预混气温度相同,预混气的瞬时温度为 T;此外认为容器中各点的温度、浓度相同,着火前反应物浓度变化很小,可视为近似不变;环境与容器之间有对流换热,对流换热系数为 h,并认为其不随温度变化。这样该系统的能量方程是:

$$\rho_\infty c_V \frac{\mathrm{d}T}{\mathrm{d}t} = Q_G - Q_L = q_s W_s - \frac{hF}{V}(T - T_0) \tag{2-1}$$

式中　　Q_G ——体系中单位体积预混气在单位时间内由化学反应放出的热量,简称放热速率;

Q_L ——体系中单位体积的预混气在单位时间内平均向外界环境散发的热量,简称散热速率;

ρ_∞ , c_V , q_s ——可燃预混气的密度、定容比热容和单位体积预混气的反应热;

W_s ——预混气的化学反应速率:

$$W_s = k_0 c_a c_b \exp(-E/RT) \tag{2-2}$$

k_0 ——频率因子;

c_a , c_b ——反应物 a、b 的摩尔浓度;

E ——反应的活化能;

R ——理想气体常数。

化学反应速率 W_s 与温度呈指数关系,所以 Q_G 是温度的指数函数。

热自燃理论认为:着火是反应放热因素与散热因素相互作用的结果。如图 2-2 所示,开始时,散热曲线如 T_{01},随着温度的升高,化学反应加强,同时散热也加强。当到达 A 点时,放热等于散热。温度继续升高,这时散热值一直大于放热值,因此,在自身化学反应条件下,系统的温度将会降低,又返回到 A 点,A 点是一稳定点,不会发生自身加速化学反应而着火。而对于 B 点来说则是一个不稳定点。当温度超过 B 点时,放热速率急剧增大,系统的放热大于散热,使系统的温度逐渐升高而发生着火。若温度到达 B 点时稍有降温,则系统会返回到 A 点。从 A 点的稳定状态到 B 点的不稳定状态需要有外加的热源来补充散热损失。若初始环境温度增加,则热损会减少,热损曲线向右平移,当平移到图中 T_{02} 的位置时,就会和放热曲线相切,形成一个切点 C。C 点也是一个不稳定点,但这一点是系统自身可以达到的一个点,这个点就代表热自燃点,T_C 就是热自燃温度。

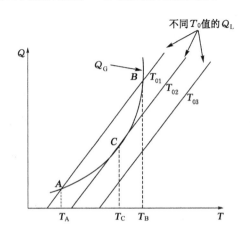

图 2-2 热自燃过程中的放热与散热曲线

2.1.2.2 链反应理论

对于大多数碳氢化合物与空气的反应来说,热自燃理论可以很好地解释反应速率的自动加速。但也有一些现象解释不清,例如氢氧反应的 3 个爆炸极限,而链反应理论却能给出合理解释。链反应理论认为,在反应体系中可出现某种活性基团,只要这种活性基团不消失,反应就一直进行下去,直到反应完成。

链反应一般由链引发、链传递、链终止 3 个步骤组成。反应中产生自由基的过程称为链引发。使稳定分子分解产生自由基,就是使某些分子的化学链断裂。这需要很大的能级,因此链引发是一个困难的过程。常用的引发方法有热引发、光引发等。

活性基团与普通分子反应时,能够再生成新的活性基团,因而可以使这种反应不断进行下去。链的传递是链反应的主体阶段,活性基团是链传递的载体。如果活性基团与器壁碰撞而生成稳定分子,或者两个活性基团与第三个惰性分子相撞后失去能量而成为稳定分子,链反应就会终止。

链反应分为直链反应和支链反应。在直链反应过程中,每消耗一个自由基同时又生成一个自由基,直到链终止。就是说反应过程中,活性基团的数目保持不变。由于链传递的速度非常快,因此直链反应速度也是非常快的。而在支链反应过程中,由一个自由基生成最终产物的同时,还可产生两个或两个以上的活性基团,就是说在反应过程中活性基团的数目是随时间增加的,因此支链反应速率是逐渐加大的。

链反应理论认为,反应自动加速是通过反应过程中自由基的逐渐积累来达到反应加速的。系统中自由基数目能否发生积累是链反应过程中自由基增长因素与自由基销毁因素相互作用的结果。自由基增长因素占优势,系统就会发生自由基积累。

例如,氢与氧的反应就是一种支链反应,其总体反应过程可写为

$$2H_2 + O_2 \longrightarrow 2H_2O(总反应) \tag{2-3}$$

这一反应可以分解为以下一些步骤:

$$H_2 \longrightarrow 2H \cdot (链引发) \tag{2-4}$$

$$\left. \begin{aligned} H \cdot + O_2 &\longrightarrow OH \cdot + O \cdot \\ O \cdot + H_2 &\longrightarrow H \cdot + OH \cdot \\ OH \cdot + H_2 &\longrightarrow H \cdot + H_2O \end{aligned} \right\} (链传递) \tag{2-5}$$

$$\left. \begin{aligned} H \cdot &\longrightarrow 器壁破坏 \\ OH \cdot &\longrightarrow 器壁破坏 \end{aligned} \right\} (链终止) \tag{2-6}$$

将链传递的几个步骤相加得

$$H \cdot + 3H_2 + O_2 \longrightarrow 2H_2O + 3H \cdot \tag{2-7}$$

这就是说,1 个活性基团(在这里是 H·)参加反应后,经过一个链传递,在形成 H_2O 的同时还产生了 3 个 H·,这 3 个 H· 又继续参加反应。随着反应的进行,H· 的数目不断增多,因此支链反应是不断加速的。

当反应过程中引起活性基团增长速率起决定作用时,燃烧反应加速进行;而当活性基团的销毁速率起决定作用时,燃烧反应逐渐停止。

2.2　可燃物的火灾燃烧特性

建筑物内的可燃物可分为气相、液相和固相 3 种形态。发生燃烧时,它们与空气混合的难易程度不同,因而其燃烧状况存在较大差别。

2.2.1　可燃气体的燃烧

建筑火灾中的可燃气体主要有两类:一类是燃烧前就在建筑物内存在的可燃气体,如天然气、人工煤气、液化石油气等;另一类是火灾烟气中由于可燃物不完全燃烧生成的可燃气体,如 CO、H_2S 等。

可燃气体的燃烧不需像固体、液体那样经熔化、蒸发过程,其所需热量仅用于氧化或分解,或者将气体加热到燃点,因此容易燃烧且燃烧速度快。根据燃烧前可燃气体与氧混合状况不同,其燃烧方式分为预混燃烧和扩散燃烧。

2.2.1.1　预混燃烧

预混燃烧是指可燃气体、蒸气或粉尘预先同空气(或氧)混合,遇火源产生带有冲击力的燃烧。预混燃烧一般发生在封闭体系中或在混合气体向周围扩散的速度远小于燃烧速度的敞开体系中,燃烧放热造成产物体积迅速膨胀,压力升高,压强可达 709.1~810.4 kPa。火焰在预混气中传播,存在正常火焰传播和爆轰两种方式。按混合程度不同,预混燃烧还可分为部分预混式燃烧和完全预混式燃烧。

如果由于某种原因致使可燃气体泄漏,在封闭的泄漏点区域,如建筑物室内就会形成大量的可燃混合气。若同时出现点火源,便可引起爆炸。这种爆炸往往引发火灾,使火灾进一步扩大。可燃气体与空气混合的程度通常用一次空气系数 a_1 来表示,即一次空气量和理论空气量的比值。一次空气系数 $a_1 = 1$ 时,即处于化学当量比燃烧;一次空气系数 $a_1 < 1$,表明氧气供应不足,燃烧过量,称为富燃料预混气,这种状况的燃烧称为部分预混式燃烧。一次空气系数 $a_1 > 1$ 时,表明空气过剩,燃料气较少,通常称为贫燃料预混气,处于完全预混式燃烧状态。火灾的初期阶段,通常是富燃料预混气燃烧阶段;火灾的通风阶段处于空气过剩阶段。

部分预混式燃烧形成的本生火焰由内锥和外锥两层火焰组成,如图 2-3 所示。内锥由可燃气体与一次空气混合物的燃烧所形成,其燃烧过程处于动力区内。外锥是尚未燃烧的可燃气体从周围空气中获得氧气燃烧所形成,其燃烧过程处于扩散区内。从火势的发展来看,火灾的发展和蔓延实际上是一种处于高温反应区的火焰传播过程。随着气体流体状态的不同,预混火焰传播速度可分为层流火焰传播速度和湍流火焰传播速度两种。

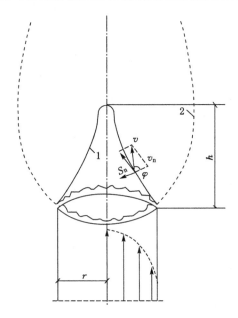

图 2-3 部分预混燃烧形成的本生火焰

1——内锥面;2——外锥面

层流火焰传播速度定义为火焰面向层流可燃混合气传播的法相速度。一定温度、压力下,可燃混合物的法向火焰传播速度 S_n 是反映可燃气体燃烧特性的一个物理常数,由可燃混合物的物理化学特性决定。随着初始温度的升高,S_n 显著增大。法向火焰传播速度的最大值出现在空气与可燃气体按化学计量比混合时。法向火焰传播速度相应的最大与最小值时可燃物的含量即为可燃混合物的着火下限和上限。表 2-1 为常温常压下,若干燃料气体与空气混合时的法向火焰传播速度的最大值,以及在该速度时燃料气在预混气中的百分数。

表 2-1　　若干燃料气体与空气混合气的法向火焰传播速度的最大值(常温常压)

燃料气	法向火焰传播速度的最大值/(m/s)	此时的燃料浓度与当量浓度之比/%	燃料气	法向火焰传播速度的最大值/(m/s)	此时的燃料浓度与当量浓度之比/%
氢气	2.912	170	正丁烷	0.416	113
一氧化碳	0.429	170	乙烯	0.476	116
甲烷	0.373	106	丙烯	0.480	114
乙烷	0.442	112	苯	0.446	108
丙烷	0.429	114	甲苯	0.386	105

当部分预混火焰内锥表面各点上的气流速度 v 在锥体母线的法线上的分量 v_n 与该点的法向火焰传播速度 S_n 相等时,则内锥形状非常稳定,轮廓清晰,呈明亮的蓝色锥体。又由于一次空气量小于燃烧所需的空气量,因此在蓝色锥体上仅仅进行一部分燃烧过程。所生成的中间产物将穿过内锥焰面,在其外部按扩散方式与空气混合而燃烧,且一次空气系数越小,则外锥焰面就越大。$a_1 = 1$ 时,燃烧温度最高,内锥高度最短;$a_1 < 1$ 或 $a_1 > 1$ 时,内锥高度均增大。

由于预混湍流火焰比层流火焰明显缩短,焰面由光滑变为皱曲,火焰厚度增加,火焰总表面积也相应增加。当湍流尺度很大时,焰面将强烈扰动,焰面变为由许多燃烧中心组成的一个燃烧层,燃烧得到强化。其火焰结构如图 2-4 所示。

预混火焰可以向任何有可燃混合气的地方传播。当可燃混合气的气流速度的法向分速度小于火焰传播速度,火焰缩回喷口,称为回火。回火可能造成混合室与其相连的管道内的温度和压力急剧升高,甚至造成爆炸,其破坏性极大,因此,对于预混燃烧应当格外注意防止回火。

部分预混式燃烧由于预混了部分空气,所以燃烧温度和燃烧的完全化程度有所提高,火焰温度相对扩散式燃烧较高。当选取适宜的一次空气系数时,燃烧过程仍属稳定,且一次空气系数越大,燃烧的稳定范围就越小。

预混燃烧的特点为:燃烧反应快,温度高,火焰传播速度快,反应混合气体不扩散,在可燃混合气体中引入一火源即产生一个火焰中心,成为热量与化学活性粒子集中源。预混气体从管口喷出发生动力燃烧,若流速大于燃烧速度,则在管中形成稳定的燃烧火焰,燃烧充分,燃烧速度快,燃烧区呈高温白炽状,如汽灯的燃烧。若可燃混合气体在管口流速小于燃烧速度,则会发生"回火",如制气系统检修前不进行置换就烧焊,燃气系统开车前不进行吹扫就点火,用气系统产生负压"回火"或漏气未被发现而用火时,往往形成动力燃烧,有可能造成设备的损坏和人员伤亡。

2.2.1.2　扩散燃烧

扩散燃烧即可燃性气体和蒸气分子与气体氧化剂互相扩散,边混合边燃烧。可燃气体在喷射出来之前没有与空气混合,当可燃气体从存储容器或输送管道中喷射出来时,在适当的点火源能量的作用下,喷射而出的可燃气体卷吸周围的空气,边混合边燃烧,形成射流扩散火焰,分为层流和湍流两种类型。层流扩散火焰的示意图如图 2-5 所示。层流扩散火焰焰面为圆锥形,焰面上可燃气体和空气的混合比等于化学计量比,焰面以内为可燃气体和燃烧产物的混合气。可燃气体浓度 C_g 从火焰中心向焰面逐步降低,焰面以外为空气和燃烧产

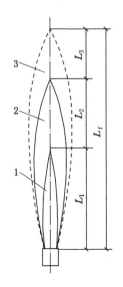
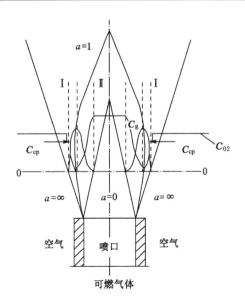

图 2-4　部分预混燃烧湍流火焰结构　　　图 2-5　可燃气体层流扩散火焰
1——焰核;2——焰面;3——燃尽区　　　　　　　　的结构示意图

物的混合气。氧气浓度从静止的空气层向焰面逐步降低,燃烧产物在焰面上浓度 C_{cp} 最大,从焰面向内、外两侧逐步降低。

　　从喷口平面到火焰锥尖的距离称为火焰高度,它是表示燃烧状况的一个重要参数。扩散火焰高度与喷出气流速度之间的关系如图 2-6 所示。

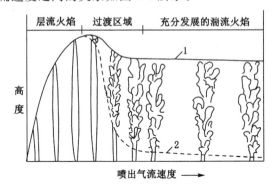

图 2-6　气流速度增加时扩散火焰高度和燃烧工况的变化
1——火焰长度终端曲线;2——层流火焰终端曲线

　　理论和实验分析的结果表明,当喷口尺寸和形状一定时,层流扩散火焰高度随管口喷出气流速度增加而增长,即

$$L_c = \frac{K'_c q_V}{D} = \frac{K_c u R^2}{D} \qquad (2\text{-}8)$$

式中　　q_V ——可燃气体的体积流量,m^3/s;

　　　　D ——气体的扩散系数,m^2/s;

　　　　u ——可燃气体的平均流速,m/s;

R——喷口的当量半径，m；

K_c——修正系数。

随着可燃气体流速增大，火焰逐渐由层流转变为湍流。实验表明，当喷口处的雷诺数约为 2 000 时，进入由层流向湍流的转变区。当雷诺数达到某一临界值（一般小于 10 000）时，整个火焰焰面几乎完全发展为湍流燃烧。

实验表明，湍流扩散火焰的高度大致与喷口的半径成正比，与绝热火焰温度、环境初始温度及空气和燃料气的化学当量比有关，与燃料气的流速无关。喷口气相射流火焰的特性主要取决于燃料气喷出的动量，通常称之为动量射流火焰。工程计算中，湍流火焰高度还常用下式估算：

$$L_T = \frac{R}{a}[0.7(1+n)-0.29] \tag{2-9}$$

式中　R——喷口的当量半径，m；

a——湍流结构系数；

n——燃料气在空气中发生化学当量比燃烧时的燃料/空气比。

人工燃气的层流扩散火焰温度最高可达 900 ℃，湍流扩散火焰温度可达 1 200 ℃左右。由于火焰部分的温度较高，可以对邻近的物体或建筑造成严重破坏，因此，在火灾防治中，需要关注火焰可能达到的高度。

扩散燃烧的特点为：燃烧比较稳定，火焰温度相对较低，扩散火焰不运动，可燃气体与氧化剂的混合在可燃气体喷口进行，燃烧过程不发生回火现象。对稳定的扩散燃烧，只要控制得好，就不会造成火灾，一旦发生火灾也较易扑救。

2.2.2　可燃液体的燃烧

可燃液体的着火过程如图 2-7 所示。液体燃烧主要包括蒸发和气相燃烧两大阶段。在外界点火源所释放热能的作用下，可燃液体蒸发生成可燃性蒸气，可燃性蒸气与氧气或氧化剂混合生成的可燃性混合气，在点火源释放的热能作用下，达到着火条件而起火。因此，液体蒸发是液体燃烧的先决条件。在常温下，不同液体的蒸发速率是不同的，因而在液面上方，可燃蒸气与空气形成的可燃混合气的着火能力也有所区别。蒸发快的比蒸发慢的要危险。饱和蒸气压和沸点是表征液体蒸发特性的重要参数。

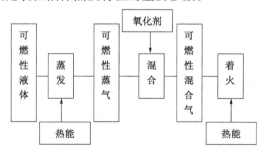

图 2-7　可燃液体的着火过程

易燃、可燃液体在燃烧过程中，并不是液体本身在燃烧，而是液体受热时蒸发出来的液体蒸气被分解、氧化达到燃点而燃烧，即蒸发燃烧。因此，液体能否发生燃烧、燃烧速率高低，与液体的蒸气压、闪点、沸点和蒸发速率等性质密切相关。可燃液体会产生闪燃现象。

可燃液态烃类燃烧时，通常产生橘色火焰并散发浓密的黑色烟云。醇类燃烧时，通常产生透明的蓝色火焰，几乎不产生烟雾。某些醚类燃烧时，液体表面伴有明显的沸腾状，这类物质的火灾较难扑灭。含有水分、黏度较大的重质石油产品，如原油、重油、沥青油等发生燃烧时，沸腾的水蒸气带着燃烧的油向空中飞溅，这种现象称为扬沸（沸溢和喷溅）。

（1）闪燃

闪燃是指易燃或可燃液体（包括可熔化的少量固体，如石蜡、樟脑、萘等）挥发出来的蒸气分子与空气混合后，达到一定的浓度时，遇引火源产生一闪即灭的现象。发生闪燃的原因是易燃或可燃液体在闪燃温度下蒸发的速度比较慢，蒸发出来的蒸气仅能维持一刹那的燃烧，来不及补充新的蒸气维持稳定的燃烧，因而一闪就灭了。但闪燃却是引起火灾事故的先兆之一。闪点则是指易燃或可燃液体表面产生闪燃的最低温度。

（2）沸溢

以原油为例，其黏度比较大，并且都含有一定的水分，以乳化水和水垫两种形式存在。所谓乳化水是原油在开采运输过程中，原油中的水由于强力搅拌而成细小的水珠悬浮于油中而成。放置久后，油水分离，水因密度大而沉降在底部形成水垫。

燃烧过程中，这些沸程较宽的重质油品产生热波，在热波向液体深层运动时，由于温度远高于水的沸点，因而热波会使油品中的乳化水汽化，大量的蒸汽就要穿过油层向液面上浮，在向上移动过程中形成油包气的气泡，即油的一部分形成了含有大量蒸汽气泡的泡沫。这样，必然使液体体积膨胀，向外溢出，同时部分未形成泡沫的油品也被下面的蒸汽膨胀力抛出罐外，使液面猛烈沸腾起来，就像"跑锅"一样，这种现象叫沸溢。

从沸溢过程说明，沸溢形成必须具备三个条件：

① 原油具有形成热波的特性，即沸程宽，比重相差较大；

② 原油中含有乳化水，水遇热波变成蒸汽；

③ 原油黏度较大，使水蒸气不容易从下向上穿过油层。

（3）喷溅

在重质油品燃烧过程中，随着热波温度的逐渐升高，热波向下传播的距离也加大，当热波达到水垫时，水垫的水大量蒸发，蒸汽体积迅速膨胀，以至把水垫上面的液体层抛向空中，向罐外喷射，这种现象叫喷溅。一般情况下，发生沸溢要比发生喷溅的时间早得多。发生沸溢的时间与原油的种类、水分含量有关。根据试验，含有 1% 水分的石油，经 45～60 min 燃烧就会发生沸溢。喷溅发生的时间与油层厚度、热波移动速度以及油的燃烧线速度有关。

2.2.3 可燃固体的燃烧

固体可燃物的燃烧过程如图 2-8 所示。可燃固体的燃烧过程大体为：在一定的外部热量作用下，固体物质发生热分解，生成可燃挥发分和固体炭。若挥发分达到燃点或受到点火源的作用，即发生明火燃烧。稳定的明火向固体燃烧面反馈热量，使固体燃料的热分解加强，即使撤掉点火源，燃烧仍能持续进行。当固体本身的温度达到较高之后，固体炭也开始燃烧。

有一些可燃固体受热后，先熔化为液体，由液体蒸发成可燃蒸气，再以燃料气的形式发生气相燃烧。由于这些固体的相对分子质量较大，总会或多或少地产生固体炭，故其燃烧后期也存在固体炭的燃烧阶段。

根据各类可燃固体的燃烧方式和燃烧特性，固体燃烧的形式大致可分为五种，其燃烧各

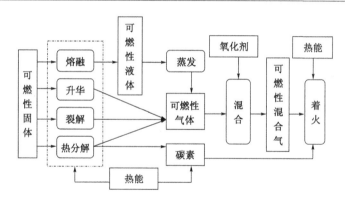

图 2-8　固体可燃物的燃烧过程

有特点。

（1）蒸发燃烧

硫、磷、钾、钠、蜡烛、松香、沥青等可燃固体，在受到火源加热时，先熔融蒸发，随后蒸气与氧气发生燃烧反应，这种形式的燃烧一般称为蒸发燃烧。

（2）表面燃烧

可燃固体（如木炭、焦炭、铁、铜等）的燃烧反应是在其表面由氧和物质直接作用而发生的，称为表面燃烧。这是一种无火焰的燃烧，有时又称之为异相燃烧。

（3）分解燃烧

可燃固体，如木材、煤、合成塑料、钙塑材料等，在受到火源加热时，先发生热分解，随后分解出的可燃挥发分与氧发生燃烧反应，这种形式的燃烧一般称为分解燃烧。

（4）熏烟燃烧（阴燃）

可燃固体在空气不流通、加热温度较低、分解出的可燃挥发分较少或逸散较快、含水分较多等条件下，往往发生只冒烟而无火焰的燃烧现象，这就是熏烟燃烧，又称阴燃。阴燃是固体材料特有的燃烧形式，但其能否发生，主要取决于固体材料自身的理化性质及其所处的外部环境。很多固体材料，如纸张、锯末、纤维织物、胶乳橡胶等，都能发生阴燃。这是因为这些材料受热分解后能产生刚性结构的多孔炭，从而具备多孔蓄热并使燃烧持续下去的条件。此外，阴燃的发生需要有一个供热强度适宜的热源，通常有自燃热源、阴燃本身的热源和有焰燃烧火焰熄灭后的阴燃等。

（5）动力燃烧

动力燃烧是指可燃固体或其分解出的可燃挥发分遇火源所发生的爆炸式燃烧，主要包括可燃粉尘爆炸、炸药爆炸、轰燃等几种形式。其中，轰燃是指可燃固体由于受热分解或不完全燃烧析出可燃气体，当其以适当比例与空气混合后再遇火源时，发生的爆炸式预混燃烧。例如，能析出一氧化碳的赛璐珞、能析出氰化氢的聚氨酯等，在大量堆积燃烧时，常会发生轰燃现象。建筑室内火灾发生过程中可能会产生该现象。

这里需要指出的是，上述各种燃烧形式的划分不是绝对的，有些可燃固体的燃烧往往包含两种或两种以上的形式。例如，在适当的外界条件下，木材、棉、麻、纸张等的燃烧会明显地存在分解燃烧、阴燃、表面燃烧等形式。

2.2.4　闪点、燃点、自燃点的概念

（1）闪点

① 闪点的定义

在规定的试验条件下,液体挥发的蒸气与空气形成的混合物,遇引火源能够闪燃的液体最低温度(采用闭杯法测定),称为闪点。

② 闪点的意义

闪点是可燃性液体性质的主要标志之一,是衡量液体火灾危险性大小的重要参数。闪点越低,火灾危险性越大,反之则越小。闪点与可燃性液体的饱和蒸气压有关,饱和蒸气压越高,闪点越低。在一定条件下,当液体的温度高于其闪点时,液体随时有可能被火源引燃或发生自燃;若液体的温度低于闪点,则液体是不会发生闪燃的,更不会着火。常见的几种易燃或可燃液体的闪点见表 2-2。

表 2-2 常见的几种易燃或可燃液体的闪点

物质名称	闪点/℃	物质名称	闪点/℃
汽油	−50	二硫化碳	−30
煤油	38~74	甲醇	11
酒精	12	丙酮	−18
苯	−14	乙醛	−38
乙醚	−45	松节油	35

③ 闪点在消防上的应用

闪点是判断液体火灾危险性大小及对可燃性液体进行分类的主要依据。可燃性液体的闪点越低,其火灾危险性也越大。例如,汽油的闪点为 −50 ℃,煤油的闪点为 38~74 ℃,显然汽油的火灾危险性就比煤油大。根据闪点的高低,可以用来确定生产、加工、储存可燃性液体场所的火灾危险性类别:闪点<28 ℃的为甲类;28 ℃≤闪点<60 ℃的为乙类;闪点≥60 ℃的为丙类。

(2)燃点

① 燃点的定义

在规定的试验条件下,应用外部热源使物质表面起火并持续燃烧一定时间所需的最低温度称为燃点。

② 常见可燃物的燃点

在一定条件下,物质的燃点越低,越易着火。常见可燃物的燃点见表 2-3。

表 2-3 几种常见可燃物的燃点

物质名称	燃点/℃	物质名称	燃点/℃
蜡烛	190	棉花	210~255
松香	216	布匹	200
橡胶	120	木材	250~300
纸张	130~230	豆油	220

③ 燃点与闪点的关系

易燃液体的燃点一般高出其闪点 1～5 ℃,且闪点越低,这一差值越小,特别是在敞开的容器中很难将闪点和燃点区分开来。因此,评定这类液体火灾危险性大小时一般用闪点,固体的火灾危险性大小一般用燃点来衡量。

（3）自燃点

① 自燃点的定义

在规定的条件下,可燃物质产生自燃的最低温度称为自燃点。在这一温度时,物质与空气（氧）接触,不需要明火的作用,就能发生燃烧。

② 常见可燃物的自燃点

自燃点是衡量可燃物质受热升温导致自燃危险的依据。可燃物的自燃点越低,发生自燃的危险性就越大。常见可燃物在空气中的自燃点见表 2-4。

表 2-4　　　　　　　　　　　　某些常见可燃物在空气中的自燃点

物质名称	自燃点/℃	物质名称	自燃点/℃
氢气	400	丁烷	405
一氧化碳	610	乙醚	160
硫化氢	260	汽油	530～685
乙炔	305	乙醇	423

③ 影响自燃点变化的规律

不同的可燃物有不同的自燃点,同一种可燃物在不同的条件下自燃点也会发生变化。可燃物的自燃点越低,发生火灾的危险性就越大。

对于液体、气体可燃物,其自燃点受压力、氧浓度、催化剂、容器的材质和表面积与体积比等因素的影响。而固体可燃物的自燃点,则受受热熔融、挥发物的数量、固体的颗粒度、受热时间等因素的影响。

2.3　燃烧产物

由燃烧或热解作用产生的全部物质称为燃烧产物,有完全燃烧产物和不完全燃烧产物之分。完全燃烧产物是指可燃物中的 C 被氧化生成的 CO_2（气）、H 被氧化生成的 H_2O（液）、S 被氧化生成的 SO_2（气）等;而 CO、NH_3、醇类、醛类、醚类等是不完全燃烧产物。燃烧产物的数量、组成等随物质的化学组成及温度、空气的供给情况等的变化而不同。

不同类型可燃物的燃烧特性及其燃烧产物是有差别的,以下介绍三类材料的燃烧产物。

2.3.1　高聚物的燃烧产物

有机高分子化合物（简称高聚物）,主要是以煤、石油、天然气为原料制得,如塑料、橡胶、合成纤维、薄膜、胶黏剂和涂料等。其中,塑料、橡胶和合成纤维是人们熟知的三大合成有机高分子化合物,其应用广泛且容易燃烧。

高聚物的燃烧过程十分复杂,包括一系列的物理和化学变化,主要分为受热软化熔融、热分解、着火燃烧等阶段。其中,热分解是其燃烧的关键阶段,高聚物的燃烧主要是分解产物中的可燃性气体的燃烧。高聚物的燃烧与热源温度、物质的理化特性和环境氧浓度等因素密切相关。不同高聚物着火燃烧的难易程度有很大差别。从总体上讲,其燃烧具有发热量高、燃烧速度较快、发烟量较大等特点,并且会在燃烧(或分解)过程中产生 CO、NO_x(氮氧化物)、HCl、SO_2 及 $COCl_2$(光气)等有害气体,危害性较大。不同类型的高聚物在燃烧(或分解)过程中会产生不同类别的产物。只含碳和氢的高聚物,如聚乙烯、聚丙烯、聚苯乙烯燃烧时有熔滴,易产生 CO 气体。含有氧的高聚物,如有机玻璃、赛璐珞等,燃烧时变软,无熔滴,同样产生 CO 气体。含有氮的高聚物,如三聚氰胺甲醛树脂、尼龙等,燃烧情况比较复杂,但在燃烧时有熔滴,会产生 CO、NO、HCN 等有毒气体。含有氯的高聚物,如聚氯乙烯等,燃烧时无熔滴,有炭瘤,并产生 HCl 气体,有毒且溶于水后有腐蚀性。有木粉填料的酚醛树脂则会放出有毒的酚蒸气。

2.3.2 木材和煤的燃烧产物

木材、煤等是典型的固体可燃物质。它们是由多种元素组成的、复杂天然高聚物的混合物,成分不单一,并且是非均质的。

(1)木材的燃烧产物

木材的主要成分是纤维素、半纤维素和木质素,由碳、氢、氧等元素组成。木材的燃烧存在两个比较明显的阶段:一是有焰燃烧阶段,即木材的热分解产物的燃烧;二是无焰燃烧阶段,即木炭的表面燃烧。单个木材的燃烧行为受到多种自身因素的影响,如纹理结构、密度、含水量、比表面积等,木垛的燃烧还取决于通风状况,与木垛堆放的紧密程度有关。

木材的主要成分在不同温度下分解并释放挥发分,一般为:半纤维素 200～260 ℃分解;纤维素 240～350 ℃分解;木质素 280～500 ℃分解。当木材接触火源时,加热到约 110 ℃时就被干燥并蒸发出极少量的树脂;加热到 130 ℃时开始分解,产物主要是水蒸气和二氧化碳;加热到 220～250 ℃时开始变色并炭化,分解产物主要是一氧化碳、氢和碳氢化合物;加热到 300 ℃以上,有形结构开始断裂,在木材表面垂直于纹理方向上木炭层出现小裂纹,这就使挥发物容易通过炭化层表面逸出。随着炭化深度的增加,裂缝逐渐加宽,结果产生“龟裂”现象,此时,木材发生剧烈的热分解。表 2-5 列出了一般木材在不同温度下分解产生的气体组成。

表 2-5 木材在不同温度下分解产生的气体组成

温度/℃	气体成分(体积分数)/%				
	CO_2	CO	CH_4	C_2H_4	H_2
300	56.70	40.17	3.76	—	—
400	49.36	34.00	14.31	0.86	1.47
500	43.20	29.01	21.72	3.68	2.34
600	40.98	27.20	23.42	5.74	2.66
700	38.56	25.19	24.94	8.50	2.81

(2)煤的燃烧产物

煤主要由碳、氢、氧、氮和硫等元素组成。煤的燃烧过程几乎同时存在有焰燃烧和无焰燃烧,主要受炭化程度、颗粒度、岩石学组成、风化情况及含水量等多种因素影响。一般情况下,煤受热时,低于 105 ℃时,主要析出其中的吸留气体和水分;200～300 ℃时开始析出气态产物,如 CO、CO_2 等,煤粒变软称为塑性状态;$300\sim500$ ℃时开始析出焦油和 CH_4 及其同系物、不饱和烃及 CO、CO_2 等气体;在 $500\sim750$ ℃ 时,半焦开始热解,并析出大量含氢较多的气体;$760\sim1\ 000$ ℃时,半焦继续热解,析出少量以氢为主的气体,半焦变成高温焦炭。煤热分解产生的组分及其含量主要取决于煤的炭化程度和温度。炭化程度加深,挥发分析出量减少,但其中可燃组分含量却增多;加热温度越高,挥发分逸出量就越多。

2.3.3　金属的燃烧产物

金属燃烧通常热值大、温度高,某些金属燃烧时具有特征颜色,见表 2-6。金属燃烧的难易程度与比表面积关系极大,其燃烧能力还取决于金属本身及其氧化物的物理、化学性质,其中金属及其氧化物的熔点和沸点对其燃烧能力的影响比较显著。根据熔点和沸点不同,通常将金属分为挥发金属和不挥发金属。

表 2-6　　　　　　　　　　　　　　某些金属燃烧时的火焰颜色

金属名称	Na	K	Ca	Ba	Sr	Cu	Mg
火焰颜色	黄色	紫色	砖红色	绿色	红色	蓝色	白色

挥发金属(如 Li、Na、K、Mg、Ca 等)在空气中容易着火燃烧,它们的沸点一般低于其氧化物的熔点(K 除外),因此在其表面能够生成固体氧化物。由于金属氧化物的多孔性,金属继续被氧化加热,经过一段时间后,金属被熔化并开始蒸发,蒸发出的蒸气通过多孔的固体氧化物扩散进入空气中。

不挥发金属(如 Al、Ti、Zr 等)因其氧化物的熔点低于金属的沸点,则在燃烧时熔融金属表面上形成一层氧化物。这层氧化物在很大程度上阻碍了金属和空气中氧的接触,从而减缓了金属被氧化。但这类金属在粉末状、气溶胶状、刨花状时在空气中燃烧进行得很激烈,并且不生成烟。

第3章 建筑火灾蔓延的机理与途径

3.1 建筑火灾发展的几个阶段

对于建筑火灾而言,最初发生在室内的某个房间或某个部位,然后由此蔓延到相邻的房间或区域,以及整个楼层,最后蔓延到整个建筑物。其发展过程大致可分为火灾初期增长阶段(或称轰燃前火灾阶段)、火灾的充分发展阶段(或称轰燃后火灾阶段)及火灾减弱阶段(或称火灾的冷却阶段)。图 3-1 为建筑室内火灾温度-时间曲线。

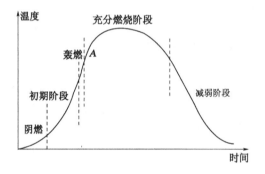

图 3-1 建筑室内火灾温度-时间曲线

3.1.1 火灾初期增长阶段

室内火灾发生后,最初只是起火部位及其周围可燃物着火燃烧。这时火灾好像在敞开的空间内进行一样。在火灾局部燃烧之后,可能会出现下列三种情况之一:

(1) 最初着火的可燃物燃烧完,而未蔓延至其他可燃物。尤其是初始着火的可燃物处在隔离的情况下。

(2) 如果通风不足,则火灾可能自行熄灭,或由于受到供氧条件的限制,以很慢的燃烧速度继续燃烧。

(3) 如果存在足够的可燃物,而且具有良好的通风条件,则火灾迅速发展到整个空间,使房间中的所有可燃物(家具、衣物、可燃装修材料等)卷入燃烧,从而使室内火灾进入到全面发展的猛烈燃烧阶段。

起火阶段的特点是,火灾燃烧范围不大,火灾仅限于初始起火点附近;室内温度差别大,在燃烧区域及其附近存在高温,室内平均温度低;火灾发展速度较慢,在发展过程中,火势不稳定;火灾发展时间长短因点火源、可燃物性质和分布、通风条件等的影响而差别很大。

由起火阶段的特点可见,该阶段是灭火的最有利时机,应设法争取尽早发现火灾,把火灾及时控制、消灭在起火点。为此,在建筑物内安装和配备适当数量的灭火设备,设置及时发现火灾和报警的装置是很有必要的。起火阶段也是人员疏散的有利时间,发生火灾时人员若在这一阶段不能疏散出房间,就很危险了。起火阶段时间持续越长,就有更多的机会发现火灾和灭火,并有利于人员安全撤离。

3.1.2　火灾充分发展阶段

在建筑室内火灾持续燃烧一定时间后,燃烧范围不断扩大,温度升高,室内的可燃物在高温的作用下,不断分解释放出可燃气体,当房间内温度达到 400～600 ℃时,室内绝大部分可燃物起火燃烧,这种在限定空间内可燃物的表面全部卷入燃烧的瞬变状态,即为轰燃。轰燃的出现是燃烧释放的热量在室内逐渐累积与对外散热共同作用、燃烧速率急剧增大的结果。影响轰燃发生最重要的两个因素是辐射和对流情况,即建筑室内上层烟气的热量得失。通常,轰燃的发生标志着室内火灾进入全面发展阶段。

轰燃发生后,室内可燃物出现全面燃烧,可燃物热释放速率很大,室温急剧上升,并出现持续高温,温度可达 800～1 000 ℃。之后,火焰和高温烟气在火风压的作用下,会从房间的门窗、孔洞等处大量涌出,沿走廊、吊顶迅速向水平方向蔓延扩散。同时,由于烟囱效应的作用,火势会通过竖向管井、共享空间等向上蔓延。轰燃的发生标志了房间火势的失控,同时,产生的高温会对建筑物的衬里材料及结构造成严重影响。但不是每个火场都会出现轰燃,大空间建筑、比较潮湿的场所就不易发生。

为了减少火灾损失,针对火灾全面发展阶段的特点,在建筑物防火设计中,应采取的主要措施是,在建筑物内设置一定耐火性能的防火分隔物,把火灾控制在一定的范围内,防止火灾大面积蔓延;选用耐火程度较高的建筑结构作为建筑的承重体系,确保建筑物发生火灾时不倒塌破坏,为发生火灾时人员疏散、消防队员扑救火灾,火灾后建筑物修复继续使用,创造条件。

3.1.3　火灾减弱阶段

在火灾全面发展阶段的后期,随着室内可燃物数量的减少,火灾燃烧速度减慢,燃烧强度减弱,温度逐渐下降,一般认为火灾衰减阶段是从室内平均温度降到其峰值的 80% 时算起。随后房间内温度下降显著,直到室内外温度达到平衡为止,火灾完全熄灭。

上述三个阶段是通风良好情况下室内火灾的自然发展过程。实际上,一旦室内发生火灾,常常伴有人为的灭火行动或自动灭火设施的启动,因此会改变火灾的发展过程。不少火灾尚未发展就被扑灭,这样室内就不会出现破坏性的高温。如果灭火过程中,可燃材料中的挥发分并未完全析出,可燃物周围的温度在短时间内仍然较高,易造成可燃挥发分再度析出,一旦条件合适,可能会出现死灰复燃的情况,这种情况不容忽视。

3.2　建筑火灾蔓延的传热基础

热量传递有三种基本形式,即热传导、热对流和热辐射。建筑火灾中,燃烧物质所放出的热能通常是以上述三种方式来传播,并影响火势蔓延和扩大的。热传播的形式与起火点、建筑材料、物质的燃烧性能和可燃物的数量等因素有关。

3.2.1　热传导

热传导又称导热,属于接触传热,是连续介质就地传递热量而又没有各部分之间相对的宏观位移的一种传热方式。从微观角度讲,之所以发生导热现象,是由于微观粒子(分子、原子或它们的组成部分)的碰撞、转动和振动等热运动而引起能量从高温部分传向低温部分。在固体内部,只能依靠导热的方式传热;在流体中,尽管也有导热现象发生,但通常被对流运动所掩盖。不同物质的导热能力各异,通常用热导率,即用单位温度梯度时的热通量来表示物质的导热能力。同种物质的热导率也会因材料的结构、密度、湿度、温度等因素的变化而变化。常用材料的热导率见表 3-1。

表 3-1 一些常用材料的热导率

材料	热导率 λ /[W/(m·K)]	密度 ρ/(kg/m³)	材料	热导率 λ /[W/(m·K)]	密度 ρ/(kg/m³)
铜	387	8 940	黄松	0.14	640
(低碳)钢	45.8	7 850	石棉板	0.15	577
混凝土	0.8~1.4	1 900~2 300	纤维绝缘板	0.041	229
玻璃(板)	0.76	2 700	聚氨酯泡沫	0.034	20
石膏涂层	0.48	1 440	普通砖	0.69	1 600
有机玻璃	0.19	1 190	空气(常温 20 ℃)	0.026	1.1
橡木	0.17	800			

对于起火的场所,热导率大的物体,由于能受到高温作用迅速加热,又会很快地把热能传导出去,在这种情况下,就可能引起没有直接受到火焰作用的可燃物质发生燃烧,利于火势传播和蔓延。

3.2.2 热对流

热对流又称对流,是指流体各部分之间发生相对位移,冷热流体相互掺混引起热量传递的方式。热对流中能量的传递与流体流动有密切的关系。当然,由于流体中存在温度差,所以也必须存在导热现象,但导热在整个传热中处于次要地位。工程上,常把具有相对位移的流体与所接触的固体表面之间的热传递过程称为对流换热。

建筑发生火灾过程中,一般来说,通风孔洞面积越大,热对流的速度越快;通风孔洞所处位置越高,对流速度越快。热对流对初期火灾的发展起重要作用。

3.2.3 热辐射

辐射是物体通过电磁波来传递能量的方式。热辐射是因热的原因而发出辐射能的现象。辐射换热是物体间以辐射的方式进行的热量传递。与导热和对流不同的是,热辐射在传递能量时不需要相互接触即可进行,所以它是一种非接触传递能量的方式,即使空间是高度稀薄的太空,热辐射也能照常进行。最典型的例子是太阳向地球表面传递热量的过程。

火场上的火焰、烟雾都能辐射热能,辐射热能的强弱取决于燃烧物质的热值和火焰温度。物质热值越大,火焰温度越高,热辐射也越强。辐射热作用于附近的物体上,能否引起可燃物质着火,要看热源的温度、距离和角度。

3.3　火灾蔓延的途径

火灾时,建筑内烟气呈水平流动和垂直流动。蔓延的途径主要有:内墙门、洞口,外墙门、窗口,房间隔墙,空心结构,闷顶,楼梯间,各种竖井管道,楼板上的孔洞及穿越楼板、墙壁的管线和缝隙等。对主体为耐火结构的建筑来说,造成蔓延的主要原因有:未设有效的防火分区,火灾在未受限制的条件下蔓延;洞口处的分割处理不完善,火灾穿越防火分隔区域蔓延;防火隔墙和房间隔墙未砌至顶板,火灾在吊顶内部空间蔓延;采用可燃构件与装饰物,火灾通过可燃的隔墙、吊顶、地毯等蔓延。

（1）孔洞开口蔓延

在建筑物内部,火灾可以通过一些开口来实现水平蔓延,如可燃的木质户门、无水幕保护的普通卷帘,未用不燃材料封堵的管道穿孔处等。此外,发生火灾时,一些防火设施未能正常启动,如防火卷帘因卷帘箱开口、导轨等受热变形,或者因卷帘下方堆放物品,或者因无人操作手动启动装置等导致无法正常放下,同样造成火灾蔓延。

（2）穿越墙壁的管线和缝隙蔓延

室内发生火灾时,室内上半部处于较高压力状态下,该部位穿越墙壁的管线和缝隙很容易把火焰、高温烟气传播出去,造成蔓延。此外,穿过房间的金属管线在火灾高温作用下,往往会通过热传导方式将热量传到相邻房间或区域一侧,使与管线接触的可燃物起火。

（3）闷顶内蔓延

由于烟火是向上升腾的,因此顶棚上的人孔、通风口等都是烟火进入的通道。闷顶内往往没有防火分隔墙,空间大,很容易造成火灾水平蔓延,并通过内部孔洞再向四周的房间蔓延。

（4）外墙面蔓延

在外墙面,高温热烟气流会促使火焰蹿出窗口向上层蔓延。一方面,由于火焰与外墙面之间的空气受热逃逸形成负压,周围冷空气的压力致使烟火贴墙面而上,使火蔓延到上一层;另一方面,由于火焰贴附外墙面向上蔓延,致使热量透过墙体引燃起火层上面一层房间内的可燃物。建筑物外墙窗口的形状、大小对火势蔓延有很大影响。

3.4　火羽流与顶棚射流

在火灾燃烧中,火源上方的火焰及燃烧生成烟气的流动通常称为火羽流,其结构见图 3-2,火羽流的火焰大多数为自然扩散火焰,纯粹的动量射流火焰在火灾燃烧中并不多见。例如当可燃液体或固态燃烧时,蒸发或热分解产生的可燃气体从燃烧表面升起的速度很低,其动量对火焰的影响几乎测不出来,可以忽略不计,因此这种火焰气体的流动是由浮力控制的。

仔细观察可以发现,自然扩散火焰还分为两个小区,即在燃烧表面上方不太远的区域内存在连续的火焰面;在往上的一定区域内火焰则是间断出现的。前一小区称为持续火焰区,后一小区称为间歇火焰区。火焰区的上方为燃烧产物（烟气）的羽流区,其流动完全由浮力效应控制,一般称其为浮力羽流,或称烟气羽流。当烟气羽流撞击到房间的顶棚后便形成沿顶棚下表面蔓延的顶棚射流。本节分别讨论这些流动区的特点。

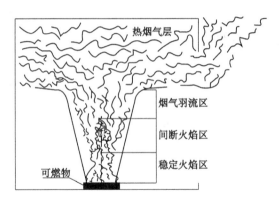

图 3-2　火羽流的结构示意图

3.4.1　自然扩散火焰

在分析火灾燃烧现象时,研究人员经常用多孔可燃气体燃烧器模拟实际火源。可燃气体由多孔燃烧器流出的速度很低,其火焰具有自然扩散火焰的基本特点,燃烧过程容易控制。由于可燃气体的体积流率可以预先测定,故可将其作为一个独立于火焰特性的变量处理,另外还可以方便地按需要确定试验时间。

科莱特(Corlett)研究了多孔燃烧器火焰后发现,火焰结构随着燃烧床直径的增大而变化,见图 3-3。当燃烧床的直径小于 0.01 m 时,产生的是层流火焰,但其高度比层流射流火焰要低得多,显然这是由于可燃气体的初始动量很小造成的。随着燃烧床直径的增大,火焰面逐渐出现皱折。当燃烧床直径在 0.03~0.3 m 范围内时,床面上方中部存在可燃气体浓度很大的核,见图 3-3(b)和(c)。可以认为,这是因为火焰周围的氧气无法扩散到床中心的缘故。现在人们称这种火灾为有构火焰。当燃烧床的直径再增大时,火焰的脉动进一步加剧,可燃气核消失了。

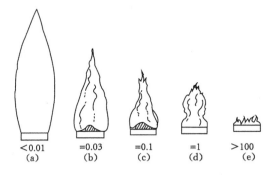

图 3-3　自然扩散火焰的结构(单位:m)

3.4.2　浮力羽流

如果相邻流体之间存在温度梯度,便会出现密度梯度,从而产生浮力效应。在浮力作用下,密度较小的流体将向上运动。单位体积流体受到的浮力由 $g(\rho_0 - \rho)$ 给出,式中 ρ_0 和 ρ 为重、轻流体的密度,g 为重力加速度常数。对于火羽流而言,轻流体为烟气,重流体为空气。轻流体上升时还会受到流体黏性力的影响,浮力与黏性力的相对大小由格拉晓夫数 G_r 确定。浮力羽流的结构由它与周围流体的相互作用决定。羽流内的温度取决于火源(或热源)强度(即热释放速率)和离开火源(或热源)的高度。

现根据图 3-4 讨论浮力羽流的主要特征。图 3-4(a)表示在稳定的开放环境中由点源产生的理想羽流,它是轴对称的,竖直向上伸展,一直到达浮力减得十分微弱以致无法克服黏性阻力的高度。而在受限空间内,浮力羽流可受到顶棚的阻挡。但是如果热源强度不大或顶棚之下的空气较热(例如在夏天),则羽流只能到达有限的高度。一个常见的例子是在温暖静止的房间内,香烟烟气的分层流动。由于羽流上浮流动的卷吸,其周围较冷的空气进入羽流中,从而使其受到冷却。在羽流温度降低的同时,羽流的质量流量增大(表现为羽流直径的加粗)及向上的流动速度降低。

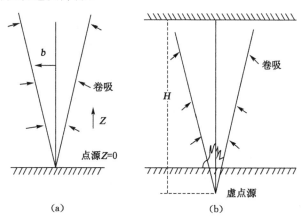

图 3-4　浮力羽流的简化模型

原则上说,浮力羽流的结构可通过求解质量、动量和能量守恒方程得出,羽流的任一水平截面处的温度或速度与截面高度的关系可表示为高斯分布的形式。但这种表示法比较复杂,且其结果也不适合于工程分析和应用。因此这里介绍海斯塔德(Heskestad)用量纲分析法得到的简化结果。

海斯塔德由守恒方程导出的关系式出发,使用简单的量纲分析法求得了羽流内的温度和上升速度与热源强度和高度的函数关系。对于像图 3-4(a)所示的点源轴对称羽流,高度 Z 处的半径为 b,设 ρ_0 和 T_0 分别为环境空气的密度和温度,如果忽略黏性力影响,则根据质量、动量和能量守恒方程,可得到下面的关系式:

$$b \approx 0.5Z \tag{3-1}$$

$$U_0 = 3.4 A^{1/3} \dot{Q}_c^{1/3} Z^{-1/3} \tag{3-2}$$

$$\Delta T = 9.1 (A^{2/3} T_0 / g) \dot{Q}_c^{2/3} Z^{-5/3} \tag{3-3}$$

式中　$U_0, \Delta T$——高度 Z 处羽流轴线处的速度和该处温度与环境温度的差;

　　A——变量,$A = \dfrac{g}{c_p T_0 \rho_0}$;

　　c_p——羽流的比热容;

　　$\dot{Q}_c$——在总热释放速率中由对流所占的部分。

一般来说,这种相似关系也适用烟气产物的浓度,即

$$C_0 \propto A^{-1/3} \dot{m} \dot{Q}_c^{-1/3} Z^{-5/3} \tag{3-4}$$

式中 C_0——羽流中心线处的某种燃烧产物浓度；

$\dot{m}$——燃烧速率，也表示可燃物的质量流率。

对于给定的可燃物来说，$\dot{Q}_c \propto \dot{m}$，因而上式可写为

$$C_0 \propto A^{-1/3} \dot{Q}_c^{2/3} Z^{-5/3} \tag{3-5}$$

它表明，烟气浓度的变化规律与 ΔT 的相似[比较式(3-3)和式(3-5)]，这就是说，如果乘积项 $\dot{Q}_c^{2/3} Z^{-5/3}$ 保持不变，则给定燃料床上方的烟气浓度亦保持不变。这一点对于了解安装在几何相似的高度而位置不同的感烟探测器的动作很有用处。

上述推导是根据点源升起的羽流进行的。对于真实的有一定面积的火源应当加以修正，通常采用图 3-4(b)所示的虚点源法。虚点源指的是这样一个点，即由该点产生的羽流与真实羽流具有相同的卷吸特性，因而对于实际火源来说，羽流高度应从虚点源算起。对于面积不大的可燃固体火源，若面积为 A_f，虚点源大约在其下方轴线上 $Z_0 = 1.5A_f$ 位置，这是根据羽流与其垂直轴线约成 15°的角度扩张而得出的。

但是对于大火需要进行修正。Kung 曾导出下述关系式：

$$Z_0 = (1.3 - 0.003 \dot{Q}_c)(4A_f/\pi)^{1/2} \tag{3-6}$$

在海斯塔德羽流模型中，虚点源的位置用下式表示：

$$Z_0 = 0.083 \dot{Q}_c^{2/5} - 1.02D \tag{3-7}$$

此式与自然扩散火焰的高度公式类似，只是热释放速率前的系数不同。当热释放速率大到一定程度，虚点源的位置可位于燃烧表面上方，这与高强度火源的情况相符。

当火源位于房间的中央时，羽流的竖直运动是轴对称的。但如果火源靠近墙壁或者两墙交界的墙角，则固壁边界对空气卷吸的限制将显示出重要影响，火焰将向限制壁面偏斜，见图 3-5。这是空气仅从一个方向进入火羽流的结果，同样也会加强从已燃物体向相邻的

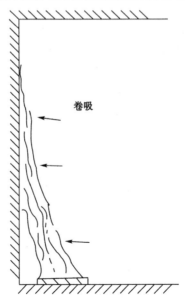

图 3-5 火羽流竖直壁面的偏斜

竖直表面的蔓延。由于羽流与环境空气的混合速率比不受限情况下的弱,因而随着羽流高度的增加,其温度的下降亦将变慢。若火焰碰到不可燃壁面,将会在该壁面上扩展开以卷吸足够空气,以烧掉烟气中的可燃挥发分。若壁面是可燃的,还可以形成竖壁燃烧,这将大大加强火势,容易引起火灾的大范围蔓延。

3.4.3　顶棚射流

如果竖直扩展的火羽流受到顶棚阻挡,热烟气将形成水平流动的顶棚射流。顶棚射流是一种半受限的重力分层流。当烟气在水平顶棚下积累到一定的厚度时,它便发生水平流动,图 3-6 为这种射流的发展过程示意图。羽流在顶棚上的撞击区大体为圆形,刚离开撞击区边缘的烟气层不太厚,顶棚射流由此向四周扩散。顶棚的存在将表现出固壁边界对流动的黏性影响,因此在十分贴近顶棚的薄层内,烟气的流速较低;随着垂直向下离开顶棚距离的增加,其速度不断增大;而超过一定距离后,速度便逐渐降低为零。这种速度分布使得射流前锋的烟气转向下流,然而热烟气仍具有一定的浮力,还会很快上浮。于是顶棚射流中便形成一连串的漩涡,它们可将烟气层下方的空气卷吸进来,因此顶棚射流的厚度逐渐增加,而速度逐渐降低。

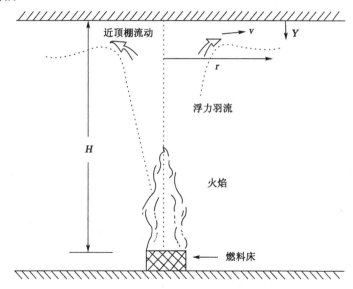

图 3-6　浮力羽流与顶棚的相互作用

顶棚射流内的温度分布与速度分布类似。在热烟气的加热下,顶棚由初始温度缓慢升高,但总比射流中的烟气温度低。随着竖直离开顶棚距离的增加,射流温度逐渐升高,达到某一最高值后又逐渐降低到下层空气的温度。

美国工厂联合组织研究中心(FMRC)曾进行一系列全尺寸火灾试验,测量了不同高度顶棚之下的温度分布。试验发现,当烟气的水平流动不受限且热烟气不会在顶棚下积累时,在离开羽流轴线的任意径向距离(r)处,竖直分布的温度最大值在顶棚之下 $Y \leqslant 0.01H$ 的区域内,但并不紧贴顶棚壁面;在 $Y \leqslant 0.125H$ 区域内,温度急剧下降到环境值 T_0。如果火源离开最近的垂直阻挡物的距离至少 $3H$ 时,这种估计的近似程度相当好。

阿尔伯特(Alpert)根据上述试验结果推导出了描述温度分布的关系式。他指出,在顶棚之下 $r > 0.18H$ 的任意径向范围内,最高温度可用下面的稳态方程描述:

$$T_{max} - T_0 = \frac{5.38}{H} (\dot{Q}/r)^{2/3} \tag{3-8}$$

如果 $r \leqslant 0.18H$，即表示处于羽流撞击顶棚所在区域内，最高温度用下式计算：

$$T_{max} - T_0 = \frac{16.9 \dot{Q}^{2/3}}{H^{5/3}} \tag{3-9}$$

式中　$\dot{Q}$——热释放速率，或称火源强度，用 kW 表示。

图 3-7 表示对于功率为 20 MW 的火源，根据这些方程算出的 T_{max} 与 r 和 H 的关系。利用这种温度分布，可以估计感温探测器对稳定燃烧或缓慢发展火灾的响应性，从而为火灾探测提供了另一种依据。

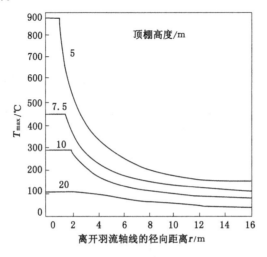

图 3-7　顶棚射流的 T_{max} 与 r 和 H 的关系

　　如果房间顶棚较低，或者火源强度足够大，自然扩散火焰可以直接撞击到顶棚。这时火焰也要发生水平传播，并可沿顶棚扩展相当长的距离。这主要是因为顶棚射流对其下方空气的卷吸速率较低。由于温度较高的烟气在较冷空气之上流动，两者的结构形式稳定，密度差将会反抗混合的进行，结果使可燃气体经过较长的时间才能烧完。

　　夹带火焰的顶棚射流在走廊内的蔓延是建筑火灾的一种重要情形。欣克利（Hinkley）等较早研究了这种现象。他们把一个槽状容器倒置过来模拟走廊，在槽道内靠一端的位置设置了一个多孔气体燃烧器，火灾烟气可沿槽道流动较长的距离，如图 3-8 所示，槽道的衬里材料是不可燃的。

　　试验发现，火焰的特性与燃烧器表面到顶棚之间的距离（h）和气体体积流率（Q）有密切的关系。若火羽流部分能够卷吸的空气较多，则水平火焰长度有限；若可燃气的流量相当大，顶棚下就可形成燃烧着的烟气层，火焰面出现在富燃料烟气层的下边界处。另外，由模拟走廊的剖面图可看出，射流中燃烧的存在诱发了由中部上升然后向两侧翻卷的漩涡，这显示出走廊的竖直壁面对火焰结构亦有重要影响。

　　欣克利等指出，当使用富空气的城市煤气做试验时，水平火焰长度可用下式估算：

$$L_h = 2.2 \left(\frac{\dot{m}}{\rho_0 g^{1/2} d} \right)^{2/3} \tag{3-10}$$

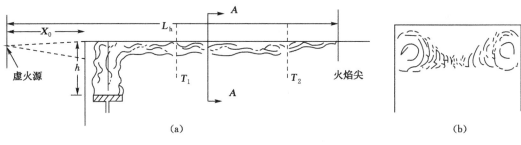

图 3-8　模拟走廊顶棚下方的火焰传播

(a)纵视图;(b)横剖图

式中　L_h——从虚点源算起的水平火焰长度;

d——顶棚之下热烟气层的厚度;

$\dot{m}$——单位走廊宽度的质量流率,即 $L_h \propto = \dot{m}^{2/3}$。

这些试验中,虚点源到垂直端面的距离 X_0 近似为 $2h$,且燃烧器表面到顶棚的距离 h 总低于 1.2 m。可以发现,$\left(\dfrac{\dot{m}}{\rho_0 g^{1/2} d}\right)^{2/3} \approx 0.025$ 是燃烧状况由富空气火焰向富燃料火焰转变的临界值。当大于该值时,可以看到较大的火焰扩展。

对于不可燃顶棚来说,这种限制的影响是清楚的。如果顶棚的衬里材料是可燃的,则火焰的扩展将会变大,因为衬里材料挥发出的可燃气体将进入顶棚射流内。

3.5　通风对火灾燃烧的影响

通风因子指的是 $A\sqrt{H}$ 组合参数,可作为分析室内火灾发展的重要参数,其中 A 为通风口的面积(m^2),H 为通风口的自身高度。通风因子较小时,火灾室内与室外的通风不好。对燃烧来讲表现为供氧不足,因此燃烧方式为通风控制。当通风因子足够大时,火灾室内与室外通风自由,室内燃烧与开放空间已无本质差别,此时燃烧方式为燃料表面积控制。不同的燃烧方式,对室内质量损失速率(R)的影响是不同的,见图 3-9。大量的研究结果表明:

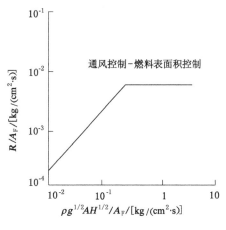

图 3-9　木垛火由通风控制到燃料表面积控制的确定

① 通风控制的燃烧方式

$$\frac{\rho g^{1/2} A H^{1/2}}{A_F} < 0.235 \qquad (3-11)$$

② 燃料控制的燃烧方式

$$\frac{\rho g^{1/2} A H^{1/2}}{A_F} > 0.290 \qquad (3-12)$$

式中　A_F ——可燃物的表面积；

　　　ρ ——空气密度。

进一步研究结果表明,燃烧方式不但与通风因子有关,而且与通风口的位置高度(h)有关。通风口位置高度(h)定义为通风口自身高度(H)的中心线到地面的距离。图 3-10 为通风因子与通风口位置高度对燃烧状态的影响。在 Ⅰ 区因通风因子太小,供氧不足,点火后火焰将自行熄灭。在 Ⅱ 区通风因子稍大,但仍不能维持稳定燃烧,燃烧处于振荡状态,即火焰忽大忽小,也可能出现振荡熄火。Ⅲ 区为稳定燃烧区。Ⅳ 区为表面积控制燃烧区。上述研究结果对建筑结构设计提供了重要依据,在建筑防火设计中具有重要意义。

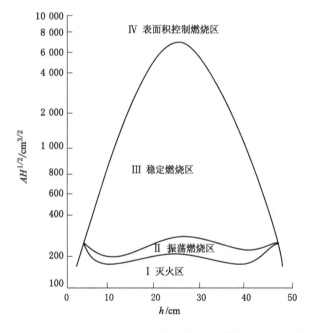

图 3-10　通风因子与通风口位置高度对燃烧状态的影响

第 4 章　烟气的性质与流动

由于火灾燃烧状况非常不完全,几乎所有火灾中都会产生大量烟气。火灾烟气的温度较高,且含有多种有毒、有害组分,能够对人员的安全和室内物品构成严重威胁。烟气的存在还会使建筑物内的能见度降低,这就使人员不得不在恶劣环境中停留较长时间。在建筑空间内,烟气容易迅速蔓延开来,因此距离起火点较远的地方也会受到影响。统计结果表明,在火灾中 80％以上的死亡者是死于烟气的影响,其中大部分是吸入了烟尘及有毒气体(主要是 CO)昏迷后而致死的。因此研究火灾中烟气的产生、性质、流动特性等都具有重要的意义。

4.1　烟气的产生

由燃烧或热解作用所产生的悬浮在气相中的固体和液体微粒称为烟或烟粒子,含有烟粒子的气体称为烟气。火灾烟气是燃烧过程的产物,是一种混合物,主要包括:① 可燃物热解或燃烧产生的气相产物,如未燃气体、水蒸气、CO_2、CO、多种低分子的碳氢化合物及少量的硫化物、氯化物、氰化物等;② 由于卷吸而进入的空气;③ 多种微小的固体颗粒和液滴。

可燃物的组成和化学性质以及燃烧条件对烟气的产生均具有重要的影响。少数纯燃料(如氢气、一氧化碳、甲醛、乙醇、乙醚、甲酸、甲醇等)燃烧的火焰不发光,且基本上不产生烟。而在相同的条件下,大分子燃料燃烧时发烟量却比较显著。在自由燃烧情况下,固体可燃物(如木材)和经过部分氧化的燃料(如乙醇、丙酮等)的发烟量比生成这些物质的碳氢化合物(如聚乙烯和聚苯乙烯)的发烟量少得多。

建筑中大量建筑材料、家具、衣服、纸张等可燃物,火灾时受热分解,然后与空气中的氧气发生氧化反应,燃烧并产生各种生成物。完全燃烧所产生的烟气成分中,主要是二氧化碳、水、二氧化氮、五氧化二磷或卤化氢等,有毒有害物质相对较少。但是,无毒气体同样可能会降低空气中的氧浓度,妨碍人们的呼吸,造成人员逃生能力的下降,也可能直接造成人体缺氧致死。

根据火灾的产生过程和燃烧特点,除了处于通风控制下的充分发展阶段以及可燃物几乎消耗殆尽的减弱阶段,火灾初期阶段常常处于燃料控制的不完全燃烧阶段。不完全燃烧所产生的烟气成分中,除了上述生成物外,还可以产生一氧化碳、有机磷、烃类、多环芳香烃、焦油以及炭屑等固体颗粒。固体颗粒生成的模式及颗粒的性质因可燃物的性质不同存在很大的差异。

随着我国经济水平不断提高,高层民用建筑尤其是高层公共建筑(如宾馆、饭店、写字楼、综合楼等)大量出现,高分子材料大量应用于家具、建筑装修、管道及其保温、电缆绝缘等方面。一旦发生火灾,建筑物内着火区域的空气中充满了大量有毒的浓烟,毒性气体可直接造成人体的伤害,甚至致人死亡,其危害远远超过一般可燃材料。以我国高层宾馆标准客房(双人间)为例,平均火灾荷载为 $30\sim40$ kg/m²。一般木材在 300 ℃时,其发烟量为 3 000～4 000 m³/kg,如典型客房面积按 18 m² 进行计算,室内火灾温度达到 300 ℃时,一个客房内的发烟量为 35 kg/m²×18 m²×3 500 m³/kg＝2 205 000 m³。如果发烟量不损失,一个标准客房火灾产生的烟气可以充满 24 座像北京长富宫饭店主楼(高 90 m,标准层面积960 m²)那样的高层建筑。

4.2 烟气的特征参数

表明烟气基本状态的特征参数常用的有压力、温度、减光性以及烟尘颗粒大小等。

4.2.1 压力

在火灾发生、发展和熄灭的不同阶段,建筑物内烟气的压力分布是各不相同的。以着火房间为例,在火灾发生初期,烟气的压力很低,随着着火房间内烟气量的增加,温度上升,压力相应升高。当发生火灾轰燃时,烟气的压力在瞬间达到峰值,门窗玻璃均存在被震破的危险。当烟气和火焰一旦冲出门窗孔洞之后,室内烟气的压力就很快降下来,接近室外大气压力。据测定,一般着火房间内烟气的平均相对压力为 $10\sim15$ Pa,在短时可能达到的峰值为 $35\sim40$ Pa。

4.2.2 温度

在火灾发生、发展和熄灭的不同阶段,建筑物内烟气的温度分布是各不相同的。以着火房间为例,在火灾发生初期,着火房间内烟气温度不高。随着火灾发展,温度逐渐上升,当发生轰燃时,室内烟气的温度相应急剧上升,很快达到最高水平。实验表明,由于建筑物内部可燃材料的种类不同,门窗孔洞的开口尺寸不同,建筑结构形式不同,着火房间烟气的最高温度各不相同。小尺寸着火房间烟气的温度一般可达 $500\sim600$ ℃,高则可达到 $800\sim1\ 000$ ℃。地下建筑火灾中烟气温度可高达 1 000 ℃以上。

4.2.3 烟气的减光性

由于烟气中含有固体和液体颗粒,对光有散射和吸收作用,使得只有一部分光能通过烟气,造成火场能见度大大降低,这就是烟气的减光性。烟气浓度越大,其减光作用越强烈,火区能见度越低,不利于火场人员的安全疏散和应急救援。

烟气的减光性是通过测量光束穿过烟场后光强度的衰减确定的,测量方法如图 4-1 所示。

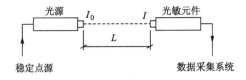

图 4-1 烟气减光性的测量原理

设由光源射入某一空间的光束强度为 I_0,该光束由该空间射出后的强度为 I。若该空间没有烟尘,则射入和射出的光强度几乎不变。光束通过的距离越长,射出光束强度衰减的程度越大。根据朗伯-比尔定律,在有烟气的情况下,光束穿过一定距离 L 后的光强度 I 可

表示为

$$I = I_0 \exp(-K_c L) \tag{4-1}$$

式中　K_c ——烟气的减光系数，m^{-1}，它表征烟气减光能力，其大小与烟气浓度、烟尘颗粒的直径及分布有关；

　　　I_0 ——光源的光束强度，cd；

　　　I ——光源穿过一定距离 L 后的光束强度，cd；

　　　L ——光束穿过的距离，m。

可以进一步表示为

$$K_c = K_m M_s \tag{4-2}$$

式中　K_m ——比消光系数，即单位质量浓度烟气的减光系数，m^2/kg；

　　　M_s ——烟气质量浓度，即单位体积内烟气的质量，kg/m^3。

烟气的减光性还可用百分减光度来描述，即

$$B = \frac{I_0 - I}{I_0} \times 100 \tag{4-3}$$

式中　$I_0 - I$ ——光强度的衰减值，cd；

　　　B ——百分减光度，%。

测量烟气减光性的方法比较适用于火灾研究，它可以直接与所考虑场合下人的能见度建立联系，并为火灾探测提供了一种方法。

4.2.4　烟气的光密度

将给定空间中烟气对可见光的减光作用定义为光学密度，即

$$D = -\lg\left(\frac{I}{I_0}\right) \tag{4-4}$$

将式(4-1)、式(4-2)代入式(4-4)，得到

$$D = \frac{K_c L}{2.3} = \frac{K_m M_s L}{2.3} \tag{4-5}$$

这表明烟气的光密度与烟气质量浓度、平均光线行程长度和比消光系数成正比。为了比较烟气浓度，通常将单位平均光路长度上的光密度 D_L 作为描述烟气浓度的基本参数，单位为 m^{-1}，即

$$D_L = \frac{D}{L} = \frac{K_m M_s}{2.3} = \frac{K_c}{2.3} \tag{4-6}$$

此外，在研究和测试固体材料的发烟特性时，将烟收集在已知容积的容器内。确定它的减光性，一般表示为比光学密度 D_s，此法只适用于小尺寸和中等尺寸的试验（ASTM，1979），称为烟箱法。

所谓比光学密度 D_s，是从单位面积的试样表面所产生的烟气扩散在单位体积的烟箱内，单位光路长度的光密度。比光学密度 D_s 可用下式表示：

$$D_s = \frac{VD}{AL} = \frac{VD_L}{A} \tag{4-7}$$

式中　D_s ——比光学密度，m^{-1}；

　　　V ——烟箱体积，m^3；

　　　A ——发烟试件的表面积，m^2。

比光学密度 D_s 越大,则烟气浓度越大。表 4-1 给出了部分可燃物发烟的比光学密度。

表 4-1   部分可燃物发烟的比光学密度

可燃物	最大 D_s /m^{-1}	燃烧状况	试件厚度[①]/cm
硬纸板	67	明火燃烧	0.6
硬纸板	600	热解	0.6
胶合板	110	明火燃烧	0.6
胶合板	290	热解	0.6
聚苯乙烯(PS)	>660	明火燃烧	0.6
聚苯乙烯(PS)	370	热解	0.6
聚氯乙烯(PVC)	>660	明火燃烧	0.6
聚氯乙烯(PVC)	300	热解	0.6
聚氨酯泡沫塑料(PUF)	20	明火燃烧	1.3
聚氨酯泡沫塑料(PUF)	16	热解	1.3
有机玻璃(PMMA)	720	热解	0.6
聚丙烯(PP)	400	明火燃烧	0.4
聚乙烯(PE)	290	明火燃烧	0.4

注:① 试件面积为 0.055 m^2,垂直放置。

4.2.5 烟尘颗粒大小及粒径分布

烟气中颗粒的大小可用颗粒平均直径表示,通常采用几何平均直径 d_{gn} 表示,其定义为

$$\lg d_{gn} = \sum_{i=1}^{n} \frac{N_i \lg d_i}{N} \tag{4-8}$$

式中 N ——总的颗粒数目,个;

        N_i ——第 i 个颗粒直径间隔范围内颗粒的数目,个;

        d_i ——颗粒直径,μm。

颗粒尺寸分布的标准差用 σ_g 表示,即

$$\lg \sigma_g = \left[\sum_{i=1}^{n} \frac{(\lg d_i - \lg d_{gn})^2 N_i}{N} \right]^{1/2} \tag{4-9}$$

如果所有颗粒直径都相同,则 $\sigma_g = 1$。如果颗粒直径分布为对数正态分布,则占总颗粒数 68.8% 的颗粒,其直径处于 $\lg d_{gn} \pm \lg \sigma_g$ 之间的范围内。σ_g 越大,表示颗粒直径的分布范围越大。表 4-2 给出了一些木材和塑料在不同燃烧状态下烟气中的颗粒直径和标准差。

表 4-2   一些木材和塑料在不同燃烧状态下烟气中的颗粒直径和标准差

可燃物	d_{gn} /μm	σ_g	燃烧状态
杉木	0.5~0.9	2.0	热解
杉木	0.43	2.4	明火燃烧
聚氯乙烯(PVC)	0.9~1.4	1.8	热解
聚氯乙烯(PVC)	0.4	2.2	明火燃烧

可燃物	$d_{gn}/\mu m$	σ_g	燃烧状态
软质聚氨酯塑料(PU)	0.8～1.8	1.8	热解
软质聚氨酯塑料(PU)	0.3～1.2	2.3	热解
软质聚氨酯塑料(PU)	0.5	1.9	明火燃烧
绝热纤维	2～3	2.4	阴燃

4.3　烟气的危害

4.3.1　烟气的毒性

首先,火灾中由于燃烧消耗了大量的氧气,使得烟气中的含氧量降低。缺氧是气体毒性的特殊情况。研究数据表明,若仅仅考虑缺氧而不考虑其他气体影响,当含氧量降至 10% 时就可对人构成威胁。然而,在火灾中仅仅由含氧量减少造成危害是不大可能出现的,其危害往往伴随着 CO、CO_2 和其他有毒成分(如 HCN、NO_x、SO_2、H_2S 等)的生成,高分子材料燃烧时还会产生 HCl、HF、丙烯醛、异氰酸酯等有害物质。不同材料燃烧时产生的有害气体成分和浓度是不相同的,因而其烟气的毒性也不相同。评价材料烟气毒性大小的方法有:化学分析法、动物试验法和生理研究法。

此外,高温火灾烟气对人体呼吸系统及皮肤都将产生很严重的不良影响。研究表明,当人体吸入大量热烟气时,会造成血压急剧下降,毛细血管遭到破坏,从而导致血液循环系统破坏。另一方面,在高温作用下,人会心跳加速,大量出汗,并因脱水而死亡。大量的研究表明,烟气温度达到 65 ℃时,人体可短时间忍受;人在温度达到 120 ℃的烟气中,15 min 即可产生不可恢复的损伤;170 ℃的烟气中,1 min 即可对人体产生不可恢复的损伤。在几百摄氏度的高温烟气中,人是 1 min 也无法忍受的。衣服的透气性和隔热程度对温度升高的忍受极限也有重要影响。

4.3.2　火灾烟气中能见度降低的危害

能见度指的是人们在一定环境下刚刚看到某个物体的最远距离,一般用米(m)为单位。能见度主要由烟气的浓度决定,同时还受到烟气的颜色、物体的亮度、背景的亮度及观察者对光线的敏感程度等因素的影响。当发生火灾时,烟气弥散,可见光由于烟气的减光作用,人们在有烟场合下的能见度必然有所下降,对火区人员的安全疏散造成严重影响。能见度 V(单位为 m)与减光系数 K_c(单位为 m^{-1})的关系可表示为

$$VK_c = R \tag{4-10}$$

其中 R 为比例系数,根据实验数据确定,它反映了特定场合下各种因素对能见度的综合影响。大量火灾案例和实验结果表明,即便设置了事故照明和疏散标志,火灾烟气仍然导致人们辨认目标和疏散能力大大下降。金曾对自发光和反光标识的能见度进行了测试,他建议安全疏散标志最好采用自发光方式。巴切尔和帕乃尔也指出,自发光标志的可见距离比表面反光标识的可见距离大 2.5 倍。图 4-2 给出了自发光物体能见度的一些实验结果。一般地,对于疏散通道上的反光标志、疏散门等,在有反射光存在的场合下,$R = 2 \sim 4$;对自发光型标志、指示灯等,$R = 5 \sim 10$。

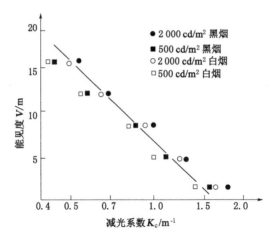

图 4-2　发光标志的能见度与减光系数的关系

　　然而,以上关于能见度的讨论并没考虑烟气对眼睛的刺激作用。金提出在刺激性烟气中能见度的经验公式为

$$V = (0.133 - 1.471 \mathrm{g}\ K_c) \times R/K_c\ (仅适用于\ K_c \geqslant 0.25\ \mathrm{m}^{-1}) \tag{4-11}$$

安全疏散时所需的能见度和减光系数的关系见表 4-3。

表 4-3　　　　　　　　　　安全疏散所需的能见度和减光系数

疏散人员对建筑物的熟悉程度	减光系数/m⁻¹	能见度/m
不熟悉	0.15	13
熟悉	0.5	4

　　保证安全疏散的最小能见距离为极限视程,极限视程随人们对建筑物的熟悉程度不同而不同。对建筑熟悉者,极限视程约为 5 m;对建筑物不熟悉者,其极限视程约为 30 m。为了保证安全疏散,火场能见度(对反光物体而言)必须达到 5~30 m,因此减光系数应不超过 0.1~0.6 m⁻¹。火灾发生时烟气的减光系数多为 25~30 m⁻¹。因此,为了确保安全疏散,应将烟气稀释 50~300 倍。

　　即使是在无刺激性的烟气中,能见度的降低亦可以直接导致人员步行速度的下降。日本的一项试验研究表明,即使对建筑疏散路径相当熟悉的人,当烟气减光系数达到 0.5 m⁻¹ 时,其疏散也变得困难。刺激性的烟气中,步行速度会陡然降低,图 4-3 所示为刺激性与非刺激性烟气中人沿走廊行走速度的部分试验结果。当减光系数为 0.4 m⁻¹ 时,通过刺激性烟气的表观速度仅是通过非刺激性烟气时的 70%。当减光系数大于 0.5 m⁻¹ 时,通过刺激性烟气的表观速度降至约为 0.3 m/s,相当于蒙上眼睛时的行走速度。行走速度下降是由于受试验者无法睁开眼睛,只能走"之"字形或沿墙壁一步一步地挪动。

　　火灾中烟气对人员生命安全的影响不仅仅是生理上的,还包括对人员心理方面的副作用。当人们受到浓烟的侵袭时,在能见度极低的情况下,极易产生恐惧与惊慌,尤其当减光系数在 0.1 m⁻¹ 时,人们便不能正确进行疏散决策,甚至会失去理智而采取不顾一切的异常行为。

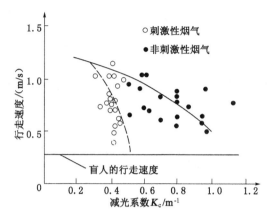

图 4-3　在刺激性与非刺激性烟气中人沿走廊行走的速度

　　研究烟气减光性的另一应用背景是火灾探测。大量研究表明，K_c 与颗粒大小的分布有关。随着烟气存在期的增长，较小的颗粒会聚结成较大的集合颗粒，因而单位体积内的颗粒数目将减少，K_c 随着平均颗粒直径的增大而减少。离子型火灾探测器是根据单位体积内的颗粒数目来工作的，因而对生成期较短的烟气反应较好。它可以对直径小于 10 mm 的颗粒产生反应。而采用散射或阴影原理的光学装置只能测定颗粒直径的量级与仪器所用光的波长相当的烟气，一般为 100 nm，它们对小颗粒反应不敏感。

4.4　烟气的蔓延

　　建筑物发生火灾，烟气流动的方向通常是火势蔓延的一个主要方向。一般 500 ℃ 以上的热烟所到之处，遇到的可燃物都有可能被引燃起火。

4.4.1　烟气的扩散路线

　　建筑火灾中产生的高温烟气，其密度比冷空气小，由于浮力作用向上升起，遇到水平楼板或顶棚时，改为水平方向继续流动，这就形成了烟气的水平扩散。这时，如果高温烟气的温度不降低，那么上层将是高温烟气，而下层是常温空气，形成明显分离的两个层流流动。实际上，烟气的流动扩散过程中，一方面总有冷空气掺混，另一方面受到楼板、顶棚等建筑围护结构的冷却，温度逐渐下降。

　　沿水平方向流动扩散的烟气碰到四周围护结构时，进一步被冷却并向下流动。逐渐冷却的烟气和冷空气流向燃烧区，形成了室内的自然对流，火越烧越旺，如图 4-4 所示。

　　烟气扩散流动速度与烟气温度和流动方向有关。烟气在水平方向上的扩散流动速度较小，在火灾初期为 0.1～0.3 m/s，在火灾中期为 0.5～0.8 m/s。烟气在垂直方向的扩散流动速度较大，通常为 1～5 m/s。在楼梯间或管道竖井中，由于烟囱效应产生的抽力，烟气上升流动速度很大，可达 6～8 m/s，甚至更大。

　　当高层建筑发生火灾时，烟气在其内的流动扩散一般有三条路线：第一条，也是最主要的一条是着火房间→走廊→楼梯间→上部各楼层→室外；第二条是着火房间→室外；第三条是着火房间→相邻上层空间→室外。

4.4.2　烟气流动的驱动力

　　建筑火灾中，在烟囱效应、热风压影响、通风系统风机的影响、电梯的活塞效应等驱动

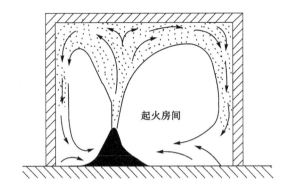

图 4-4　着火房间内的自然对流

下,烟气可由起火区向非起火区蔓延,与起火区相连的走廊、楼梯及电梯等处都将会充入烟气,对人员逃生和灭火造成非常不利的影响。大量的火灾统计资料表明,火灾中大多数人员伤亡是由于受到火灾烟气的危害而窒息或者中毒致死的。为了有效控制烟气的蔓延,减少烟气的危害,有必要深入了解烟气的流动规律。本节主要讨论建筑物内烟气流动的有效流通面积、主要驱动力及压力中性面的确定方法。

4.4.2.1　烟气的有效流通面积

有效流通面积是指某一种流体,在一定压差作用下流过系统的总的当量流通面积。可以认为烟气从出口向外蔓延的规律遵从流体孔口出流规律,因此,烟气总流量 Q_T、出口两侧总压差 Δp_T 和有效流通面积 A_e 之间的关系见下式:

$$Q_T = \mu A_e (2\Delta p_T/\rho)^{1/2} \tag{4-12}$$

式中　μ——流量系数;

A_e——有效流通面积,m^2;

Δp_T——出口两侧的压差,Pa;

ρ——流动介质的密度,$\mathrm{kg/m}^3$。

烟气流动系统的路径有并联、串联及混联等形式。下面分别讨论各种情形下有效流通面积的计算。

（1）并联流动

图 4-5 所示的加压空间有 3 个并联出口,每个出口的压差 Δp 都相同,总流量 Q_T 为 3 个出口流量（Q_1、Q_2、Q_3）之和,即

$$\Delta p_1 = \Delta p_2 = \Delta p_3 = \Delta p_T \tag{4-13}$$

$$Q_T = Q_1 + Q_2 + Q_3 \tag{4-14}$$

根据式(4-12),可以写出 3 个并联出口流量和流通面积的关系式:

$$Q_1 = \mu_1 A_1 (2\Delta p_1/\rho)^{1/2} \tag{4-15}$$

$$Q_2 = \mu_2 A_2 (2\Delta p_2/\rho)^{1/2} \tag{4-16}$$

$$Q_3 = \mu_3 A_3 (2\Delta p_3/\rho)^{1/2} \tag{4-17}$$

设出口的流量系数相等,即 $\mu = \mu_1 = \mu_2 = \mu_3$,将式(4-12)、式(4-13)、式(4-15)～式(4-17)代入式(4-14),得

$$A_e = A_1 + A_2 + A_3 \tag{4-18}$$

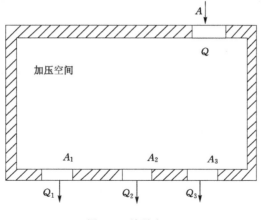

图 4-5　并联出口

若独立的并行出口有 n 个,则总的有效流通面积就是各出口流动面积之和,即

$$A_e = \sum_{i=1}^{n} A_i \tag{4-19}$$

(2)串联流动

图 4-6 所示的加压空间有 3 个串联出口。通过每个出口的体积流量 Q 是相同的,从加压空间到外界的总压差 Δp_T 是经过 3 个出口的压差 Δp_1、Δp_2、Δp_3 之和,即

$$Q_T = Q_1 = Q_2 = Q_3 \tag{4-20}$$

$$\Delta p_T = \Delta p_1 + \Delta p_2 + \Delta p_3 \tag{4-21}$$

由式(4-12)可得

$$\Delta p_T = \frac{\rho}{2} \left[\frac{Q_T}{\mu_T A_e} \right]^2 \tag{4-22}$$

类似地,可以写出 3 个串联出口压差和流量、流通面积的关系式:

$$\Delta p_1 = \frac{\rho}{2} \left[\frac{Q_1}{\mu_1 A_1} \right]^2 \tag{4-23}$$

$$\Delta p_2 = \frac{\rho}{2} \left[\frac{Q_2}{\mu_2 A_2} \right]^2 \tag{4-24}$$

$$\Delta p_3 = \frac{\rho}{2} \left[\frac{Q_3}{\mu_3 A_3} \right]^2 \tag{4-25}$$

设出口的流量系数相等,$\mu = \mu_1 = \mu_2 = \mu_3$,将式(4-22)~式(4-25)代入式(4-21),可得 3 个出口串联时的有效流通面积为

$$A_e = \left[\frac{1}{A_1^2} + \frac{1}{A_2^2} + \frac{1}{A_3^2} \right]^{-\frac{1}{2}} \tag{4-26}$$

以此类推,可以得到 n 个出口串联的有效流通面积为

$$A_e = \left[\sum_{i=1}^{n} \left(\frac{1}{A_i^2} \right) \right]^{-\frac{1}{2}} \tag{4-27}$$

建筑物火灾时,烟气通过两个串联的出口蔓延的情况比较常见,此时有效流通面积为

$$\frac{1}{A_e^2} = \frac{1}{A_1^2} + \frac{1}{A_2^2} \tag{4-28}$$

（3）混联流动

图 4-7 所示为一串并联混联系统。

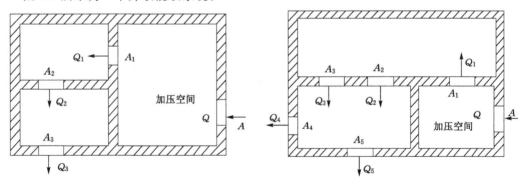

图 4-6　串联出口　　　　　　　　图 4-7　混联出口

① A_2、A_3 并联，其有效流通面积为

$$A_{e23} = A_2 + A_3 \qquad (4\text{-}29)$$

② A_4、A_5 并联，其有效流通面积为

$$A_{e45} = A_4 + A_5 \qquad (4\text{-}30)$$

这两个出口并联后的有效流通面积又与 A_1 串联，所以系统总的有效流通面积为

$$A_e = \left[\frac{1}{A_1^2} + \frac{1}{A_{e23}^2} + \frac{1}{A_{e45}^2} \right]^{-\frac{1}{2}} \qquad (4\text{-}31)$$

（4）温度与流量系数变化对有效流通面积的影响

对于多数烟气控制计算来讲，可以假定流量系数相同和气体温度不变。但是在有些情况下，需要考虑这些参数变化的影响。此时，有效流通面积的表达式可写为：

① 并联流动

$$A_e = \frac{T_e^{1/2}}{\mu_e} \left[\sum_{i=1}^n \mu_i A_i (T_i)^{-1/2} \right] \qquad (4\text{-}32)$$

② 串联流动

$$A_e = \frac{T_e^{1/2}}{\mu_c} \left[\sum_{i=1}^n (\mu_i A_i)^{-2} T_i \right]^{-1/2} \qquad (4\text{-}33)$$

式中　　T_e ——有效流通路径上的热力学温度，K；

μ_e ——有效路径上的流量系数；

T_i ——路径 i 处的热力学温度，K；

A_i ——路径 i 的流通面积，m^2；

μ_i ——路径 i 的流量系数。

假设出口的流量系数相等，对于流量系数相同的两个串联流动面积来说，其有效流通面积为

$$A_e = T_e^{1/2} \left(\frac{T_1}{A_1^2} + \frac{T_2}{A_2^2} \right)^{-1/2} \qquad (4\text{-}34)$$

4.4.2.2　烟囱效应对建筑物火灾烟气蔓延的影响

（1）烟囱效应

　　高层建筑往往有许多竖井,如楼梯井、电梯井、竖直机械通道及通信槽等。如图 4-8 所示的竖井,假设仅在竖井下部开口。设竖井高 H,内外温度分别为 T_s 和 T_0,ρ_s 和 ρ_0 分别为竖井内外空气在温度 T_s 和 T_0 时的密度,g 为重力加速度常数。

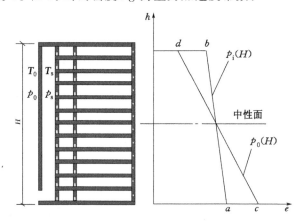

图 4-8　热压作用下竖井内的压力分布

$p_i(H)$ ——竖井内压力线;$p_0(H)$ ——室外压力线

　　假设地板平面的大气压力为 p_0,则建筑内部高 H 处压力 $p_i(H)$ 为

$$p_i(H) = p_0 - \rho_s gH \tag{4-35}$$

　　建筑外部高 H 处的压力 $p_0(H)$ 为

$$p_0(H) = p_0 - \rho_0 gH \tag{4-36}$$

　　因此,竖井高度为 H 处的建筑内外压差为

$$\Delta p_{i0} = (\rho_0 - \rho_s)gH \tag{4-37}$$

　　建筑物内外的压差变化与大气压 p_{atm} 相比要小得多,因此可根据理想气体状态方程,用大气压 p_{atm} 来计算气体密度随温度的变化。假设烟气遵循理想气体定律,烟气的相对分子质量与空气的平均相对分子质量相同,即等于 0.028 9 kg/mol,则

$$\Delta p_{i0} = \frac{gHp_{atm}}{R}\left(\frac{1}{T_0} - \frac{1}{T_s}\right) \tag{4-38}$$

　　竖井内部压力和外部压力相等的高度所在的平面,称为中性面。

　　建筑物火灾过程中,着火房间温度(T_s)往往高于室外温度(T_0),因此火灾室内空气的密度(ρ_s)比室外空气密度(ρ_0)小。在温度差和高程差的共同作用下,造成建筑物竖井内外压差。这种由于室内外温差引起的压力差,称为热压差。热压作用产生的通风效应称为"烟囱效应"。高度越高,内外压差越大,上下压差越大,烟囱效应愈强烈。但也有特例,并非多层建筑的烟囱效应都大于单层建筑。如图 4-9 所示的多层外廊式建筑,在建筑内部没有竖向的空气流动通道,因此就不存在图 4-8 所示的烟囱效应。这时每层的热压作用的自然通风与单层建筑没有本质区别。这种建筑正如沿山坡而建的单层建筑群一样。

　　对于处于火灾的建筑物来讲,竖井内上部压力始终小于下部压力,竖井内压力始终大于竖井外压力。火灾时,建筑物竖井内热烟气和空气的混合物在压差的作用下,向上运动,称为正烟囱效应,如图 4-10(a)所示。建筑物火灾过程中,热烟气上升过程中,一旦遇到开口,就会导致烟气向其他未着火区域蔓延,对人员生命和财产安全造成极大的威胁。其他如冬

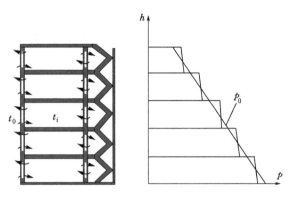

图 4-9　多层外廊式建筑在热压作用下的自然通风

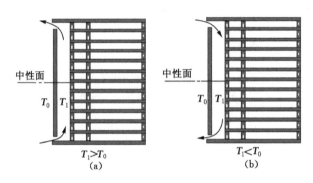

图 4-10　烟囱效应

（a）正烟囱效应；（b）逆烟囱效应

季采暖建筑物室内温度高于室外温度，也会在建筑物内产生正烟囱效应造成热量损失。夏季安装空调系统的建筑内，室内温度比室外温度低，竖井内气流呈下降的现象，称为逆烟囱效应，如图 4-10(b) 所示。

图 4-10 所示的建筑物内，假设所有的垂直流动都发生在竖井内。然而实际建筑物的楼层地板间会有缝隙，因此也有一些穿过楼板的气体流动。然而，就普通建筑物而言，由于流过楼板的气体量比通过竖井的气体量要少得多，通常仍假定建筑物为楼板间没有缝隙的理想建筑物。因此通过任一层的有效流通面积为

$$A_e = \left(\frac{1}{A_{si}^2} + \frac{1}{A_{i0}^2} \right)^{-\frac{1}{2}} \tag{4-39}$$

式中　A_e——竖井与外界间的有效流通面积，m^2；

　　　A_{si}——竖井与建筑物间某层的流通面积，m^2；

　　　A_{i0}——建筑物某层与外界间的流通面积，m^2。

通过该层的质量流量 q_m（单位为 kg/s）可表示为

$$q_m = \mu A_e (2\rho \Delta p_{i0})^{1/2} \tag{4-40}$$

式中，μ、A_e、ρ 以及 Δp_{i0} 的含义与上述各式相同。

在串联路径中，某段路径的压差等于系统的总压差乘上系统的有效流通面积与这段路径的流通面积之比的平方。这样，竖井与建筑内部房间之间的压差为

$$\Delta p_{\mathrm{si}} = \Delta p_{\mathrm{i0}} / (A_{\mathrm{e}} / A_{\mathrm{si}})^2 \tag{4-41}$$

将上式代入式(4-39),消去有效流通面积,得

$$\Delta p_{\mathrm{si}} = \frac{\Delta p_{\mathrm{i0}}}{\left[1 + \left(\dfrac{A_{\mathrm{si}}}{A_{\mathrm{i0}}} \right)^2 \right]} \tag{4-42}$$

烟囱效应是建筑火灾中烟气流动的主要因素。在正烟囱效应作用下,低于中性面火源产生的烟气将与建筑物内的空气一起流进竖井,并沿竖井上升。一旦升到中性面以上,烟气便可由竖井流出来,进入建筑物的上部楼层。楼层间的缝隙也可使烟气流向着火层上部的楼层。如果忽略不计楼层间的缝隙,则中性面以下的楼层,除了着火层以外都将没有烟气。但如果楼层间的缝隙很大,则直接流进着火层上一层的烟气将比流入中性面下其他楼层的要多,见图 4-11(a);若中性面以上的楼层发生火灾,由正烟囱效应产生的空气流动可限制烟气的流动,空气从竖井流进着火层能够阻止烟气流进竖井,见图 4-11(b);如果着火层的燃烧强烈,热烟气的浮力克服了竖井内的烟囱效应,则烟气仍可进入竖井继而流入上部楼层,见图 4-11(c)。逆烟囱效应的空气流可驱使比较冷的烟气向下运动,但在烟气较热的情况下,浮力较大,即使楼内起初存在逆烟囱效应,但不久还会使烟气向上运动。建筑火灾中起主要作用的是正烟囱效应。

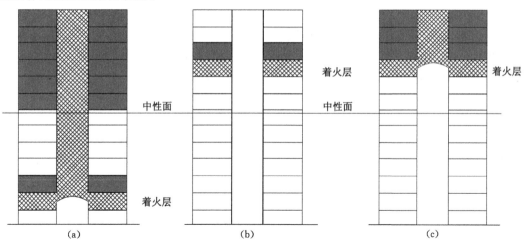

图 4-11　建筑物火灾中烟囱效应引起的烟气流动

(2) 建筑火灾中正烟囱效应下中性面位置的确定方法

对于建筑火灾情况,建筑物竖井内温度 T_{s} 往往高于室外空气温度 T_0。本节按一个竖井与外界联通的情况,讨论建筑火灾中正烟囱效应下中性面位置的确定方法。

① 具有连续开缝竖井的中性面位置

假设一竖井,从其顶部到底部有连续的宽度相同的开缝与外界联通,由正烟囱效应引起的该竖井内烟气的流动和压力分布见图 4-12。竖井与外界的压差由式(4-37)给出。中性面以下流过微元高度 $\mathrm{d}h$ 的质量流量 $\mathrm{d}q_{\mathrm{m,in}}$ 为

$$\mathrm{d}q_{\mathrm{m,in}} = \mu A' \sqrt{2 \rho_0 \Delta p_{\mathrm{so}}} \, \mathrm{d}h = \mu A' \sqrt{2 \rho_0 bh} \, \mathrm{d}h \tag{4-43}$$

式中　A' ——单位高度竖井的开缝面积,m^2;

$\quad\quad \rho_0$ ——竖井外界空气的密度,$\mathrm{kg/m}^3$。

假设竖井内混合气体按空气气体常数进行简化处理,可得

$$b = \frac{gp_{\mathrm{atm}}}{R}\left[\frac{1}{T_0} - \frac{1}{T_s}\right] \tag{4-44}$$

式中　　T_s——竖井内烟气和空气的混合气体的热力学温度,K;

T_0——竖井外界空气的热力学温度,K。

对上述方程在中性面($h = 0$)到竖井底部($h = -H_n$)之间进行积分,可得

$$q_{\mathrm{m,in}} = \frac{2}{3}\mu A' H_n^{3/2}\sqrt{2\rho_0 b} \tag{4-45}$$

类似地,可以得到从竖井上部流出气体的质量流量:

$$q_{\mathrm{m,out}} = \frac{2}{3}\mu A'(H - H_n)^{3/2}\sqrt{2\rho_s b} \tag{4-46}$$

式中　　H——竖井的高度,m;

ρ_s——竖井内混合气体的密度,kg/m³。

稳定状态下,流进与流出竖井气体的质量流量相等,因此可以得到中性面距竖井底部的高度 H_n 为

$$H_n = \frac{H}{1 + \left(\dfrac{T_s}{T_0}\right)^{1/3}} \tag{4-47}$$

② 具有上下双开口竖井的中性面位置

设火灾建筑物有一竖井具有上下两个开口,其正烟囱效应如图 4-13 所示。为了简化分析,假设两个开口间的距离比开口本身的尺寸大得多,这样可忽略沿开口自身高度的压力变化。类似的分析步骤可得中性面距竖井底部的高度 H_n 为

$$H_n = \frac{H}{1 + \left(\dfrac{T_s}{T_0}\right)\left(\dfrac{A_b}{A_a}\right)^2} \tag{4-48}$$

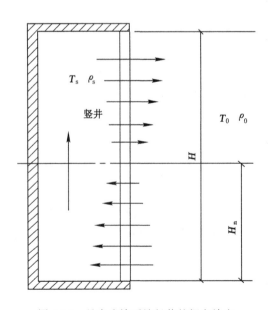

图 4-12　具有连续开缝竖井的烟囱效应

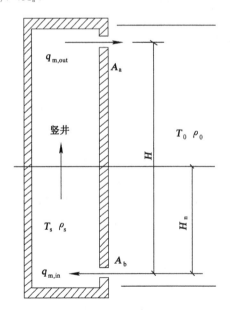

图 4-13　双开口竖井的烟囱效应

式中　A_a——竖井上部开口的面积，m^2；

　　　A_b——竖井下部开口的面积，m^2。

由上式可以看出，中性面位置受开口面积影响较大，受温度影响相对较小。中性面位置的变化，对竖井内烟气流动方向和路径的影响非常显著，与人的生命安全密切相关。当 A_b/A_a 接近于零，即上部开口面积远远大于下部开口面积时，H_n 接近 H，即中性面的位置接近于或位于竖井的上部。

③ 具有连续开缝和一个上开口竖井的中性面位置

设某竖井具有连续开缝和一个上部开口，则井内由正烟囱效应所引起的流动及压力分布如图 4-14 所示。设开口的面积为 A_V，其中心到地面的高度为 H_V。开口位于中性面之下时也可做类似分析。流进井内的质量流量由式(4-45)给出。为了简化起见，认为开口的自身高度与井高 H 相比很小，这样可认为流体流过开口时的压力差不变。

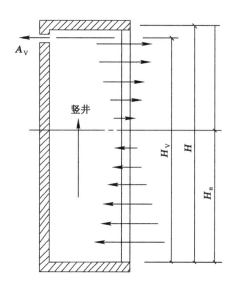

图 4-14　具有一个上开口和连续开缝竖井的烟囱效应

流出竖井的质量是连续开缝流出的质量与由开口流出的质量之和，即

$$q_{m,out} = \frac{2}{3}\mu A'(H - H_n)^{3/2}\sqrt{2\rho_s b} + \mu A'_V\sqrt{2\rho_s b(H_V - H_n)} \tag{4-49}$$

根据竖井内的质量连续方程，流出的质量应等于流入的质量，因此上式可写为

$$q_{m,out} = \frac{2}{3}\mu A'H_n^{3/2}\sqrt{2\rho_0 b} \tag{4-50}$$

消去相同的项，并将理想气体定律关于密度和温度的关系代入，得

$$\frac{2}{3}A'(H - H_n)^{3/2} + A_V\sqrt{(H_V - H_n)} = \frac{2}{3}A'H_n^{3/2}\left(\frac{T_s}{T_0}\right)^{1/2} \tag{4-51}$$

当 $A_V = 0$ 时，此时便变成式(4-48)。当 $A_V \neq 0$ 时，此式可重新整理为

$$\frac{2}{3}\cdot\frac{A'(H - H_n)^{3/2}}{A_V H} + \frac{\sqrt{(H_V - H_n)}}{H} = \frac{2}{3}\cdot\frac{A'H_n^{3/2}\cdot T_s^{1/2}}{A_V H\cdot T_0^{1/2}} \tag{4-52}$$

对于开口较大的情况，A'/A_v 接近于零。而当接近于零时，式(4-52)中的左边第一项和右边第一项接近于零，于是得到 $H_n = H_v$。这样中性面就位于上开口处。与式(4-48)一样，由式(4-52)决定的中性面位置受流动面积影响较大，而受温度影响较小。

无论开口在中性面上部还是下部，其位置将位于式(4-48)所给的无开口时的高度与开口高度 H_v 之间。A'/A_v 的值越小，中性面的位置就越接近于 H_v。

④ 中性面以上楼层内的烟气浓度

火灾烟气蔓延到建筑物的上部楼层后，其中气相中的有害污染物浓度也将发生变化。在某些需要考虑烟气控制的情况下，人们应对这些物质的影响有所认识。现结合中性面以上楼层讨论其估算方法。

尽管有害污染物的浓度在不断变化，可以认为，烟气的质量流量是稳定的。中性面位置可由前面讨论的方法确定，并设外界温度低于竖井内的温度（$T_0 < T_s$）。因为楼层之间没有缝隙，所以由竖井流进各层的质量流量等于从高层流到外界的质量流量，这一流量可表示为

$$q_m = \mu A_e \sqrt{2\rho_s \Delta p} \qquad (4\text{-}53)$$

式中　　q_m ——质量流量，kg/s；

　　　　μ ——流量系数，一般约为 0.65；

　　　　A_e ——竖井与外界间的有效流通面积，m^2；

　　　　ρ_s ——竖井内气体密度，kg/m^3；

　　　　Δp ——竖井与外界的压差，Pa。

式(4-27)所表示的计算有效流动面积的方法仅适用于两条路径串联，且流体温度相同的情况，但这种分析可扩展到流体温度不同的情况。

$$A_c = \left[\frac{1}{A_s^2} + \frac{T_{fl}}{T_s A_n^2} \right]^{-\frac{1}{2}} \qquad (4\text{-}54)$$

式中　　A_c ——竖井与外界间的有效流通面积，m^2；

　　　　A_s ——竖井与房间的有效流通面积，m^2；

　　　　A_n ——竖井与外界的有效流通面积，m^2；

　　　　T_{fl} ——楼层内的温度，K；

　　　　T_s ——竖井内的温度，K。

室内外压差由烟囱效应给出：

$$\Delta p = K_s \left(\frac{1}{T_a} - \frac{1}{T_s} \right) Z \qquad (4\text{-}55)$$

式中　　T_a ——外界空气的温度，K；

　　　　T_s ——竖井内的气体温度，K；

　　　　Z ——中性面以上的距离，m；

　　　　K_s ——系数，当外界压力为标准大气压时，K_s 取值 3 460。

在中性面以上的某一楼层中，污染物的质量守恒方程为

$$\frac{\mathrm{d}C_{fl}}{\mathrm{d}t} = \frac{q_m}{V_{fl}\rho_{fl}} (C_s - C_{fl}) \qquad (4\text{-}56)$$

式中　　C_{fl} ——中性面以上某楼层内污染物浓度，kg/m^3；

C_s ——竖井内污染物的浓度，kg/m^3；

t ——时间，s；

q_m ——质量流量，kg/s；

V_{fl} ——该楼层容积，m^3；

ρ_{fl} ——该楼层内的气体密度，kg/m^3。

此微分方程的解为

$$C_{fl} = (1 - e^{-\lambda t}) \tag{4-57}$$

其中

$$\lambda = \frac{q_m}{V_{fl}\rho_{fl}} \tag{4-58}$$

4.4.2.3　着火房间烟气的流动

这里的烟气指的是火源区域附近由于燃烧刚生成的高温烟气，其密度比常温气体低得多，因而具有较大的浮力。在火灾充分发展阶段，着火房间室内外的压力分布如图 4-15 所示。

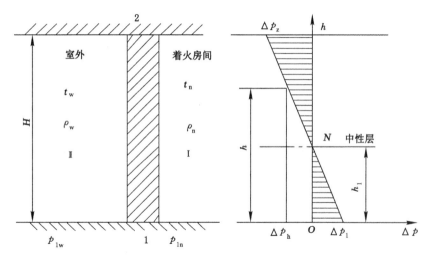

图 4-15　着火房间室内外压力分布

根据烟囱效应的原理，着火房间与外界环境的压差可写为

$$\Delta p_{f0} = \frac{gh p_{atm}}{R}\left(\frac{1}{T_0} - \frac{1}{T_f}\right) \tag{4-59}$$

式中　Δp_{f0} ——着火房间与外界的压差，Pa；

　　　T_0 ——着火房间外空气的热力学温度，K；

　　　T_f ——着火房间烟气的热力学温度，K；

　　　h ——着火房间内中性面以上平面距地面的距离，m。

此方程适用于着火房间内温度恒定的情况。当外界压力为标准大气压时，该关系式可进一步写为

$$\Delta p_{f0} = K_s h\left(\frac{1}{T_0} - \frac{1}{T_f}\right) = 3\,460\left(\frac{1}{T_0} - \frac{1}{T_f}\right) \tag{4-60}$$

方(Fung)进行了一系列的全尺寸室内火灾试验测定压力的变化。其研究结果表明，对

于高度约为 3.5 m 的着火房间,其顶部壁面内外的最大压差为 16 Pa。当着火房间较高时,中性面以上的距离 h 亦较大,则会产生较大的压差。

若着火房间只有一个小的墙壁开口与建筑物其他部分相连时,在着火房间内外气体的温差和门窗自身高度的影响下,中性面将出现在门窗孔洞的某一高度上。热烟气将从开口的上半部流出,外界空气将从开口下半部流进。为了简化问题,下面以着火房间仅有一处窗开启的情况来分析。如图 4-16 所示,着火房间外墙有一开启的窗孔,其高度为 H_c,宽度为 B_c,室内外气体温度分别为 t_i、t_0,中性面 N 到窗孔上、下沿的垂直距离为 h_2、h_1。从 h 处向上取微元高度为 dh,所构成的微元开口面积为 $dA = B_c dh$,根据式(4-59)及式(4-12),通过该微元面积向外排出的气体质量流量为

$$dQ_{out} = \mu \sqrt{2\rho_i \Delta p_{f0}} \, dA = \mu B_c \sqrt{2\rho_i (\rho_0 - \rho_i) gh} \, dh \tag{4-61}$$

$$Q_{out} = \frac{2}{3} \mu B_c \sqrt{2\rho_i g (\rho_0 - \rho_i)} \, h_2^{3/2} \tag{4-62}$$

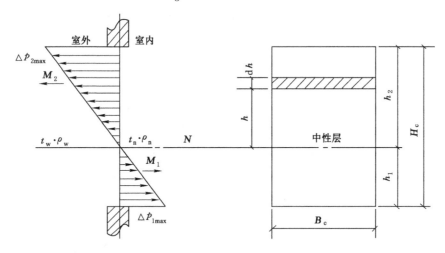

图 4-16　着火房间门窗洞口的压力分布

同理,可以得出从窗孔中性面至下缘之间的开口面积中流进的空气总质量流量为

$$Q_{in} = \frac{2}{3} \mu B_c \sqrt{2\rho_0 g (\rho_0 - \rho_i)} \, h_1^{3/2} \tag{4-63}$$

式中　　μ——窗孔的流量系数,可按薄壁孔口取值,$\mu = 0.6 \sim 0.7$。

假设着火房间除了开启的窗孔与大气相通外,其余各处密封均较好,根据质量守恒定律,在不考虑可燃物质质量损失速度的条件下,可近似认为 $Q_{in} = Q_{out}$,则存在以下关系:

$$\frac{h_2}{h_1} = \left(\frac{\rho_0}{\rho_i} \right)^{1/3} = \left(\frac{T_i}{T_0} \right)^{1/3} \tag{4-64}$$

由图 4-16 可见,开口处上下缘处的室内外压力差最大,其绝对值分别为
上缘处:

$$|\Delta p_2| = (\rho_0 - \rho_i) gh_2 \tag{4-65}$$

$$|\Delta p_1| = (\rho_0 - \rho_i) gh_1 \tag{4-66}$$

将式(4-65)、式(4-66)分别代入式(4-62)和式(4-63),可得

$$Q_{out} = \frac{2}{3} \mu B_c h_2 \sqrt{2\rho_i |\Delta p_2|} \tag{4-67}$$

$$Q_{in} = \frac{2}{3}\mu B_c h_1 \sqrt{2\rho_0 \mid \Delta p_1 \mid} \tag{4-68}$$

如果着火房间有几个窗孔同时打开,而这些窗孔本身的高度及布置高度完全相同,那么,这些窗孔中性面距上下缘的垂直距离是相同的,在利用上述公式时,只要把 B_c 代以所有开启窗孔的高度之和即可。如果窗孔本身的高度不同或布置高度不同,情况就比较复杂了。这时,首先确定中性面的位置,然后对各窗孔分别进行计算。通过开启门洞的气流状况与开启窗孔的气流状况相似,上述计算公式对门洞的计算仍然适用。

【例 4-1】　着火房间与走廊之间的门洞尺寸为 2.2 m×0.9 m,若着火房间烟气的平均温度为 800 ℃,走廊内空气温度为 30 ℃,当门敞开时,试求从着火房间流到走廊中的烟气量和由走廊流入房间中的空气量。

【解】　已知 $H_c = 2.2$ m, $B_c = 0.9$ m, $t_i = 800$ ℃、$t_0 = 30$ ℃

因为
$$\frac{h_2}{h_1} = \left(\frac{T_i}{T_0}\right)^{1/3} = \left(\frac{273+800}{273+30}\right)^{1/3} = 1.524$$

所以
$$h_2 = 1.524h_1$$

$$h_2 + h_1 = H_c, h_1 = 0.872 \text{ m}, h_2 = 1.328 \text{ m}$$

$$\rho_i = 353/T_i = \frac{353}{273+800} = 0.329 \text{ kg/m}^3$$

$$\rho_0 = 353/T_0 = \frac{353}{273+30} = 1.165 \text{ kg/m}^3$$

取门洞流量系数 $\mu = 0.65$,可得

$$Q_{out} = \frac{2}{3}\mu B_c h_2 \sqrt{2\rho_i \mid \Delta p_2 \mid} = 1.386 \text{ kg/s}$$

$$Q_{in} = \frac{2}{3}\mu B_c h_1 \sqrt{2\rho_0 \mid \Delta p_1 \mid} = 1.388 \text{ kg/s}$$

4.2.2.4　烟气在走廊中的流动

烟气在走廊或细长通道中流动时,顶棚附近流动的烟气有逐步下降的现象,见图 4-17(a),这是由于烟气接触顶棚和墙面被冷却后逐渐失去浮力所致。失去浮力的烟气首先沿周壁开始下降,最后在走廊断面的中部留下一个圆形的空间,见图 4-17(b)。

从火中扩散到走廊中的烟气流量可用式(4-67)进行计算。距火灾室门口一定距离 x 处走廊内烟气层厚度、烟气扩散流速和烟气温度可用下式计算:

$$t_s = (t_f - t_a)\exp(-ax) + t_a \tag{4-69}$$

$$h = \left(\frac{\xi}{2g}\right)^{1/3} \left(\frac{Q_{out}}{B'}\right)^{2/3} \left(\frac{273+t_a}{t_s-t_a}\right)^{1/3} \tag{4-70}$$

$$v = \frac{Q_{out}}{B'h} \tag{4-71}$$

式中　Q_{out}——烟气流量,m³/s;

h——烟气层厚度,m;

ξ——阻力系数,约 30 m 长走廊 $\left(\frac{\xi}{2g}\right)^{1/3} = 0.9$;

B'——走廊宽度,m;

t_a——走廊空气温度,℃;

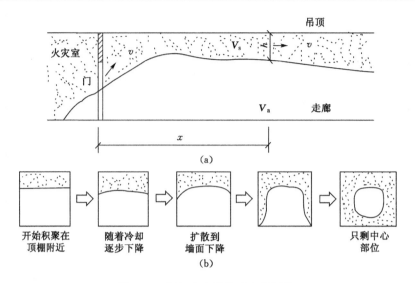

图 4-17　烟气在走廊流动中的下降

v ——烟气速度,m/s;

t_s ——流出 x 距离后烟气温度,℃;

x ——烟气流出距离,m;

a ——常数,$a \approx 0.04$。

4.4.2.5　风压对建筑物火灾烟气蔓延的影响

风的存在可在建筑物的周围产生压力分布,而这种压力分布能够影响建筑物内的烟气流动。建筑物外部的压力分布受到多种因素的影响,其中包括风的速度和风向、建筑物的高度和几何形状等。风的影响往往可以超过其他驱动烟气流动的力(自然的和人工的)。一般来说,风朝着建筑物吹过来会在建筑物的迎风侧产生较高滞止压力,这可增强建筑物内的烟气向下风向的流动,压力差的大小与风速的平方成正比,即

$$\Delta p_w = \frac{1}{2}(C_w \rho_0 v^2) \tag{4-72}$$

式中　Δp_w ——风力作用到建筑物表面产生的附加压力,Pa;

C_w ——风压系数;

ρ_0 ——空气的密度,kg/m³;

v ——风速,m/s。

使用空气温度表示上述公式可写为

$$\Delta p_w = 0.048 C_w v^2 / T_0 \tag{4-73}$$

式中　T_0 ——环境温度,K;

其他符号的意义与前式相同。

上式表明,若温度为 293 K 的风以 7 m/s 的速度吹到建筑物表面,将产生 30 Pa 的压力差,显然它要影响建筑物内燃烧或烟囱效应引起的烟气流动。

通常风压系数 C_w 的值在 $-0.80 \sim +0.80$ 之间,可正可负。C_w 为正,表示该处的压力比大气压力提高了 Δp_w;C_w 为负,表示该处的压力比大气压力减少了 Δp_w,迎风墙为正,背风墙为负。此系数的大小决定于建筑物的几何形状及当地的挡风状况,并且在墙壁表面的不

同部位有不同的值。表 4-4 给出了附近没有障碍物时,矩形建筑物前后壁面上压力系数的平均值。

表 4-4　　　　　　　　　　　矩形建筑物前后壁面压力系数的平均值

建筑物的高宽比	建筑物的长宽比	风向角 α /(°)	不同墙壁上的风压系数 C_w			
			正面	背面	侧面	侧面
$H/W \leqslant 0.5$	$1 \leqslant L/W \leqslant 1.5$	0	+0.7	−0.2	−0.5	−0.5
		90	−0.5	−0.5	+0.7	−0.2
	$1.5 \leqslant L/W \leqslant 4$	0	+0.7	−0.25	−0.6	−0.6
		90	−0.5	−0.5	+0.7	−0.1
$0.5 < H/W \leqslant 1.5$	$1 \leqslant L/W \leqslant 1.5$	0	+0.7	−0.25	−0.6	−0.6
		90	−0.6	−0.5	+0.7	−0.25
	$1.5 \leqslant L/W \leqslant 4$	0	+0.7	−0.3	−0.7	−0.7
		90	−0.5	−0.5	+0.7	−0.1
$1.5 < H/W \leqslant 6$	$1 \leqslant L/W \leqslant 1.5$	0	+0.8	−0.25	−0.8	−0.8
		90	−0.8	−0.8	+0.8	−0.25
	$1.5 \leqslant L/W \leqslant 4$	0	+0.7	−0.4	−0.7	−0.7
		90	−0.5	−0.5	+0.8	−0.1

注：H 为屋顶高度,L 为建筑物的长边长,W 为建筑物的短边长。

由风压引起的建筑物两个侧面的压差为

$$\Delta p_w = \frac{1}{2}(C_{w1} - C_{w2})\rho_0 v^2 \tag{4-74}$$

式中　C_{w1}, C_{w2} ——迎风墙和背风墙的压力系数;

其他符号的意义同前式。

气流风速 v 的大小是影响风压大小的主要因素。一般来讲,风速随离地面高度的增加而呈指数级增加,即

$$v = v_0 \left(\frac{Z}{Z_0}\right)^n \tag{4-75}$$

式中　Z_0 ——参考高度(m),机场和气象站等一般在离地高度 10 m 处测量风速,本书亦将参考高度取为 10 m;

v_0 ——参考高度 Z_0 处的风速(m/s),一般参考机场和气象站测试资料,取距地面高度 10 m 处测量参考风速;

v ——测量高度 Z 处的实际风速,m/s;

n ——无量纲风速指数。

根据气象测试资料表明,不同地形条件、不同地区的大气边界层厚度差别很大,因而应采用不同的风速指数。在平坦地带(如空旷的野外),风速指数可取 0.16 左右;在不平坦的地带(如周围有树木的村镇),风速指数可取 0.28 左右;在很不平坦的地带(如建筑物耸立的市区),风速指数约为 0.40。

在设计烟气控制系统时,参考风速的选取非常重要。有资料指出,大部分地区的平均风

速为 $2 \sim 7$ m/s,但此值对于设计烟气控制系统未必合适。大量证据表明,在约半数以上的火灾中,实际风速大于此值。建筑设计部门一般把当地的最大风速作为建筑安全设计参考值,其值常取 $30 \sim 50$ m/s。但对烟气控制系统来说,此值又显得太大了,因为发生火灾的同时又遇到如此大风速的概率太小了。在没有更理想的结果前,建议在设计烟气控制系统时,将参考风速取为当地平均风速的 $2 \sim 3$ 倍。

如迎风的正压侧的开口面积为 A_1(m²),负压侧的开口面积为 A_2(m²),不考虑室内外温度差的影响,与上节类似的方法,可以推导出迎风侧的室外与室内压差的公式为

$$p_{0.1} - p_i = \frac{p_{0.1} - p_{0.2}}{1 + (A_1/A_2)^{1/n}} \tag{4-76}$$

式中　　$p_{0.1}$、$p_{0.2}$——正压侧和负压侧的室外压力,分别等于当地大气压力加上或减去该侧的风压 Δp_w,Pa;

　　　　p_i——室内压力,Pa;

　　　　n——指数,可取 0.5(门敞开启或宽缝)或 0.65(窄门窗缝)。

从式(4-76)可以看出,当 $A_1 = A_2$,室内压力刚好是迎风正压侧压力与负压侧压力的算术平均值;当 $A_1 > A_2$,室内压力接近负压侧的压力,即 $p_{0.1} - p_i > p_i - p_{0.2}$。

风压作用下的通风量可以用式 $Q = \mu A(2\Delta p/\rho)^{1/2}$ 计算,但当门窗缝隙很窄时,可用下式计算:

$$Q = \mu A(2\Delta p/\rho)^{0.65} \tag{4-77}$$

式中　　μ——流量系数;

　　　　A——有效流通面积,m²;

　　　　Δp——室内外两侧的压差,Pa;

　　　　ρ——密度,kg/m³。

热压与风压共同作用下室内外的压力分布可以简单地认为是代数叠加。设有一建筑,火灾时室内温度高于室外温度,当只考虑热压作用时,室内外的压力分布如图 4-18(a)所示;只有风压作用时,迎风侧与背风侧的压力分布如图 4-18(b)所示,其中虚线为无风时室外压力(p_0)线。热压与风压共同作用下的压力分布如图 4-18(c)所示,这时室内压力分布是在上、下开口面积与正压、负压侧开口面积等共同作用下形成的。可以看到,由于火灾时室内温度高于室外温度,中性面以下各层迎风侧进风量增加了,背风侧进风量减少了,甚至可能出现排风;中性面以上各层迎风侧排风量减少了,甚至可能出现进风,上层背风侧排风量加大了;中性面附近迎风面进风、背风面排风。实测及原理分析表明:对于高层建筑,火灾时室

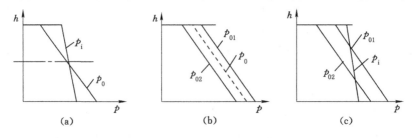

图 4-18　热压、风压共同作用下建筑内外的压力分布

(a) 只有热压作用;(b) 只有风压作用;(c) 热压与风压共同作用

内温度远远高于室外温度,即使室外风速很大,上层的迎风面房间依然是排风的,热压起了主导作用。

风对建筑物火灾烟气蔓延的影响,还与风向有密切的关系。由于风向的转变,原来的正压区可能变为负压区,而原来的负压区也可能变为正压区。风向的变化受很多随机因素的影响,具有不确定性。风压对建筑物火灾蔓延的影响,应针对具体问题,进行具体的分析。

4.4.2.6　机械通风系统对烟气蔓延的影响

许多现代建筑中都安装了集中式空气调节系统(HVAC)。这种情况下,即使空气系统中的风机不启动,其中的管道也能起到通风网的作用。在烟气的浮力、热膨胀力、外界压力,尤其是烟囱效应的作用下,烟气将会沿着通风管道蔓延到建筑物中其他区域。若此时HVAC仍在工作,通风网的影响还会加剧。为了防止 HVAC 通风管道加剧火灾的蔓延,应当在通风系统采取适当的防火防烟措施。例如,根据对火或烟气的探测信号,安装可自动关闭送风机的机构;或者通过在管道中安装一些可由某种烟气感测器控制的阀门,即防烟防火阀,一旦某个区域发生火灾,它们便迅速关闭,切断着火区域与其他建筑空间的联系。

另一类方法是使用一些特殊装置控制建筑物内的烟气流动。例如,通过遥控管道内的某些阀门,将火灾区域的烟气排出去而不影响楼内的其他区域。这种系统需要配置阻止空气在系统内返流的装置,并须专门人员维护,因而其成本更高。

4.4.2.7　电梯活塞效应

电梯在电梯井中高速运行,将造成电梯井内出现瞬时压力变化,称为电梯的活塞效应。如图 4-19 所示,向下运动的电梯使得电梯以下空间向外排气,电梯以上空间向内吸气。由活塞效应引起的电梯上方与外界的压差 Δp_{so} 为

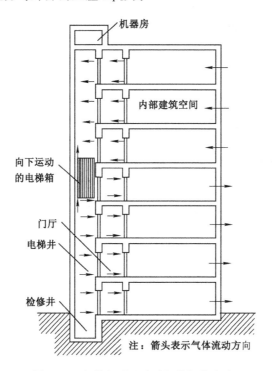

图 4-19　电梯向下运动引起的气体流动

$$\Delta p_{s0} = \frac{\rho}{2} \left[\frac{A_s v_d}{N_a C A_e + C_c A_a \left[1 + \left(\frac{N_a}{N_b} \right)^2 \right]^{1/2}} \right]^2 \tag{4-78}$$

式中　ρ——电梯井内空气密度，kg/m^3；

　　　A_s——电梯井的截面积，m^2；

　　　v_d——电梯的速度，m/s；

　　　N_a——电梯以上的楼层数；

　　　N_b——电梯以下的楼层数；

　　　C——建筑物缝隙的流通系数；

　　　A_e——每层中电梯井与外界的有效流通面积，m^2；

　　　C_c——电梯周围流体的流通系数，对于一个可通行两部电梯的电梯井，若只有一部电梯运行，C_c 可取 0.94，两部电梯并行运动时，C_c 取 0.83，一部电梯在单电梯井中运动时产生的压力系数与两部电梯一起运动的压力系数大致相同；

　　　A_a——电梯周围的自由流通面积，m^2。

为了简单起见，推导式(4-78)时，忽略了浮力、风、烟囱效应及通风系统的影响。

对于图 4-19 所示的流动系统，在每一楼层中，从电梯井到外界包括 3 个串联通道，其有效流通面积 A_e 为

$$A_e = \left[\frac{1}{A_{rs}^2} + \frac{1}{A_{ir}^2} + \frac{1}{A_{0i}^2} \right]^{-\frac{1}{2}} \tag{4-79}$$

式中　A_{rs}——门厅与电梯井的缝隙面积，m^2；

　　　A_{ir}——房间与门厅的缝隙面积，m^2；

　　　A_{0i}——外界与房间的缝隙面积，m^2。

与讨论烟囱效应的方法相似，门厅与建筑物内部房间之间的压差可表示为

$$\Delta p_{ri} = \Delta p_{s0} \left(\frac{A_e}{A_{ir}} \right)^2 \tag{4-80}$$

式中　Δp_{ri}——门厅与房间的压差，Pa；

　　　Δp_{s0}——电梯井与房间的压差，Pa；

　　　A_{ir}——外界与房间的缝隙面积，m^2。

这种串联流动路径分析不包括建筑物其他竖井的影响，如楼梯井及升降机井等。如果这些竖井与外界的缝隙面积比小得多，则式(4-79)也适用于估算楼层之间还有连通的建筑物的 A_e。进一步说，若所有流动通道都是串联的，并且在建筑物内的空间(除电梯井)可以忽略垂直流动，则式(4-80)适用于楼层之间隔断的情形。复杂流动系统需要依据具体情况使用有效面积方法逐一计算。

压差 Δp_{ri} 不能超过下述的上限值：

$$(\Delta p_{ri})_u = \frac{\rho}{2} \left[\frac{A_s A_c v_d}{A_a A_{ri} C_c} \right]^2 \tag{4-81}$$

式中　$(\Delta p_{ri})_u$——房间与门庭间压差的上限，Pa；

　　　ρ——电梯井内空气密度，kg/m^3；

　　　A_s——电梯井的截面积，m^2；

　　　A_e——每层中电梯井与外界的有效流通面积，m^2；

υ_d ——电梯速度,m/s;

A_a ——电梯周围的自由流通面积,m^2;

A_{ri} ——房间与门庭的缝隙面积,m^2;

C_c ——电梯周围气流的流动系数。

此式适用于通风口关闭的电梯井。压差强烈地依赖于 υ_d、A_s 和 A_a 的大小。

第5章 建筑分类和耐火等级

据统计,全世界火灾造成的经济损失约占社会总产值的0.2%,而其中建筑火灾约占火灾总数的75%,经济损失更是占总数的86%,可见建筑火灾是我们防范的重点。了解和掌握建筑常识及相关建筑防火、灭火内容,是做好建筑消防安全工作的前提。

5.1 建筑分类

建筑是一个通称,通常我们将供人们生活、学习、工作、居住以及从事生产和各种文化、社会活动的房屋称为建筑物,如住宅、学校、影剧院等;而人们不在其中生产、生活的建筑,则叫作"构筑物",如水塔、烟囱、堤坝等。建筑物可以有多种分类,按其使用性质分为民用建筑、工业建筑和农业建筑;按其结构形式可分为木结构、砖木结构、钢结构、钢筋混凝土结构建筑等。

5.1.1 按使用性质分类

按建筑使用性质,可分为民用建筑、工业建筑和农业建筑。

(1)民用建筑。按照《建筑设计防火规范》(GB 50016),根据民用建筑高度和层数又可分为单、多层民用建筑和高层民用建筑。高层民用建筑根据其建筑高度、使用功能和楼层的建筑面积可分为一类和二类。民用建筑的分类见表5-1的规定。

表 5-1 民用建筑分类

名称	高层民用建筑		单、多层民用建筑
	一类	二类	
住宅建筑	建筑高度大于54 m的住宅建筑(包括设置商业服务网点的住宅建筑)	建筑高度大于27 m,但不大于54 m的住宅建筑(包括设置商业服务网点的住宅建筑)	建筑高度不大于27 m的住宅建筑(包括设置商业服务网点的住宅建筑)
公共建筑	1. 建筑高度大于50 m的公共建筑; 2. 建筑高度24 m以上部分任一楼层建筑面积大于1 000 m²的商店、展览、电信、邮政、财贸金融建筑和其他多种功能组合的建筑; 3. 医疗建筑、重要公共建筑、独立建造的老年人照料设施; 4. 省级及以上的广播电视和防灾指挥调度建筑、网局级和省级电力调度建筑; 5. 藏书超过100万册的图书馆、书库	除一类高层公共建筑外的其他高层公共建筑	1. 建筑高度大于24 m的单层公共建筑; 2. 建筑高度不大于24 m的其他公共建筑

注:① 表中未列入的建筑,其类别应根据本表类别确定。

② 除另有规定外,宿舍、公寓等非住宅类居住建筑的防火要求,应符合有关公共建筑的规定。

③ 除另有规定外,裙房的防火要求应符合有关高层民用建筑的规定。

表 5-1 中，住宅建筑是指供单身或家庭成员短期或长期居住使用的建筑。公共建筑指供人们进行各种公共活动的建筑，包括教育、办公、科研、文化、商业、服务、体育、医疗、交通、纪念、园林、综合类建筑等。

（2）工业建筑。指工业生产性建筑，如主要生产厂房、辅助生产厂房等。工业建筑按照使用性质的不同，分为加工、生产类厂房和仓储类库房两大类，厂房和仓库又按其生产或储存物质的性质进行分类。

（3）农业建筑。指农副产业生产建筑，主要有暖棚、牲畜饲养场、蚕房、烤烟房、粮仓等。

5.1.2　按建筑结构分类

按其结构形式和建造材料构成可分为木结构、砖木结构、砖与钢筋混凝土混合结构（砖混结构）、钢筋混凝土结构、钢结构、钢与钢筋混凝土混合结构（钢混结构）等。

（1）木结构。主要承重构件是木材。

（2）砖木结构。主要承重构件用砖石和木材做成。如砖（石）砌墙体、木楼板、木屋盖的建筑。

（3）砖混结构。竖向承重构件采用砖墙或砖柱，水平承重构件采用钢筋混凝土楼板、屋面板。

（4）钢筋混凝土结构。钢筋混凝土做柱、梁、楼板及屋顶等建筑的主要承重构件，砖或其他轻质材料做墙体等围护构件。如装配式大板、大模板、滑模等工业化方法建造的建筑，钢筋混凝土的高层、大跨、大空间结构的建筑。

（5）钢结构。主要承重构件全部采用钢材。如全部用钢柱、钢屋架建造的厂房。

（6）钢混结构。屋顶采用钢结构，其他主要承重构件采用钢筋混凝土结构。如钢筋混凝土梁、柱、钢屋架组成的骨架结构厂房。

（7）其他结构。如生土建筑、塑料建筑、充气塑料建筑等。

5.1.3　按建筑高度分类

按建筑高度可分为单层建筑、多层建筑和高层建筑两类。

（1）单层建筑和多层建筑。27 m 以下的住宅建筑、建筑高度不超过 24 m（或已超过 24 m，但为单层）的公共建筑和工业建筑。

（2）高层建筑。建筑高度大于 27 m 的住宅建筑和建筑高度大于 24 m 的非单层厂房、仓库和其他民用建筑。我国对建筑高度超过 100 m 的高层建筑，称超高层建筑。

5.2　建筑材料的燃烧性能及分级

随着火灾科学和消防工程学科领域研究的不断深入和发展，材料及制品燃烧特性的内涵也从单纯的火焰传播和蔓延，扩展到材料的综合燃烧特性和火灾危险性，包括燃烧热释放速率、燃烧热释放量、燃烧烟密度以及燃烧生成物毒性等参数。国外（欧盟）在火灾科学基础理论发展的基础上，建立了建筑材料燃烧性能相关分级体系，分为 A1、A2、B、C、D、E、F 七个等级。按《建筑材料及制品燃烧性能分级》(GB 8624)，我国建筑材料及制品燃烧性能的基本分级为 A、B_1、B_2、B_3，规范中还明确了该分级与欧盟标准分级的对应关系。

（1）建筑材料及制品的燃烧性能等级

建筑材料及制品的燃烧性能等级见表 5-2。

表 5-2 建筑材料及制品的燃烧性能等级

燃烧性能等级	名称	燃烧性能等级	名称
A	不燃材料（制品）	B_2	可燃材料（制品）
B_1	难燃材料（制品）	B_3	易燃材料（制品）

（2）建筑材料燃烧性能等级判据的主要参数及概念

① 材料。指单一物质或均匀分布的混合物，如金属、石材、木材、混凝土、矿纤、聚合物。

② 燃烧滴落物/微粒。在燃烧试验过程中，从试样上分离的物质或微粒。

③ 临界热辐射通量（CHF）。火焰熄灭处的热辐射通量或试验 30 min 时火焰传播到的最远处的热辐射通量。

④ 燃烧增长速率指数（FIGRA）。试样燃烧的热释放速率值与其对应时间比值的最大值，用于燃烧性能分级。$FIGRA_{0.2MJ}$ 是指当试样燃烧释放热量达到 0.2MJ 时的燃烧增长速率指数。$FIGRA_{0.4MJ}$ 是指当试样燃烧释放热量达到 0.4MJ 时的燃烧增长速率指数。

⑤ THR600s。试验开始后 600 s 内试样的热释放总量（MJ）。

5.3 建筑构件的燃烧性能和耐火极限

建筑构件主要包括建筑结构的各个部件，如墙、隔墙、楼板、屋面、梁或柱。一般来讲，建筑构件的耐火性能包括两部分内容：一是构件的燃烧性能，二是构件的耐火极限。耐火建筑构配件在火灾中起着阻止火势蔓延、延长支撑时间的作用。

5.3.1 建筑构件的燃烧性能

建筑构件的燃烧性能，主要是指组成建筑构件材料的燃烧性能。通常，我国把建筑构件按其燃烧性能分为三类，即不燃性、难燃性和可燃性。

（1）不燃性

用不燃烧性材料做成的构件统称为不燃性构件。不燃烧性材料是指在空气中受到火烧或高温作用时不起火、不微燃、不碳化的材料。如钢材、混凝土、砖、石、砌块、石膏板等。

（2）难燃性

凡用难燃烧性材料做成的构件，或用燃烧性材料做成而用非燃烧性材料作保护层的构件统称为难燃性构件。难燃烧性材料是指在空气中受到火烧或高温作用时难起火、难微燃、难碳化，当火源移走后燃烧或微燃立即停止的材料。如沥青混凝土、经阻燃处理后的木材、塑料、水泥、刨花板、板条抹灰墙等。

（3）可燃性

凡用燃烧性材料做成的构件统称为可燃性构件。燃烧性材料是指在空气中受到火烧或高温作用时立即起火或微燃，且火源移走后仍继续燃烧或微燃的材料，如木材、竹子、刨花板、宝丽板、塑料等。

5.3.2 建筑构件的耐火极限

5.3.2.1 耐火极限的概念

耐火极限是指在标准耐火试验条件下，建筑构件、配件或结构从受到火的作用时起，至失去承载能力、完整性或隔热性时止所用时间，用小时表示。

承载能力是指承重构件承受规定的试验荷载,其变形的大小和速率均未超过标准规定极限值的能力。

隔热性是指在标准耐火试验条件下,建筑构件当某一面受火时,在一定时间内背火面温度不超过规定极限值的能力。

完整性是指在标准耐火试验条件下,建筑构件当某一面受火时,在一定时间内阻止火焰和热气穿透或在背火面出现火焰的能力。

5.3.2.2　建筑构件的耐火试验

建筑构件的耐火极限通常采用全尺寸构件试样进行试验,如果可能,还应在试件上加上荷载。

标准火灾环境是一种人为设计的炉内燃烧环境,试验炉内的气相温度按照规定的温升曲线变化。现在这种温度-时间变化曲线称为标准火灾温升曲线,简称标准火灾曲线。标准火灾曲线最早是由英国提出的,后成为国际上通用的标准耐火试验的升温条件。它是为了方便按统一方法试验,根据数据积累给出的火灾在爆燃后的一种理想状态下的温度与时间的关系曲线,见图 5-1。

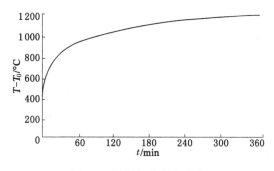

图 5-1　国际标准火灾曲线

国际标准化组织(ISO)规定的标准火灾曲线温升速率表达式为:

$$T - T_0 = 345 \lg(8t + 1) \tag{5-1}$$

式中,T_0 和 T 分别是在试验开始时刻和 t 时刻的温度,t 为试验时间,用分钟(min)表示。

现在我国采用国际标准火灾曲线作为本国的标准火灾曲线,世界上很多国家也是如此,如俄罗斯、比利时、丹麦等。有些国家则根据本国的情况制定了自己的标准火灾曲线。日本、美国的标准火灾曲线是由一组数据点确定的;在英国标准协会所给公式中,时间 t 前的系数取值略有不同。

建筑构件的耐火性是用该构件在标准火灾试验炉中的失效时间表示的。不过,构件暴露在实际火灾中与在标准试验炉中经受的情况存在很大差别。图 5-2 对一些全尺寸火灾试验中测量的温度与标准火灾曲线做了比较,可看出它们之间的不同。

5.3.2.3　影响耐火极限的要素

在火灾中,建筑耐火构配件起着阻止火势蔓延扩大、延长支撑时间的作用,它们的耐火性能直接决定着建筑物在火灾中的失稳和倒塌的时间。影响建筑构配件耐火性能的因素较多,主要有材料本身的属性、构配件的结构特性、材料与结构间的构造方式、标准所规定的试验条件、材料的老化性能、火灾种类和使用环境要求等。

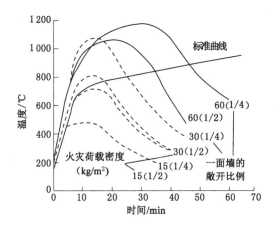

图 5-2　标准火灾曲线与实际室内火灾温升曲线的比较

（1）材料本身的属性

材料本身的属性是构配件耐火性能主要的内在影响因素，决定其用途和适用性。如果材料本身就不具备防火甚至是可燃烧的材料，就会在热的作用下出现燃烧和烟气，而建筑中可燃物越多，燃烧时产生的热量越高，带来的火灾危害就越大。建筑材料对火灾的影响有四个方面：一是影响点燃和轰燃的速度，二是火焰的连续蔓延，三是助长了火灾的热温度，四是产生浓烟及有毒气体。在其他条件相同的情况下，材料的属性决定了构配件的耐火极限；当然，材料的理化力学性能也应符合要求。

（2）建筑构配件结构特性

构配件的受力特性决定其结构特性（如梁和柱），在其他条件相同时，不同的结构处理得出的耐火极限是不同的，尤其是节点的处理，如焊接、铆接、螺钉连接、简支、固支等方式；球接网架、轻钢桁架、钢结构和组合结构等结构形式；规则截面和不规则截面，暴露的不同侧面等；结构越复杂，高温时结构的温度应力分布越复杂，火灾隐患越大。因此，构件的结构特性决定了保护措施选择方案。

适当增加构件的截面尺寸可提高建筑构件的耐火极限。建筑构件的截面尺寸越大，其耐火极限越长。

（3）材料与结构间的构造方式

材料与结构间的构造方式取决于材料自身的属性和基材的结构特性。在构件表面涂覆防火涂料可起到装饰、防腐、延长被保护材料使用寿命以及隔热、阻止火焰传播蔓延的作用，但应注意，即使使用品质优良的材料，构造方式不恰当也同样难以起到应有的防火作用。如厚涂型结构防火涂料在使用厚度超过一定范围后就需要用钢丝网来提升涂层与构件之间附着力；薄涂型和超薄型防火涂料若在一定厚度范围内耐火极限达不到工程要求，而增加厚度并不一定能提高耐火极限时，则可采用在涂层内包裹建筑纤维布的办法来增强已发泡涂层的附着力，提高耐火极限，满足工程要求。

（4）标准所规定的试验条件

标准规定的耐火性能试验与所选择的执行标准有关，其中包括试件养护条件、使用场合、升温条件、实验炉压力条件、受力情况、判定指标等。在试件不变的情况下，试验条件越苛刻，耐火极限越低。不同的构配件由于其作用不同会有试验条件上的差别，由此得出的耐火极限也有所不同。

（5）材料的老化性能

各种构配件虽然在工程中发挥了作用，但能否持久地发挥作用则取决于所使用的材料是否具有良好的耐久性和较长的使用寿命，在这方面，我们的研究工作有待深化和加强，尤其以化学建材制成的构件、防火涂料所保护的结构件最为突出，因此建议尽量选用抗老化性好的无机材料或那些具有长期使用经验的防火材料作防火保护。

（6）火灾种类和使用环境要求

应该说，由不同的火灾种类得出的构配件耐火极限是不同的。构配件所在环境决定了其耐火试验时应遵循的火灾试验条件，应对建筑物可能发生的火灾类型作充分的考虑；引入设计程序中，应在各方面保证构配件耐火极限符合相应耐火等级要求。现有已掌握的火灾种类有：普通建筑纤维类火灾、电力火灾、部分石油化工环境及部分隧道火灾、海上建（构）筑物、储油罐区、油气田等环境的快速升温火灾、隧道火灾。我国现有工程防火设计中对构件耐火性能的要求大多数都是以建筑纤维类火灾为条件而确定的，当实际工程存在更严酷火灾发生的环境时，按普通建筑纤维类火灾进行的设计不能满足快速升温火灾的防火保护要求，因此应对相关防火措施进行相应的调整。

5.4　建筑耐火等级要求

耐火等级是衡量建筑物耐火程度的分级标准。规定建筑物的耐火等级是建筑设计防火技术措施中最基本的措施之一。根据建筑使用性质、重要程度、规模大小、层数高低和火灾危险性差异，对不同的建筑物提出不同的耐火等级要求，可做到既有利于消防安全，又有利于节约基本建设投资。

5.4.1　建筑耐火等级的确定

在防火设计中，建筑整体的耐火性能是保证建筑结构在火灾时不发生较大破坏的根本，而单一建筑结构构件的燃烧性能和耐火极限是确定建筑整体耐火性能的基础。建筑耐火等级是由组成建筑物的墙、柱、楼板、屋顶承重构件和吊顶等主要构件的燃烧性能和耐火极限决定的，共分为四级。

具体分级中，建筑构件的耐火性能是以楼板的耐火极限为基础，再根据其他构件在建筑物中的重要性以及耐火性能可能的目标值调整后确定的。从火灾的统计数据来看，88%的火灾可在1.5 h之内扑灭，80%的火灾可在1 h之内扑灭，因此将耐火等级为一级建筑物楼板的耐火极限定为1.5 h，二级建筑物楼板的耐火极限定为1 h，以下级别的则相应降低要求。其他结构构件按照在结构中所起的作用以及耐火等级的要求而确定相应的耐火极限，如对于在建筑中起主要支撑作用的柱子，其耐火极限要求相对较高，一级耐火等级的建筑要求3.0 h，二级耐火等级建筑要求2.5 h。对于这样的要求，对于大部分钢筋混凝土建筑都可以满足；但对于钢结构建筑，就必须采取相应的保护措施才能满足。

5.4.2　民用建筑的耐火等级

民用建筑的耐火等级可分为一、二、三、四级。除《建筑设计防火规范》另有规定外，不同耐火等级建筑相应构件的燃烧性能和耐火极限不应低于表5-3的规定。

表 5-3　　　　　　　　不同耐火等级建筑相应构件的燃烧性能和耐火极限　　　　　　　　h

构件名称		耐火等级			
		一级	二级	三级	四级
墙	防火墙	不燃性　3.00	不燃性　3.00	不燃性　3.00	不燃性　3.00
	承重墙	不燃性　3.00	不燃性　2.50	不燃性　2.00	难燃性　0.50
	非承重墙	不燃性　1.00	不燃性　1.00	不燃性　0.50	可燃性
	楼梯间和前室的墙；电梯井的墙；住宅建筑单元之间的墙和分户墙	不燃性　2.00	不燃性　2.00	不燃性　1.50	难燃性　0.50
	疏散走道两侧的隔墙	不燃性　1.00	不燃性　1.00	不燃性　0.50	难燃性　0.25
	房间隔墙	不燃性　0.75	不燃性　0.50	难燃性　0.50	难燃性　0.25
柱		不燃性　3.00	不燃性　2.50	不燃性　2.00	难燃性　0.50
梁		不燃性　2.00	不燃性　1.50	不燃性　1.00	难燃性　0.50
楼板		不燃性　1.50	不燃性　1.00	不燃性　0.50	可燃性
屋顶承重构件		不燃性　1.50	不燃性　1.00	可燃性　0.50	可燃性
疏散楼梯		不燃性　1.50	不燃性　1.00	不燃性　0.50	可燃性
吊顶(包括吊顶隔栅)		不燃性　0.25	难燃性　0.25	难燃性　0.15	可燃性

注：① 除规范另有规定外，以木柱承重且墙体采用不燃性材料的建筑，其耐火等级应按四级确定。

② 住宅建筑构件的耐火极限和燃烧性能可按现行国家标准《住宅建筑规范》(GB 50368)的规定执行。

民用建筑的耐火等级应根据其建筑高度、使用功能、重要性和火灾扑救难度等确定，并应符合下列规定：

① 地下或半地下建筑(室)和一类高层建筑的耐火等级不应低于一级；

② 单、多层重要公共建筑和二类高层建筑的耐火等级不应低于二级。

除木结构建筑外，老年人照料设施的耐火等级不应低于三级。

建筑高度大于 100 m 的民用建筑，其楼板的耐火极限不应低于 2.00 h。

一、二级耐火等级建筑的上人平屋顶，其屋面板的耐火极限分别不应低于 1.50 h 和 1.00 h。

一、二级耐火等级建筑的屋面板应采用不燃材料。

屋面防水层宜采用不燃、难燃材料，当采用可燃防水材料且铺设在可燃、难燃保温材料上时，防水材料或可燃、难燃保温材料应采用不燃材料作防护层。

二级耐火等级建筑内采用难燃性墙体的房间隔墙，其耐火极限不应低于 0.75 h；当房间的建筑面积不大于 100 m² 时，房间隔墙可采用耐火极限不低于 0.50 h 的难燃性墙体或耐火极限不低于 0.30 h 的不燃性墙体。

二级耐火等级多层住宅建筑内采用预应力钢筋混凝土的楼板，其耐火极限不应低于 0.75 h。

建筑中的非承重外墙、房间隔墙和屋面板，当确需采用金属夹芯板材时，其芯材应为不燃材料，其耐火极限应符合规范有关规定。

二级耐火等级建筑内采用不燃材料的吊顶，其耐火极限不限。

三级耐火等级的医疗建筑、中小学校的教学建筑、老年人照料设施及托儿所、幼儿园的儿童用房和儿童游乐厅等儿童活动场所的吊顶,应采用不燃材料;当采用难燃材料时,其耐火极限不应低于 0.25 h。

二级和三级耐火等级建筑内门厅、走道的吊顶应采用不燃材料。

建筑内预制钢筋混凝土构件的节点外露部位,应采取防火保护措施,且节点的耐火极限不应低于相应构件的耐火极限。

第6章 建筑总平面布局

建筑总平面布局和平面布置不仅会影响到周围环境和人们的生活,而且对建筑自身及相邻建筑物的使用功能和安全都有较大的影响,是建筑消防设计的一个重要内容。

6.1 建筑消防布局

在总平面布局中,应合理确定建筑的位置、防火间距、消防车道和消防水源等,不宜将民用建筑布置在甲、乙类厂(库)房,甲、乙、丙类液体储罐,可燃气体储罐和可燃材料堆场的附近。

建筑的总平面布局应满足城市规划和消防安全的要求。一般要根据建筑物的使用性质、生产经营规模、建筑高度、体量及火灾危险性等,合理确定其建筑位置、防火间距、消防车道和消防水源等。

6.1.1 建筑选址

(1)周围环境

各类建筑在规划建设时,要考虑周围环境的相互影响。特别是工厂、仓库选址时,既要考虑本单位的安全,又要考虑邻近的企业和居民的安全。生产、储存和装卸易燃易爆危险物品的工厂、仓库和专用车站、码头,必须设置在城市的边缘或者相对独立的安全地带。易燃易爆气体和液体的充装站、供应站、调压站,应当设置在合理的位置,符合防火防爆要求。

(2)地势条件

建筑选址时,还要充分考虑和利用自然地形、地势条件。存放甲、乙、丙类液体的仓库宜布置在地势较低的地方,以免火灾对周围环境造成威胁;若布置在地势较高处,则应采取防止液体流散的措施。乙炔站等遇水产生可燃气体,容易发生火灾爆炸的企业,严禁布置在可能被水淹没的地方。生产和储存爆炸物品的企业应利用地形,选择多面环山、附近没有建筑的地方。

(3)主导风向

散发可燃气体、可燃蒸气和可燃粉尘的车间、装置等,宜布置在明火或散发火花地点的常年主导风向的下风或侧风向。液化石油气储罐区宜布置在本单位或本地区全年最小频率风向的上风侧,并选择通风良好的地点独立设置。易燃材料的露天堆场宜设置在天然水源充足的地方,并宜布置在本单位或本地区全年最小频率风向的上风侧。

6.1.2 建筑总平面布局

(1)合理布置建筑

应根据各建筑物的使用性质、规模、火灾危险性,以及所处的环境、地形、风向等因素合理布置,建筑之间留有足够的防火间距,以消除或减少建筑物之间及周边环境的相互影响和火灾危害。

(2) 合理划分功能区域

规模较大的企业,要根据实际需要,合理划分生产区、储存区(包括露天储存区)、生产辅助设施区、行政办公和生活福利区等。同一企业内,若有不同火灾危险的生产建筑,则应尽量将火灾危险性相同的或相近的建筑集中布置,以利于采取防火防爆措施,便于安全管理。易燃、易爆的工厂和仓库的生产区、储存区内不得修建办公楼、宿舍等民用建筑。

6.2　建筑防火间距

防火间距是指防止着火建筑在一定时间内引燃相邻建筑,便于消防扑救的间隔距离。

建筑物起火后,其内部的火势在热对流和热辐射作用下迅速扩大,在建筑物外部则会因强烈的热辐射作用对周围建筑物构成威胁。火场辐射热的强度取决于火灾规模的大小、持续时间的长短,以及与邻近建筑物的距离及风速、风向等因素。通过对建筑物进行合理布局和设置防火间距,可防止火灾在相邻的建筑物之间相互蔓延,合理利用和节约土地,并为人员疏散、消防人员的救援和灭火提供条件,减少失火建筑对相邻建筑及其使用者强烈的辐射和烟气的影响。

6.2.1　影响防火间距的因素

影响防火间距的因素主要有:

(1) 辐射热。辐射热是影响安全间距的主要因素。辐射热的辐射作用范围较大,在火场上火焰温度越高,辐射热强度越大,引燃一定距离内的可燃物的时间也越短。在室内火灾发展过程中,当火场温度达到最大值时,辐射热也最大;随着火灾熄灭阶段的到来,辐射热的强度也随之下降。因此,如果能及早发现火情、及早扑救,就可对减少辐射热对邻近建筑物的威胁起到一定的积极作用。

(2) 热对流。热气流是建筑物发生火灾时室内外冷热空气对流形成的。热对流不仅可以使火灾在水平方向蔓延,还可以借助楼梯间、电梯井、管道井、楼板缝隙等向上做垂直蔓延。热气流甚至可以通过外墙的窗洞口向外喷吐,火焰向上升腾而扩大火势蔓延。热对流是建筑物室内火灾蔓延的主要形式。由于热气流离开窗口后迅速降温,故热对流对邻近建筑物来说影响相对较小。

(3) 建筑物外墙开口面积。建筑物外墙开口面积越大,在可燃物的质和量相同的条件下,由于通风好,燃烧快,火焰强度高,火灾时辐射热较强,相邻建筑物接受辐射热也较多,就容易引起火灾蔓延。

(4) 室外风流的影响。风的作用能加强可燃物的燃烧并造成火灾蔓延加快。试验表明,风向对辐射热和火灾蔓延也有着很大的影响。下风向的辐射热要比上风向的辐射热高得多,因此,下风向的火势蔓延要比相同条件下距离相等的上风向或侧风向的蔓延快得多。同时,室外风流对火灾热对流也有一定的影响,风大的情况下,辐射热伴随着热对流和飞火则更危险。

(5) 相邻建筑物高度的影响。相邻两栋建筑物,若较低的建筑着火,尤其当火灾时它的屋顶结构倒塌,火焰蹿出时,对相邻较高的建筑危险很大,因较低建筑物对较高建筑物的辐射角在 30°～45°之间时,试验测定表明,此时火焰的辐射热强度最大。

(6)建筑物内可燃物的性质、数量和种类。可燃物的性质、种类不同,火焰温度也不同。可燃物的发热量与数量成正比,可燃物数量越大,其辐射热强度也相应增大,增加了对相邻建筑物的威胁。因此,对于火灾荷载较大、燃烧性强的建筑物,应适当提高其与其他建筑物的防火间距。

(7)建筑物内消防设施的水平。建筑物内设有自动喷水灭火系统、火灾自动报警装置和其他一些较完善的消防设施时,能将火灾扑救在初期阶段,这样不仅可以避免火灾对建筑物本身造成较大损失,而且可以在很大程度上减少火灾蔓延到附近其他建筑物的条件。在防火条件和建筑物防火间距大体相同的情况下,设有完善消防设施的建筑物比消防设施不完善的建筑物的安全性要高。

6.2.2　防火间距的确定原则

影响防火间距的因素很多,火灾时建筑物可能产生的热辐射强度是确定防火间距应考虑的主要因素。热辐射强度与消防扑救力量、火灾延续时间、可燃物的性质和数量、相对外墙开口面积的大小、建筑物的长度和高度以及气象条件等有关,但实际工程中不可能都一一考虑。防火间距主要是根据当前消防扑救力量,并结合火灾实例和消防灭火的实际经验确定的。

(1)防止火灾蔓延

根据火灾发生后产生的辐射热对相邻建筑的影响,一般不考虑飞火、风速等因素。火灾实例表明,一、二级耐火等级的低层建筑,保持 6～10 m 的防火间距,在有消防队进行扑救的情况下,一般不会蔓延到相邻建筑物。根据建筑的实际情形,将一、二级耐火等级多层建筑之间的防火间距定为 6 m。其他三、四级耐火等级的民用建筑之间的防火间距,因耐火等级低,受热辐射作用易着火而致火势蔓延,所以防火间距在一、二级耐火等级建筑的要求基础上有所增加。

(2)保障灭火救援场地需要

防火间距还应满足消防车的最大工作回转半径和扑救场地的需要。建筑物高度不同,需使用的消防车不同,操作场地也就不同。对低层建筑,普通消防车即可;而对高层建筑,则还要使用曲臂、云梯等登高消防车。考虑到扑救高层建筑火灾需要使用曲臂车、云梯登高消防车等车辆,为满足消防车辆通行、停靠、操作的需要,结合实践经验,规定一、二级耐火等级高层建筑之间的防火间距不应小于 13 m。

(3)节约土地资源

确定建筑之间的防火间距,既要综合考虑防止火灾向邻近建筑蔓延扩大和灭火救援的需要,同时也要考虑节约用地的因素。如果设定的防火间距过大,会造成土地资源的浪费。

(4)防火间距的计算

防火间距应按相邻建筑物外墙的最近距离计算,如外墙有凸出的可燃构件,则应从其凸出部分外缘算起,如为储罐或堆场,则应从储罐外壁或堆场的堆垛外缘算起。

6.2.3　民用建筑的防火间距

民用建筑之间的防火间距不应小于表 6-1 的规定,与其他建筑的防火间距,除应符合本节规定外,还应符合《建筑设计防火规范》等其他的有关规定,具体布置见图 6-1～图 6-4。

表 6-1		民用建筑之间的防火间距			m
建筑类别		高层民用建筑	裙房和其他民用建筑		
		一、二级	一、二级	三级	四级
高层民用建筑	一、二级	13	9	11	14
裙房和其他民用建筑	一、二级	9	6	7	9
	三级	11	7	8	10
	四级	14	9	10	12

注:① 相邻两座单、多层建筑,当相邻外墙为不燃性墙体且无外露的可燃性屋檐,每面外墙上无防火保护的门、窗、洞口不正对开设且该门、窗、洞口的面积之和不大于外墙面积的 5% 时,其防火间距可按本表的规定减少 25%。

② 两座建筑相邻较高的一面的外墙为防火墙,或高出相邻较低一座一、二级耐火等级建筑的屋面 15 m 及以下范围内的外墙为防火墙时,其防火间距可不限。

③ 相邻两座高度相同的一、二级耐火等级建筑中相邻任一侧外墙为防火墙,屋顶的耐火极限不低于 1.00 h 时,其防火间距不限。

④ 相邻两座建筑中较低一座建筑的耐火等级不低于二级,相邻较低一面外墙为防火墙且屋顶无天窗,屋顶的耐火极限不低于 1.00 h,其防火间距不应小于 3.5 m;对于高层建筑,不应小于 4 m。

⑤ 相邻两座建筑中较低一座建筑的耐火等级不低于二级且屋顶无天窗,相邻较高一面外墙高出较低一座建筑的屋面 15 m 及以下范围内的开口部位设置甲级防火门、窗,或设置符合《自动喷水灭火系统设计规范》(GB 50084)规定的防火分隔水幕或《建筑设计防火规范》规定的防火卷帘时,其防火间距不应小于 3.5 m;对于高层建筑,不应小于 4 m。

⑥ 相邻建筑通过连廊、天桥或底部的建筑物等相接时,其间距不应小于本表的规定。

⑦ 耐火等级低于四级的既有建筑物,其耐火等级可按四级确定。

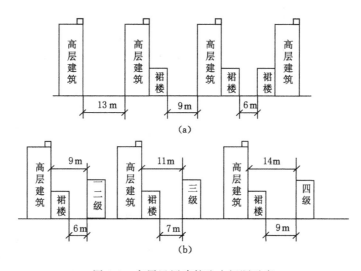

图 6-1 高层民用建筑防火间距示意
(a)高层民用建筑之间防火间距;(b)高层民用建筑与普通建筑之间防火间距

除高层民用建筑外,数座一、二级耐火等级的住宅建筑或办公建筑,当建筑物的占地面积总和不大于 2 500 m² 时,可成组布置,但组内建筑物之间的间距不宜小于 4 m。组与组或组与相邻建筑物的防火间距不应小于《建筑设计防火规范》第 5.2.2 条的规定。

民用建筑与燃气调压站、液化石油气气化站或混气站、城市液化石油气供应站瓶库等的防火间距,应符合《城镇燃气设计规范》(GB 50028)的规定。

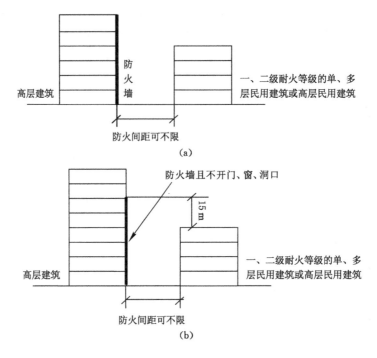

图 6-2 当较高一面外墙为防火墙时防火间距示意图

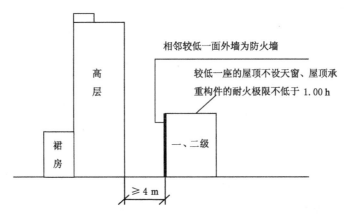

图 6-3 当较低一面外墙为防火墙时防火间距示意图

建筑高度大于 100 m 的民用建筑与相邻建筑的防火间距,当符合《建筑设计防火规范》第 3.4.5 条、第 3.5.3 条、第 4.2.1 条和第 5.2.2 条允许减小的条件时,仍不应减小。

建筑之间的防火间距应按相邻建筑外墙的最近水平距离计算,当外墙有凸出的燃烧构件时,应从其凸出部分外缘算起。

6.2.4 防火间距不足时的消防技术措施

当防火间距由于场地等原因,难以满足国家有关消防技术规范的要求时,可根据建筑物的实际情况,采取以下几种措施补救:

(1) 改变建筑物的生产和使用性质,尽量降低建筑物的火灾危险性,改变房屋部分结构的耐火性能,提高建筑物的耐火等级。

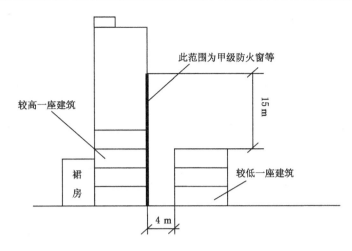

图 6-4　设置防火门、窗等分隔物时防火间距示意图

（2）调整生产厂房的部分工艺流程，限制库房内储存物品的数量，提高部分构件的耐火极限和燃烧性能。

（3）将建筑物的普通外墙改造为防火墙或减少相邻建筑的开口面积，如开设门窗，应采用防火门窗或加防火水幕保护。

（4）拆除部分耐火等级低、占地面积小、使用价值低且与新建筑物相邻的原有陈旧建筑物。

（5）设置独立的室外防火墙。在设置防火墙时，应兼顾通风排烟和破拆扑救，切忌盲目设置，顾此失彼。

6.3　建筑平面布置

一个建筑在建设时，除了要考虑城市的规划和在城市中的设置位置外，单体建筑内，除了考虑满足功能需求的划分外，还应根据建筑的耐火等级、火灾危险性、使用性质、人员密集场所人员快捷疏散和火灾扑救等因素，对建筑物内部空间进行合理布置，以防止火灾和烟气在建筑内部蔓延扩大，确保火灾时的人员生命安全，减少财产损失。

6.3.1　布置原则

（1）建筑内部某部位着火时，能限制火灾和烟气在（或通过）建筑内部和外部的蔓延，并为人员疏散、消防人员的救援和灭火提供保护。

（2）建筑物内部某处发生火灾时，减少对邻近（上下层、水平相邻空间）分隔区域受到强辐射热和烟气的影响。

（3）消防人员能方便进行救援、利用灭火设施进行作战活动。

（4）有火灾或爆炸危险的建筑设备设置部位，能防止对人员和贵重设备造成影响或危害。或采取措施防止发生火灾或爆炸，及时控制灾害的蔓延扩大。

（5）除了满足民用建筑使用功能所设置的附属库房外，民用建筑内不应设置生产车间和其他库房。经营、存放和使用甲、乙类火灾危险性物品的商店、作坊和储藏间，严禁附设在民用建筑内。

6.3.2 民用建筑的平面布置

民用建筑的平面布置应结合建筑的耐火等级、火灾危险性、使用功能和安全疏散等因素合理布置。

除为满足民用建筑使用功能所设置的附属库房外，民用建筑内不应设置生产车间和其他库房。

经营、存放和使用甲、乙类火灾危险性物品的商店、作坊和储藏间，严禁附设在民用建筑内。

商店建筑、展览建筑采用三级耐火等级建筑时，不应超过 2 层；采用四级耐火等级建筑时，应为单层。营业厅、展览厅设置在三级耐火等级的建筑内时，应布置在首层或二层；设置在四级耐火等级的建筑内时，应布置在首层。

营业厅、展览厅不应设置在地下三层及以下楼层。地下或半地下营业厅、展览厅不应经营、储存和展示甲、乙类火灾危险性物品。

6.3.3 特殊场所布置

（1）托儿所、幼儿园的儿童用房

托儿所、幼儿园的儿童用房和儿童游乐厅等儿童活动场所宜设置在独立的建筑内，且不应设置在地下或半地下；当采用一、二级耐火等级的建筑时，不应超过 3 层；采用三级耐火等级的建筑时，不应超过 2 层；采用四级耐火等级的建筑时，应为单层；确需设置在其他民用建筑内时，应符合下列规定：

① 设置在一、二级耐火等级的建筑内时，应布置在首层、二层或三层；

② 设置在三级耐火等级的建筑内时，应布置在首层或二层；

③ 设置在四级耐火等级的建筑内时，应布置在首层；

④ 设置在高层建筑内时，应设置独立的安全出口和疏散楼梯；

⑤ 设置在单、多层建筑内时，宜设置独立的安全出口和疏散楼梯。

（2）老年人照料设施

老年人照料设施宜独立设置。当老年人照料设施与其他建筑上、下组合时，老年人照料设施宜设置在建筑的下部，并应符合下列规定：

① 老年人照料设施部分的建筑层数、建筑高度或所在楼层位置的高度应符合规定；

② 老年人照料设施部分应与其他场所进行防火分隔，防火分隔应符合规定。

当老年人照料设施中的老年人公共活动用房、康复与医疗用房设置在地下、半地下时，应设置在地下一层，每间用房的建筑面积不应大于 200 m² 且使用人数不应大于 30 人。

老年人照料设施中的老年人公共活动用房、康复与医疗用房设置在地上四层及以上时，每间用房的建筑面积不应大于 200 m² 且使用人数不应大于 30 人。

（3）医院和疗养院的住院部分

医院和疗养院的住院部分不应设置在地下或半地下。

医院和疗养院的住院部分采用三级耐火等级建筑时，不应超过 2 层；采用四级耐火等级建筑时，应为单层；设置在三级耐火等级的建筑内时，应布置在首层或二层；设置在四级耐火等级的建筑内时，应布置在首层。

医院和疗养院的病房楼内相邻护理单元之间应采用耐火极限不低于 2.00 h 的防火隔墙分隔，隔墙上的门应采用乙级防火门，设置在走道上的防火门应采用常开防火门。

（4）教学建筑、食堂、菜市场

教学建筑、食堂、菜市场采用三级耐火等级建筑时，不应超过 2 层；采用四级耐火等级建筑时，应为单层；设置在三级耐火等级的建筑内时，应布置在首层或二层；设置在四级耐火等级的建筑内时，应布置在首层。

（5）剧场、电影院、礼堂

剧场、电影院、礼堂宜设置在独立的建筑内；采用三级耐火等级建筑时，不应超过 2 层；确需设置在其他民用建筑内时，至少应设置 1 个独立的安全出口和疏散楼梯，并应符合下列规定：

① 应采用耐火极限不低于 2.00 h 的防火隔墙和甲级防火门与其他区域分隔；

② 设置在一、二级耐火等级的多层建筑内时，观众厅宜布置在首层、二层或三层，确需布置在四层及以上楼层时，一个厅、室的疏散门不应少于 2 个，且每个观众厅的建筑面积不宜大于 400 m²；

③ 设置在三级耐火等级的建筑内时，不应布置在三层及以上楼层；

④ 设置在地下或半地下时，宜设置在地下一层，不应设置在地下三层及以下楼层。

⑤ 设置在高层建筑内时，应设置火灾自动报警系统及自动喷水灭火系统等自动灭火系统。

（6）建筑内的会议厅、多功能厅

建筑内的会议厅、多功能厅等人员密集的场所，宜布置在首层、二层或三层。设置在三级耐火等级的建筑内时，不应布置在三层及以上楼层。确需布置在一、二级耐火等级建筑的其他楼层时，应符合下列规定：

① 一个厅、室的疏散门不应少于 2 个，且建筑面积不宜大于 400 m²；

② 设置在地下或半地下时，宜设置在地下一层，不应设置在地下三层及以下楼层；

③ 设置在高层建筑内时，应设置火灾自动报警系统和自动喷水灭火系统等自动灭火系统。

（7）歌舞娱乐放映游艺场所

歌舞厅、录像厅、夜总会、卡拉 OK 厅（含具有卡拉 OK 功能的餐厅）、游艺厅（含电子游艺厅）、桑拿浴室（不包括洗浴部分）、网吧等歌舞娱乐放映游艺场所（不含剧场、电影院）的布置应符合下列规定：

① 不应布置在地下二层及以下楼层；

② 宜布置在一、二级耐火等级建筑内的首层、二层或三层的靠外墙部位；

③ 不宜布置在袋形走道的两侧或尽端；

④ 确需布置在地下一层时，地下一层的地面与室外出入口地坪的高差不应大于 10 m；

⑤ 确需布置在地下或四层及以上楼层时，一个厅、室的建筑面积不应大于 200 m²；

⑥ 厅、室之间及与建筑的其他部位之间，应采用耐火极限不低于 2.00 h 的防火隔墙和 1.00 h 的不燃性楼板分隔，设置在厅、室墙上的门和该场所与建筑内其他部位相通的门均应采用乙级防火门。

（8）除商业服务网点外，住宅建筑与其他使用功能的建筑合建

除商业服务网点外，住宅建筑与其他使用功能的建筑合建时，应符合下列规定：

① 住宅部分与非住宅部分之间，应采用耐火极限不低于 2.00 h 且无门、窗、洞口的防

火隔墙和 1.50 h 的不燃性楼板完全分隔;当为高层建筑时,应采用无门、窗、洞口的防火墙和耐火极限不低于 2.00 h 的不燃性楼板完全分隔。建筑外墙上、下层开口之间的防火措施应符合《建筑设计防火规范》的规定。

② 住宅部分与非住宅部分的安全出口和疏散楼梯应分别独立设置;为住宅部分服务的地上车库应设置独立的疏散楼梯或安全出口,地下车库的疏散楼梯应按《建筑设计防火规范》的规定进行分隔。

③ 住宅部分和非住宅部分的安全疏散、防火分区和室内消防设施配置,可根据各自的建筑高度分别按照《建筑设计防火规范》有关住宅建筑和公共建筑的规定执行;该建筑的其他防火设计应根据建筑的总高度和建筑规模按《建筑设计防火规范》有关公共建筑的规定执行。

(9) 设置商业服务网点的住宅建筑

设置商业服务网点的住宅建筑,其居住部分与商业服务网点之间应采用耐火极限不低于 2.00 h 且无门、窗、洞口的防火隔墙和 1.50 h 的不燃性楼板完全分隔,住宅部分和商业服务网点部分的安全出口和疏散楼梯应分别独立设置。

商业服务网点中每个分隔单元之间应采用耐火极限不低于 2.00 h 且无门、窗、洞口的防火隔墙相互分隔,当每个分隔单元任一层建筑面积大于 200 m² 时,该层应设置 2 个安全出口或疏散门。每个分隔单元内任一点至最近直通室外的出口的直线距离不应大于《建筑设计防火规范》中规定的有关多层其他建筑位于袋形走道两侧或尽端的疏散门至最近安全出口的最大直线距离。

第 7 章 防火防烟分区与分隔

建筑物内某处失火时,火灾会通过对流热、辐射热和传导热向周围区域传播。建筑物内空间面积大,则火灾时燃烧面积大、蔓延扩展快,火灾损失也大。所以,有效地阻止火灾在建筑物的水平及垂直方向蔓延,将火灾限制在一定范围之内是十分必要的。在建筑物内划分防火分区,可有效地控制火势的蔓延,有利于人员安全疏散和扑救火灾,从而达到减少火灾损失的目的。

7.1 防火分区

防火分区是指在建筑内部采用防火墙、楼板及其他防火分隔设施分隔而成,能在一定时间内防止火灾向同一建筑的其余部分蔓延的局部空间。防火分区的面积大小应根据建筑物的使用性质、高度、火灾危险性、消防扑救能力等因素确定。不同类别的建筑其防火分区的划分有不同的标准,本书将重点介绍民用建筑的防火分区。

防火分区划分的目的是采用防火措施控制火灾蔓延,减少人员伤亡和经济损失。划分防火分区,应考虑水平方向的划分和垂直方向的划分。

(1)水平防火分区的划分

水平防火分区是指在同一水平面内,利用防火分隔物将建筑平面分为若干防火分区或防火单元,见图 7-1。水平防火分区通常是由防火墙壁、防火卷帘、防火门及防火水幕等防耐火非燃烧分隔物来达到防止火焰蔓延的目的。在实际设计中,当某些建筑的使用空间要求较大时,可以通过采用防火卷帘加水幕的方式或者增设自动报警、自动灭火设备来满足防火安全要求。水平防火分区无论是对一般民用建筑、高层建筑、公共建筑,还是对厂房、仓库都是非常有效的防火措施。

图 7-1 水平防火分区示意图

(2)竖向防火分区的划分

建筑物室内火灾不仅可以在水平方向上蔓延,而且还可以通过建筑物楼板缝隙、楼梯间等各种竖向通道向上部楼层延烧,可以采用竖向防火分区方法阻止火势竖向蔓延。竖向防火分区指上、下层分别用耐火极限不低于 1.50 h 或 1.00 h 的楼板等构件进行防火分隔,见图 7-2。

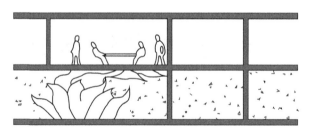

图 7-2 竖向防火分区示意图

一般来说,竖向防火将每一楼层作为一个防火分区。对住宅建筑而言,上下楼板大多为非燃烧体的钢筋混凝土板,它完全可以阻止火灾的蔓延,可以起到防火分区的作用。然而,在许多公共建筑或其他建筑中常设有敞开式自动扶梯、跨层窗、走廊等各种竖向通道。对于上述竖向通道,规范中按实际情况考虑,允许每 2～3 层作为一个防火分区,但应当把连通面积作为整体来看,总面积不超过表 7-1 中的规定。

众多火灾案例表明,室内着火后,外墙窗口玻璃受热膨胀,当温度达到 250 ℃就开裂破碎,致使火焰上窜。因此,上下层窗部墙应尽可能高些,一般应大于 1.2 m。如果不能满足上述要求时,可采用增设挑檐的方式进行竖向防火。挑檐宽度应不小于 500～1 000 mm,如图 7-3 所示。

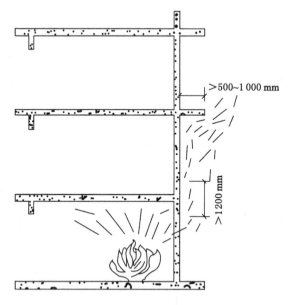

图 7-3 窗口部位的隔火解决方案

特别应该注意的是,设有垃圾管道的建筑,应将垃圾道放在靠外墙的位置,并用非燃烧体砌筑,垃圾道入口处必须装有可自动关闭的垃圾斗,以防垃圾道内易燃物被引燃导致火灾蔓延。

7.2　民用建筑的防火分区

当建筑面积过大时,室内容纳的人员和可燃物的数量相应增大,为了减少火灾损失,对建筑物防火分区的面积按照建筑物耐火等级的不同给予相应的限制。表 7-1 给出不同耐火等级民用建筑的允许建筑高度或层数、防火分区的最大允许建筑面积。

表 7-1　不同耐火等级建筑的允许建筑高度或层数、防火分区最大允许建筑面积

名称	耐火等级	允许建筑高度或层数	防火分区的最大允许建筑面积/m²	备注
高层民用建筑	一、二级	按《建筑设计防火规范》第5.1.1 条规定	1 500	对于体育馆、剧场的观众厅,防火分区的最大允许建筑面积可适当增加
单、多层民用建筑	一、二级	按《建筑设计防火规范》第5.1.1 条规定	2 500	
	三级	5 层	1 200	
	四级	2 层	600	
地下或半地下建筑(室)	一级	—	500	设备用房的防火分区最大允许建筑面积不应大于1 000 m²

注:① 表中规定的防火分区最大允许建筑面积,当建筑内设置自动灭火系统时,可按本表的规定增加 1.0 倍;局部设置时,防火分区的增加面积可按该局部面积的 1.0 倍计算。

② 裙房与高层建筑主体之间设置防火墙时,裙房的防火分区可按单、多层建筑的要求确定。

民用建筑划分防火分区时还应遵守以下规定:

(1) 独立建造的一、二级耐火等级老年人照料设施的建筑高度不宜大于 32 m,不应大于 54 m;独立建筑的三级耐火等级老年人照料设施,不应超过 2 层。

(2) 建筑内设置自动扶梯、敞开楼梯等上、下层相连通的开口时,其防火分区的建筑面积应按上、下层相连通的建筑面积叠加计算;当叠加计算后的建筑面积大于表 7-1 规定时,应划分防火分区。

(3) 建筑内设置中庭时,其防火分区的建筑面积应按上、下层相连通的建筑面积叠加计算;当叠加计算后的建筑面积大于表 7-1 的规定时,应符合下列规定:

① 与周围连通空间应进行防火分隔:采用防火隔墙时,其耐火极限不应低于 1.00 h;采用防火玻璃墙时,其耐火隔热性和耐火完整性不应低于 1.00 h,采用耐火完整性不低于 1.00 h 的非隔热性防火玻璃墙时,应设置自动喷水灭火系统进行保护;采用防火卷帘时,其耐火极限不应低于 3.00 h,并应符合相关规定;与中庭相连通的门、窗,应采用火灾时能自行关闭的甲级防火门、窗;

② 高层建筑内的中庭回廊应设置自动喷水灭火系统和火灾自动报警系统;

③ 中庭应设置排烟设施;

④ 中庭内不应布置可燃物。

(4) 一、二级耐火等级建筑内的商店营业厅、展览厅,当设置自动灭火系统和火灾自动

报警系统并采用不燃或难燃装修材料时,其每个防火分区的最大允许建筑面积应符合下列规定:

① 设置在高层建筑内时,不应大于 4 000 m²;

② 设置在单层建筑或仅设置在多层建筑的首层内时,不应大于 10 000 m²;

③ 设置在地下或半地下时,不应大于 2 000 m²。

(5) 总建筑面积大于 20 000 m² 的地下或半地下商店,应采用无门、窗、洞口的防火墙、耐火极限不低于 2.00 h 的楼板分隔为多个建筑面积不大于 20 000 m² 的区域。相邻区域确需局部连通时,应采用下沉式广场等室外开敞空间、防火隔间、避难走道、防烟楼梯间等方式进行连通,并应符合下列规定:

① 下沉式广场等室外开敞空间应能防止相邻区域的火灾蔓延和便于安全疏散,并应符合《建筑设计防火规范》中用于防火分隔的下沉式广场等室外开敞空间疏散楼梯间和疏散楼梯等的规定;

② 防火隔间的墙应为耐火极限不低于 3.00 h 的防火隔墙,并应符合《建筑设计防火规范》中关于防火隔间的设置规定;

③ 避难走道应符合《建筑设计防火规范》中关于避难走道的设置的规定;

④ 防烟楼梯间的门应采用甲级防火门。

(6) 餐饮、商店等商业设施通过有顶棚的步行街连接,且步行街两侧的建筑需利用步行街进行安全疏散时,应符合下列规定:

① 步行街两侧建筑的耐火等级不应低于二级。

② 步行街两侧建筑相对面的最近距离均不应小于《建筑设计防火规范》对相应高度建筑的防火间距要求且不应小于 9 m。步行街的端部在各层均不宜封闭,确需封闭时,应在外墙上设置可开启的门窗,且可开启门窗的面积不应小于该部位外墙面积的一半。步行街的长度不宜大于 300 m。

③ 步行街两侧建筑的商铺之间应设置耐火极限不低于 2.00 h 的防火隔墙,每间商铺的建筑面积不宜大于 300 m²。

④ 步行街两侧建筑的商铺,其面向步行街一侧的围护构件的耐火极限不应低于 1.00 h,并宜采用实体墙,其门、窗应采用乙级防火门、窗;当采用防火玻璃墙(包括门、窗)时,其耐火隔热性和耐火完整性不应低于 1.00 h;当采用耐火完整性不低于 1.00 h 的非隔热性防火玻璃墙(包括门、窗)时,应设置闭式自动喷水灭火系统进行保护。相邻商铺之间面向步行街一侧应设置宽度不小于 1.0 m、耐火极限不低于 1.00 h 的实体墙。

当步行街两侧的建筑为多个楼层时,每层面向步行街一侧的商铺均应设置防止火灾竖向蔓延的措施,并应符合《建筑设计防火规范》中关于建筑外墙上、下层开口之间设置实体墙或防火挑檐的规定;设置回廊或挑檐时,其出挑宽度不应小于 1.2 m;步行街两侧的商铺在上部各层需设置回廊和连接天桥时,应保证步行街上部各层楼板的开口面积不应小于步行街地面面积的 37%,且开口宜均匀布置。

⑤ 步行街两侧建筑内的疏散楼梯应靠外墙设置并宜直通室外,确有困难时,可在首层直接通至步行街;首层商铺的疏散门可直接通至步行街,步行街内任一点到达最近室外安全地点的步行距离不应大于 60 m。步行街两侧建筑二层及以上各层商铺的疏散门至该层最近疏散楼梯口或其他安全出口的直线距离不应大于 37.5 m。

⑥ 步行街的顶棚材料应采用不燃或难燃材料,其承重结构的耐火极限不应低于1.00 h。步行街内不应布置可燃物。

⑦ 步行街的顶棚下檐距地面的高度不应小于6.0 m,顶棚应设置自然排烟设施并宜采用常开式的排烟口,且自然排烟口的有效面积不应小于步行街地面面积的25%。常闭式自然排烟设施应能在火灾时手动和自动开启。

⑧ 步行街两侧建筑的商铺外应每隔30 m设置DN65的消火栓,并应配备消防软管卷盘或消防水龙,商铺内应设置自动喷水灭火系统和火灾自动报警系统;每层回廊均应设置自动喷水灭火系统。步行街内宜设置自动跟踪定位射流灭火系统。

⑨ 步行街两侧建筑的商铺内外均应设置疏散照明、灯光疏散指示标志和消防应急广播系统。

7.3　防火分隔设施与措施

对建筑物进行防火分区的划分是通过防火分隔构件来实现的。具有阻止火势蔓延的作用,能把整个建筑空间划分成若干较小防火空间的建筑构件称防火分隔构件。防火分隔构件可分为固定式和可开启关闭式两种。固定式包括普通砖墙、楼板、防火墙等,可开启关闭式包括防火门、防火窗、防火卷帘、防火水幕等。

7.3.1　防火墙

防火墙是指防止火灾蔓延至相邻建筑或相邻水平防火分区且耐火极限不低于3.00 h的不燃性墙体。

防火隔墙是指建筑内防止火灾蔓延至相邻区域且耐火极限不低于规定要求的不燃性墙体。

(1) 防火墙应直接设置在建筑的基础或框架、梁等承重结构上,框架、梁等承重结构的耐火极限不应低于防火墙的耐火极限。

防火墙应从楼地面基层隔断至梁、楼板或屋面板的底面基层。当高层厂房(仓库)屋顶承重结构和屋面板的耐火极限低于1.00 h,其他建筑屋顶承重结构和屋面板的耐火极限低于0.50 h时,防火墙应高出屋面0.5 m以上。

(2) 防火墙横截面中心线水平距离天窗端面小于4.0 m,且天窗端面为可燃性墙体时,应采取防止火势蔓延的措施。

(3) 建筑外墙为难燃性或可燃性墙体时,防火墙应凸出墙的外表面0.4 m以上,且防火墙两侧的外墙均应为宽度均不小于2.0 m的不燃性墙体,其耐火极限不应低于外墙的耐火极限。

建筑外墙为不燃性墙体时,防火墙可不凸出墙的外表面,紧靠防火墙两侧的门、窗、洞口之间最近边缘的水平距离不应小于2.0 m;采取设置乙级防火窗等防止火灾水平蔓延的措施时,该距离不限。

(4) 建筑内的防火墙不宜设置在转角处,确需设置时,内转角两侧墙上的门、窗、洞口之间最近边缘的水平距离不应小于4.0 m;采取设置乙级防火窗等防止火灾水平蔓延的措施时,该距离不限。

(5) 防火墙上不应开设门、窗、洞口,确需开设时,应设置不可开启或火灾时能自动关闭的甲级防火门、窗。

可燃气体和甲、乙、丙类液体的管道严禁穿过防火墙。防火墙内不应设置排气道。

（6）除《建筑设计防火规范》第6.1.5规定外的其他管道不宜穿过防火墙,确需穿过时,应采用防火封堵材料将墙与管道之间的空隙紧密填实,穿过防火墙处的管道保温材料,应采用不燃材料;当管道为难燃及可燃材料时,应在防火墙两侧的管道上采取防火措施。

（7）防火墙的构造应能在防火墙任意一侧的屋架、梁、楼板等受到火灾的影响而破坏时,不会导致防火墙倒塌。

7.3.2　防火门

防火门是指具有一定耐火极限,且在发生火灾时能自行关闭的门。建筑中设置的防火门,应保证门的防火和防烟性能符合现行国家标准《防火门》(GB 12955)的有关规定,并经消防产品质量检测中心检测试验认证方能使用。

7.3.2.1　分类

（1）按耐火极限:防火门按耐火性能的分类及代号见表7-2。

表 7-2　　　　　　　　　　　　　按耐火性能分类

名称	耐火性能		代号
隔热防火门 （A类）	耐火隔热性≥0.50 h 耐火完整性≥0.50 h		A0.50（丙级）
	耐火隔热性≥1.00 h 耐火完整性≥1.00 h		A1.00（乙级）
	耐火隔热性≥1.50 h 耐火完整性≥1.50 h		A1.50（甲级）
	耐火隔热性≥2.00 h 耐火完整性≥2.00 h		A2.00
	耐火隔热性≥3.00 h 耐火完整性≥3.00 h		A3.00
部分隔热防火门 （B类）	耐火隔热性 ≥0.50 h	耐火完整性≥1.00 h	B1.00
		耐火完整性≥1.50 h	B1.50
		耐火完整性≥2.00 h	B2.00
		耐火完整性≥3.00 h	B3.00
非隔热防火门 （C类）	耐火完整性≥1.00 h		C1.00
	耐火完整性≥1.50 h		C1.50
	耐火完整性≥2.00 h		C2.00
	耐火完整性≥3.00 h		C3.00

（2）按材质:可分为木质、钢质和其他材质防火门。

（3）按门扇结构:可分为带亮子,不带亮子;单扇、多扇。

7.3.2.2　防火门的设置要求

（1）设置在建筑内经常有人通行处的防火门宜采用常开防火门。常开防火门应能在火灾时自行关闭,并应具有信号反馈的功能。

(2)除允许设置常开防火门的位置外,其他位置的防火门均应采用常闭防火门。常闭防火门应在其明显位置设置"保持防火门关闭"等提示标识。

(3)除管井检修门和住宅的户门外,防火门应具有自行关闭功能。双扇防火门应具有按顺序自行关闭的功能。

(4)除《建筑设计防火规范》关于建筑内疏散门的规定外,防火门应能在其内外两侧手动开启。

(5)设置在建筑变形缝附近时,防火门应设置在楼层较多的一侧,并应保证防火门开启时门扇不跨越变形缝。

(6)防火门关闭后应具有防烟性能。

(7)甲、乙、丙级防火门应符合现行国家标准《防火门》的规定。

7.3.3　防火窗

防火窗是采用钢窗框、钢窗扇及防火玻璃制成的,能起到隔离和阻止火势蔓延的窗,一般设置在防火间距不足部位的建筑外墙上的开口或天窗,建筑内的防火墙或防火隔墙上需要观察等部位以及需要防止火灾竖向蔓延的外墙开口部位。

防火窗按照安装方法可分固定窗扇和活动窗扇两种。固定窗扇防火窗不能开启,平时可以采光、遮挡风雨,发生火灾时可以阻止火势蔓延;活动窗扇防火窗能够开启和关闭、起火时可以自动关闭、阻止火势蔓延,开启后可以排出烟气,平时还可以采光和通风。为了使防火窗的窗扇能够开启和关闭,需要安装自动和手动开关装置。

防火窗的耐火极限与防火门相同。设置在防火墙、防火隔墙上的防火窗,应采用不可开启的窗扇或具有火灾时能自行关闭的功能。

防火窗应符合现行国家标准《防火窗》(GB 16809)的有关规定。

7.3.4　防火卷帘

防火卷帘是在一定时间内,连同框架能满足耐火稳定性和完整性要求的卷帘,由帘板、卷轴、电机、导轨、支架、防护罩和控制机构等组成。

防火卷帘主要用于需要进行防火分隔的墙体,特别是防火墙、防火隔墙上因生产、使用等需要开设较大开口而又无法设置防火门的防火分隔。

7.3.4.1　设置要求

(1)除中庭外,当防火分隔部位的宽度不大于 30 m 时,防火卷帘的宽度不应大于 10 m;当防火分隔部位的宽度大于 30 m 时,防火卷帘的宽度不应大于该防火分隔部位宽度的 1/3,且不应大于 20 m。

(2)防火卷帘应具有火灾时靠自重自动关闭的功能。

(3)除另有规定外,防火卷帘的耐火极限不应低于《建筑设计防火规范》对所设置部位墙体的耐火极限要求。

当防火卷帘的耐火极限符合现行国家标准《门和卷帘的耐火试验方法》(GB/T 7633)有关耐火完整性和耐火隔热性的判定条件时,可不设置自动喷水灭火系统保护。

当防火卷帘的耐火极限仅符合现行国家标准《门和卷帘的耐火试验方法》有关耐火完整性的判定条件时,应设置自动喷水灭火系统保护。自动喷水灭火系统的设计应符合现行国家标准《自动喷水灭火系统设计规范》(GB 50084)的规定,但火灾延续时间不应小于该防火卷帘的耐火极限。

（4）防火卷帘应具有防烟性能，与楼板、梁、墙、柱之间的空隙应采用防火封堵材料封堵。

（5）需在火灾时自动降落的防火卷帘，应具有信号反馈的功能。

（6）其他要求，应符合现行国家标准《防火卷帘》（GB 14102）的规定。

7.3.4.2 设置部位

防火卷帘一般设置在电梯厅、自动扶梯周围，中庭与楼层走道、过厅相通的开口部位，生产车间中大面积工艺洞口以及设置防火墙有困难的部位等。

7.3.5 防火分隔水幕

防火分隔水幕可以起到防火墙的作用，在某些需要设置防火墙或其他防火分隔物而无法设置的情况下，可采用防火水幕进行分隔。

防火分隔水幕的设计应满足《自动喷水灭火系统设计规范》的相关要求。

7.3.6 防火阀

防火阀是在一定时间内能满足耐火稳定性和耐火完整性要求，用于管道内阻火的活动式封闭装置。空调、通风管道一旦窜入烟火，就会导致火灾在大范围蔓延。因此，在风道贯通防火分区的部位（防火墙），必须设置防火阀。

防火阀平时处于开启状态，发生火灾时，当管道内烟气温度达到 70 ℃ 时，易熔合金片熔断断开，防火阀就会自动关闭。

7.3.6.1 防火阀的设置部位

（1）穿越防火分区处。

（2）穿越通风、空气调节机房的房间隔墙和楼板处。

（3）穿越重要或火灾危险性大的场所的房间隔墙和楼板处。

（4）穿越防火分隔处的变形缝两侧。

（5）竖向风管与每层水平风管交接处的水平管段上。但当建筑内每个防火分区的通风、空气调节系统均独立设置时，水平风管与竖向总管的交接处可不设置防火阀。

（6）公共建筑的浴室、卫生间和厨房的竖向排风管，应采取防止回流措施并宜在支管上设置公称动作温度为 70 ℃ 的防火阀。公共建筑内厨房的排油烟管道宜按防火分区设置，且在与竖向排风管连接的支管处应设置公称动作温度为 150 ℃ 的防火阀。

7.3.6.2 防火阀的设置要求

防火阀的设置应符合下列规定：

（1）防火阀宜靠近防火分隔处设置。

（2）防火阀暗装时，应在安装部位设置方便维护的检修口。

（3）在防火阀两侧各 2.0 m 范围内的风管及其绝热材料应采用不燃材料。

（4）防火阀应符合现行国家标准《建筑通风和排烟系统用防火阀门》（GB 15930）的规定。

7.3.7 排烟防火阀

排烟防火阀是安装在排烟系统管道上起隔烟、阻火作用的阀门。它在一定时间内能满足耐火稳定性和耐火完整性的要求，具有手动和自动功能。当管道内的烟气达到 280 ℃ 时排烟阀门自动关闭。

排烟防火阀设置场所:排烟管在进入排风机房处;穿越防火分区的排烟管道上;排烟系统的支管上。

7.4 防 烟 分 区

防烟分区是在建筑内部采用挡烟设施分隔而成,能在一定时间内防止火灾烟气向同一防火分区的其余部分蔓延的局部空间。

划分防烟分区的目的:一是为了在火灾时,将烟气控制在一定范围内;二是为了提高排烟口的排烟效果。防烟分区一般应结合建筑内部的功能分区和排烟系统的设计要求进行划分,不设排烟设施的部位(包括地下室)可不划分防烟分区。

7.4.1 防烟分区面积划分

设置排烟系统的场所或部位应采用挡烟垂壁、结构梁及隔墙等划分防烟分区。设置防烟分区应满足以下几个要求。

(1) 防烟分区不应跨越防火分区。

(2) 当采用自然排烟方式时,储烟仓的厚度不应小于空间净高的 20%,且不应小于 500 mm;当采用机械排烟方式时,不应小于空间净高的 10%,且不应小于 500 mm。同时储烟仓底部距地面的高度应大于安全疏散所需的最小清晰高度,最小清晰高度应由计算确定。对于有吊顶的空间,吊顶开孔不均匀或开孔率小于或等于 25% 时,吊顶内空间高度不得计入储烟仓厚度。

(3) 设置排烟设施的建筑内,敞开楼梯和自动扶梯穿越楼板的开口部应设置挡烟垂壁等设施。

(4) 每个防烟分区的建筑面积不宜超过规范要求。公共建筑、工业建筑防烟分区的最大允许面积及其长边最大允许长度应符合表 7-3 的规定,当工业建筑采用自然排烟系统时,其防烟分区的长边长度尚不应大于建筑内空间净高的 8 倍。

(5) 采用隔墙等形成封闭的分隔空间时,该空间宜作为一个防烟分区。

(6) 有特殊用途的场所应单独划分防烟分区。

表 7-3 公共建筑、工业建筑防烟分区的最大允许面积及其长边最大允许长度

空间净高 H/m	最大允许面积/m²	长边最大允许长度/m
$H \leqslant 3.0$	500	24
$3.0 < H \leqslant 6.0$	1 000	36
$H > 6.0$	2 000	60 m;具有自然对流条件时,不应大于 75 m

注:① 公共建筑、工业建筑中的走道宽度不大于 2.5 m 时,其防烟分区的长边长度不应大于 60 m。

② 当空间净高大于 9 m 时,防烟分区之间可不设置挡烟设施。

7.4.2 防烟分区分隔措施

划分防烟分区的构件主要有挡烟垂壁、隔墙、防火卷帘、建筑横梁等。其中隔墙即非承重、只起分隔作用的墙体;防火卷帘在前面已经做了介绍。这里重点介绍挡烟垂壁和建筑横梁。

(1) 挡烟垂壁

挡烟垂壁是用不燃材料制成,垂直安装在建筑顶棚、梁或吊顶下,能在火灾时形成一定的蓄烟空间的挡烟分隔设施。

挡烟垂壁常设置在烟气扩散流动的路线上烟气控制区域的分界处,和排烟设备配合进行有效排烟。其从顶棚下垂的高度一般应距顶棚面 50 cm 以上,称为有效高度。当室内发生火灾时,所产生的烟气由于浮力作用而积聚在顶棚下,只要烟层的厚度小于挡烟垂壁的有效高度,烟气就不会向其他场所扩散。

挡烟垂壁分固定式和活动式两种。固定式挡烟垂壁是指固定安装的、能满足设定挡烟高度的挡烟垂壁。活动式挡烟垂壁可从初始位置自动运行至挡烟工作位置,并满足设定挡烟高度的挡烟垂壁。

（2）建筑横梁

当建筑横梁的高度超过 50 cm 时,该横梁可作为挡烟设施使用。

7.5　防火分区设计举例

划分防火分区,要根据规定的防火分区面积,结合建筑物的平面形状、使用功能、便于平时管理、人员交通和疏散、层间联系等,综合其分隔的具体部位。

北京长城饭店,该工程由美国贝克特国际公司负责设计。其平面呈"Y"字形,中心塔楼为 23 层(地上 22 层,地下 1 层),其他三翼为 18 层,建筑高度 80 m,饭店共设有客房 1 000 余间,并设有数十个不同风格的餐厅、酒吧及一个大型多功能厅堂。此外尚设有影剧院、室内游泳池、屋顶网球场、健身房、蒸气浴室、美容院及地下停车场等。

根据长城饭店的平面形状及三翼围绕塔楼的布置特点,将标准层平面的三翼划分为三个防火分区(图 7-4),各区之间设置钢质防火门,此门平时以电磁开关吸附贴在走道两侧的墙上,当走道中传感器发出火警讯号后,则由消防控制中心控制盘自动关闭此门并显示所在位置,同时还设有手动关闭装置。此门关闭后,疏散人员则不能再进入该防火分区,但其中

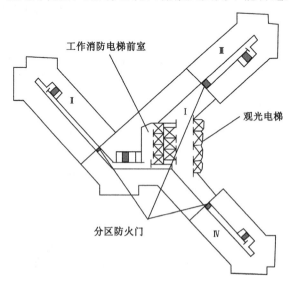

图 7-4　北京长城饭店标准层防火分区示意图

人员可推门而出至中心楼梯间进行疏散。

中心塔楼设有带封闭前室的楼梯间及兼做服务的消防电梯,各翼均设有封闭楼梯间,其平面布置基本形成双向疏散。由中心楼梯间可直达三翼的屋顶,连通处钢质防火门为推杠式,出楼梯间到屋顶后则不能再行返回。各封闭楼梯间可通过垂直爬梯及带盖洞口上到该翼屋面。前室除设有烟感器外,每隔三层还设有与消防中心直通的紧急电话及事故广播等。中心及各翼楼梯间防火门均为钢质,设有门顶弹簧及电磁式门锁,当分区防火门通过烟感器联动关闭时,楼梯间防火门电磁锁则自动打开而供疏散人员进入。

第8章 安全疏散和避难

安全疏散是建筑防火设计的一项重要内容,对于确保火灾中人员的生命安全具有重要作用。安全疏散设计应根据建筑物的高度、规模、使用性质、耐火等级和人们在火灾事故时的心理状态与行为特点,确定安全疏散基本参数,合理设置安全疏散和避难设施,如疏散走道、疏散楼梯及楼梯间、避难层(间)、疏散门、疏散指示标志等,为人员的安全疏散创造有利条件。

8.1 安全疏散设计的原则及主要影响因素

8.1.1 安全疏散设计的原则

(1)安全疏散设计是以建筑内的人应该能够脱离火灾危险并独立地步行到安全地带为原则的。

(2)安全疏散方法应保证在任何时间、任何位置的人都能自由地无阻碍地进行疏散。在一定程度上保证行动不便的人足够的安全度。

(3)疏散路线应力求短捷通畅、安全可靠,避免出现各种人流、物流相互交叉,杜绝出现逆流。避免疏散过程中由于长时间的高密度人员滞留和通道堵塞等引起群集事故发生。

(4)建筑物内的任意一个部位,宜同时有两个或两个以上的疏散方向可供疏散。安全疏散方法应提供多种疏散方式而不仅仅是一种,因为任何一种单一的疏散方式都会由于人为和机械原因而失败。

(5)安全疏散设计应充分考虑火灾条件下人员心理状态及行为特点的特殊性,采取相应的措施保证信息传达准确及时,避免恐慌等不利情况出现。

8.1.2 安全疏散设计应考虑的主要因素

建筑物相关的火灾自动探测报警系统、机械排烟系统、自动灭火系统、应急照明等系统的设计以及疏散预案的制定等均是影响安全疏散的重要因素,应根据建筑物的功能用途和建筑物的空间结构特点进行性能化设计。影响建筑物火灾时人员安全疏散的因素见表8-1。

8.1.3 安全疏散时间

建筑物发生火灾时,人员疏散时间的组成如图8-1所示。由图可见,人员疏散过程可分解为三个阶段:察觉火警、决策反应和疏散运动。实际需要的疏散时间 t_{RSET} 取决于火灾探测报警的敏感性和准确性 t_{awa},察觉火灾后人员的决策反应 t_{pre},以及决定开始疏散行动后人员的疏散流动能力 t_{mov} 等,即

$$t_{RSET} = t_{awa} + t_{pre} + t_{mov} \tag{8-1}$$

表 8-1		影响安全疏散的因素	
疏散阶段		相关影响因素	
察觉	起火及火焰、烟气蔓延	建筑物火灾荷载和耐火性能	
		建筑物防火分区、防烟分区以及防火防排烟性能	
		建筑物消防灭火设施	
	探测、报警	探测报警装置的灵敏性和准确性	
决策行为	感知火警信息	人员行为特征	年龄、性别、成长背景、火灾经验、火灾安全知识、生理和心理状态、意识清醒程度、体能、同其他人的社会关系、工作岗位和职责等
	确认火警信息		
	决策反应		
疏散行动		疏散行动能力	人员密度、人员体能、生理和心理状态
		建筑物特征	建筑物疏散通道几何尺寸、应急疏散设施如应急照明和路标信息等
		火灾特征	能见度、烟气的毒性和浓度、火灾现场温度等

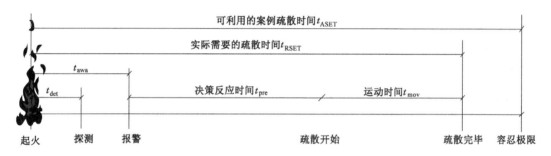

图 8-1　火灾时人员疏散时间

一旦发生火灾等紧急状态,需保证建筑物内所有人员在可利用的安全疏散时间 t_{ASET},均能到达安全的避难场所,即

$$t_{RSET} < t_{ASET} \qquad (8\text{-}2)$$

如果剩余时间即 t_{ASET} 和 t_{RSET} 之差大于 0,则人员能够安全疏散。剩余时间越长,安全性越大;反之,安全性越小,甚至不能安全疏散。因此,为了提高安全度,就要通过安全疏散设计和消防管理来缩短疏散开始时间和疏散行动所需的时间,同时延长可利用的安全疏散时间 t_{ASET}。

可利用的安全疏散时间 t_{ASET},即指自火灾开始,至由于烟气的下降、扩散、轰燃的发生以及恐慌等原因而致使建筑及疏散通道发生危险状态为止的时间。美国国家标准和技术学会提出了烟气层高度、烟气层温度以及烟火对地面的辐射的极限值分别为:2.5 m、200 ℃、2.5 kW/m²。

建筑物可利用的安全疏散时间与建筑物消防设施装备及管理水平、安全疏散设施、建筑物本身的结构特点、人员行为特点等因素密切相关。可利用的安全疏散时间一般只有几分钟。对于高层民用建筑,通常只有 5～7 min;对于一、二级耐火等级的公共建筑,允许疏散时间通常只有 6 min;对于三、四级耐火等级的建筑,可利用安全疏散时间只有 2～5 min。对于人员众多的剧场、体育馆等建筑,这一时间应适当缩短,一般可按 3～4 min 估计。

8.2 安全疏散基本参数

安全疏散基本参数是对建筑安全疏散设计的重要依据,主要包括人员密度计算、疏散宽度指标、疏散距离指标等参数。

8.2.1 人员密度计算

(1)办公建筑

办公建筑包括办公室用房、公共用房、服务用房和设备用房等部分。办公室用房包括普通办公室和专用办公室。专用办公室指设计绘图室和研究工作室等。人员密度可按普通办公室每人使用面积 4 m²,设计绘图室每人使用面积 6 m²,研究工作室每人使用面积 5 m²计算。公共用房包括会议室、对外办事厅、接待室、陈列室、公用厕所、开水间等。会议室分中小会议室和大会议室,中小会议室每人使用面积:有会议桌的不应小于 1.80 m²,无会议桌的不应小于 0.80 m²。

(2)商店

商店的疏散人数应按每层营业厅的建筑面积乘以表 8-2 规定的人员密度计算。对于建材商店、家具和灯饰展示建筑,其人员密度可按表 8-2 规定值的 30%确定。

表 8-2　　　　　　　　　　商店营业厅内的人员密度　　　　　　　　　人/m²

楼层位置	地下第二层	地下第一层	地上第一、二层	地上第三层	地上第四层及以上各层
人员密度	0.56	0.60	0.43~0.60	0.39~0.54	0.30~0.42

(3)歌舞娱乐放映游艺场所

歌舞娱乐放映游艺场所中录像厅的疏散人数,应根据厅、室的建筑面积按不小于 1.0 人/m²计算;其他歌舞娱乐放映游艺场所的疏散人数,应根据厅、室的建筑面积按不小于 0.5 人/m²计算。

有固定座位的场所,其疏散人数可按实际座位数的 1.1 倍计算。展览厅的疏散人数应根据展览厅的建筑面积和人员密度计算,展览厅的人员密度以不宜小于 0.75 人/m²确定。

8.2.2 疏散宽度指标

安全出口的宽度设计不足,会在出口前出现滞留,延长疏散时间,影响安全疏散。我国现行规范根据允许疏散时间来确定疏散通道的百人宽度指标,从而计算出安全出口的总宽度,即实际需要设计的最小宽度。

(1)百人宽度指标

百人宽度指标是每百人在允许疏散时间内,以单股人流形式疏散所需的疏散宽度。

$$百人宽度指标 = \frac{单股人流宽度 \times 100}{疏散时间 \times 每分钟每股人流通过人数} \tag{8-3}$$

一般,一、二级耐火等级建筑疏散时间控制为 2 min,三级耐火等级建筑疏散时间控制为 1.5 min,根据式(8-3)可以计算出不同建筑每百人所需宽度。

影响安全出口宽度的因素很多,如建筑物的耐火等级与层数、使用人数、允许疏散时间、疏散路线是平地还是阶梯等。防火规范中规定的百人宽度指标是通过计算、调整得出的。

（2）疏散宽度

① 厂房疏散宽度

厂房内疏散楼梯、走道、门的各自总净宽度，应根据疏散人数按每 100 人的最小疏散净宽度不小于表 8-3 的规定计算确定。但疏散楼梯最小净宽度不宜小于 1.10 m，疏散走道的净宽度不宜小于 1.40 m，门的最小净宽度不宜小于 0.90 m；当每层疏散人数不相等时，疏散楼梯的总净宽度应分层计算，下层楼梯总净宽度应按该层及以上疏散人数最多一层的疏散人数计算。

表 8-3　　　　　　厂房内疏散楼梯、走道和门的每 100 人最小疏散净宽度

厂房层数/数	1~2	3	4
最小疏散净宽度/（m/百人）	0.60	0.80	1.00

② 高层民用建筑疏散宽度

公共建筑内疏散门和安全出口的净宽度不应小于 0.90 m，疏散走道和疏散楼梯的净宽度不应小于 1.10 m。

高层公共建筑内楼梯间的首层疏散门、首层疏散外门、疏散走道和疏散楼梯的最小净宽度应符合表 8-4 的规定。

表 8-4　　　　　　高层公共建筑内楼梯间的首层疏散门、首层疏散外门、

疏散走道和疏散楼梯的最小净宽度　　　　　　　　　　　m

建筑类别	楼梯间的首层疏散门、首层疏散外门	走道		疏散楼梯
		单面布房	双面布房	
高层医疗建筑	1.30	1.40	1.50	1.30
其他高层公共建筑	1.20	1.30	1.40	1.20

③ 电影院、礼堂、剧场疏散宽度

剧场、电影院、礼堂、体育馆等场所的疏散走道、疏散楼梯、疏散门、安全出口的各自总净宽度，应符合下列规定：

a. 观众厅内疏散走道的净宽度应按每 100 人不小于 0.60 m 计算，且不应小于 1.00 m；边走道的净宽度不宜小于 0.80 m。布置疏散走道时，横走道之间的座位排数不宜超过 20 排；纵走道之间的座位数：剧场、电影院、礼堂等，每排不宜超过 22 个；体育馆，每排不宜超过 26 个；前后排座椅的排距不小于 0.90 m 时，可增加 1.0 倍，但不得超过 50 个；仅一侧有纵走道时，座位数应减少一半。

b. 剧场、电影院、礼堂等场所供观众疏散的所有内门、外门、楼梯和走道的各自总净宽度，应根据疏散人数按每 100 人的最小疏散净宽度不小于表 8-5 的规定计算确定。

表 8-5　　　　　　　　剧场、电影院、礼堂等场所每 100 人所需最小疏散净宽度　　　　　m/百人

观众厅座位数/座			≤2 500	≤1 200
耐火等级			一、二级	三级
疏散部位	门和走道	平坡地面	0.65	0.85
		阶梯地面	0.75	1.00
	楼梯		0.75	1.00

④ 体育馆疏散宽度

体育馆供观众疏散的所有内门、外门、楼梯和走道的各自总净宽度,应根据疏散人数按每 100 人的最小疏散净宽度不小于表 8-6 的规定计算确定。

表 8-6　　　　　　　　　体育馆每 100 人所需最小疏散净宽度　　　　　　　　m/百人

观众厅座位数范围/座			3 000~5 000	5 001~10 000	10 001~20 000
疏散部位	门和走道	平坡地面	0.43	0.37	0.32
		阶梯地面	0.50	0.43	0.37
	楼梯		0.50	0.43	0.37

注:表 8-6 中对应较大座位数范围按规定计算的疏散总净宽度,不应小于对应相邻较小座位数范围按其最多座位数计算的疏散总净宽度。对于观众厅座位数少于 3 000 个的体育馆,计算供观众疏散的所有内门、外门、楼梯和走道的各自总净宽度时,每 100 人的最小疏散净宽度不应小于表 8-5 的规定。

⑤ 其他民用建筑

除剧场、电影院、礼堂、体育馆外的其他公共建筑,其房间疏散门、安全出口、疏散走道和疏散楼梯的各自总净宽度,应符合下列规定:

a. 每层的房间疏散门、安全出口、疏散走道和疏散楼梯的各自总净宽度,应根据疏散人数按每 100 人的最小疏散净宽度不小于表 8-7 的规定计算确定。当每层疏散人数不等时,疏散楼梯的总净宽度可分层计算,地上建筑内下层楼梯的总净宽度应按该层及以上疏散人数最多一层的人数计算;地下建筑内上层楼梯的总净宽度应按该层及以下疏散人数最多一层的人数计算。

表 8-7　每层的房间疏散门、安全出口、疏散走道和疏散楼梯的每 100 人最小疏散净宽度 m/百人

建筑层数		建筑的耐火等级		
		一、二级	三级	四级
地上楼层	1~2 层	0.65	0.75	1.00
	3 层	0.75	1.00	—
	≥4 层	1.00	1.25	—
地下楼层	与地面出入口地面的高差 $\Delta H \leq 10$ m	0.75	—	—
	与地面出入口地面的高差 $\Delta H > 10$ m	1.00	—	—

b. 地下或半地下人员密集的厅、室和歌舞娱乐放映游艺场所,其房间疏散门、安全出口、疏散走道和疏散楼梯的各自总净宽度,应根据疏散人数按每 100 人不小于 1.00 m 计算确定。

c. 首层外门的总净宽度应按该建筑疏散人数最多一层的人数计算确定,不供其他楼层人员疏散的外门,可按本层的疏散人数计算确定。

8.2.3　疏散距离指标

（1）公共建筑的安全疏散距离

公共建筑的安全疏散距离应符合下列规定:

① 直通疏散走道的房间疏散门至最近安全出口的直线距离不应大于表 8-8 的规定。

表 8-8　　　　　　**直通疏散走道的房间疏散门至最近安全出口的直线距离**　　　　　　m

名称			位于两个安全出口之间的疏散门			位于袋形走道两侧或尽端的疏散门		
			一、二级	三级	四级	一、二级	三级	四级
托儿所、幼儿园老年人照料设施			25	20	15	20	15	10
歌舞娱乐放映游艺场所			25	20	15	9	—	—
医疗建筑	单、多层		35	30	25	20	15	10
	高层	病房部分	24	—	—	12	—	—
		其他部分	30	—	—	15	—	—
教学建筑	单、多层		35	30	25	22	20	10
	高层		30	—	—	15	—	—
高层旅馆、展览建筑			30	—	—	15	—	—
其他建筑	单、多层		40	35	25	22	20	15
	高层		40	—	—	20	—	—

注:① 建筑内开向敞开式外廊的房间疏散门至最近安全出口的直线距离可按本表的规定增加 5 m。

② 直通疏散走道的房间疏散门至最近敞开楼梯间的直线距离,当房间位于两个楼梯间之间时,应按本表的规定减少 5 m;当房间位于袋形走道两侧或尽端时,应按本表的规定减少 2 m。

③ 建筑物内全部设置自动喷水灭火系统时,其安全疏散距离可按本表的规定增加 25％。

② 楼梯间应在首层直通室外,确有困难时,可在首层采用扩大的封闭楼梯间或防烟楼梯间前室。当层数不超过 4 层且未采用扩大的封闭楼梯间或防烟楼梯间前室时,可将直通室外的门设置在离楼梯间不大于 15 m 处。

③ 房间内任一点至房间直通疏散走道的疏散门的直线距离,不应大于表 8-8 规定的袋形走道两侧或尽端的疏散门至最近安全出口的直线距离。

④ 一、二级耐火等级建筑内疏散门或安全出口不少于 2 个的观众厅、展览厅、多功能厅、餐厅、营业厅等,其室内任一点至最近疏散门或安全出口的直线距离不应大于 30 m;当疏散门不能直通室外地面或疏散楼梯间时,应采用长度不大于 10 m 的疏散走道通至最近的安全出口。当该场所设置自动喷水灭火系统时,室内任一点至最近安全出口的安全疏散距离可分别增加 25％。

（2）住宅建筑的安全疏散距离

住宅建筑的安全疏散距离应符合下列规定:

① 直通疏散走道的户门至最近安全出口的直线距离不应大于表 8-9 的规定。

表 8-9　　　　住宅建筑直通疏散走道的户门至最近安全出口的直线距离　　　　m

住宅建筑类别	位于两个安全出口之间的疏散门			位于袋形走道两侧或尽端的疏散门		
	一、二级	三级	四级	一、二级	三级	四级
单、多层	40	35	25	22	20	15
高层	40	—	—	20	—	—

注：① 开向敞开式外廊的户门至最近安全出口的最大直线距离可按本表的规定增加 5 m。

② 直通疏散走道的户门至最近敞开楼梯间的直线距离，当户门位于两个楼梯间之间时，应按本表的规定减少 5 m；当户门位于袋形走道两侧或尽端时，应按本表的规定减少 2 m。

③ 住宅建筑内全部设置自动喷水灭火系统时，其安全疏散距离可按本表及注①的规定增加 25%。

④ 跃廊式住宅的户门至最近安全出口的距离，应从户门算起，小楼梯的一段距离可按其水平投影长度的 1.50 倍计算。

② 楼梯间应在首层直通室外，或在首层采用扩大的封闭楼梯间或防烟楼梯间前室。层数不超过 4 层时，可将直通室外的门设置在离楼梯间不大于 15 m 处。

③ 户内任一点至直通疏散走道的户门的直线距离不应大于表 8-9 规定的袋形走道两侧或尽端的疏散门至最近安全出口的最大直线距离。

8.3　安全出口与疏散出口

安全出口和疏散出口的位置、数量、宽度对于满足人员安全疏散至关重要。建筑的使用性质、高度、区域的面积及内部布置、室内空间高度均对疏散出口的设计有密切影响，设计时应区别对待，应充分考虑区域内使用人员的特性，合理确定相应的疏散设施，为人员疏散提供安全的条件。

8.3.1　安全出口

安全出口是供人员安全疏散用的楼梯间和室外楼梯的出入口或直通室内外安全区域的出口。

（1）疏散门

疏散门是人员安全疏散的主要出口。其设置应满足下列要求：

① 民用建筑及厂房的疏散门，应采用向疏散方向开启的平开门，不应采用推拉门、卷帘门、吊门、转门和折叠门。除甲、乙类生产车间外，人数不超过 60 人且每樘门的平均疏散人数不超过 30 人的房间，其疏散门的开启方向不限。

② 仓库的疏散门应采用向疏散方向开启的平开门，但丙、丁、戊类仓库首层靠墙的外侧可采用推拉门或卷帘门。

③ 开向疏散楼梯或疏散楼梯间的门，当其完全开启时，不应减小楼梯平台的有效宽度。

④ 人员密集场所内平时需要控制人员随意出入的疏散门和设置门禁系统的住宅、宿舍、公寓建筑的外门，应保证火灾时不需使用钥匙等任何工具即能从内部易于打开，并应在显著位置设置具有使用提示的标识。

⑤ 人员密集的公共场所、观众厅的疏散门不应设置门槛，其净宽度不应小于 1.40 m，且紧靠门口内外各 1.40 m 范围内不应设置踏步。

⑥ 高层建筑直通室外的安全出口上方，应设置挑出宽度不小于 1.0 m 的防护挑檐。

（2）安全出口设置基本要求

为了在发生火灾时能够迅速安全地疏散人员,在建筑防火设计时必须设置足够数量的安全出口。建筑内的安全出口和疏散门应分散布置,且建筑内每个防火分区或一个防火分区的每个楼层、每个住宅单元每层相邻两个安全出口以及每个房间相邻两个疏散门最近边缘之间的水平距离不应小于 5 m。

建筑的楼梯间宜通至屋面,通向屋面的门或窗应向外开启。

一、二级耐火等级公共建筑内安全出口全部直通室外确有困难的防火分区,可利用通向相邻防火分区的甲级防火门作为安全出口,但应符合下列要求:

① 利用通向相邻防火分区的甲级防火门作为安全出口时,应采用防火墙与相邻防火分区进行分隔。

② 建筑面积大于 1 000 m² 的防火分区,直通室外的安全出口不应少于 2 个;建筑面积不大于 1 000 m² 的防火分区,直通室外的安全出口不应少于 1 个。

③ 该防火分区通向相邻防火分区的疏散净宽度不应大于计算所需疏散总净宽度的30%,建筑各层直通室外的安全出口总净宽度不应小于计算所需疏散总净宽度。

(3) 公共建筑安全出口设置要求

公共建筑内每个防火分区或一个防火分区的每个楼层,其安全出口的数量应经计算确定,且不应少于 2 个。设置 1 个安全出口或 1 部疏散楼梯的公共建筑应符合下列条件之一:

① 除托儿所、幼儿园外,建筑面积不大于 200 m² 且人数不超过 50 人的单层公共建筑或多层公共建筑的首层。

② 除医疗建筑,老年人照料设施,托儿所、幼儿园的儿童用房和儿童游乐厅等儿童活动场所和歌舞娱乐放映游艺场所等外,符合表 8-10 规定的公共建筑。

表 8-10　　　　　　　　　　　　　设置 1 部疏散楼梯的公共建筑

耐火等级	最多层数	每层最大建筑面积/m²	人数
一、二级	3 层	200	第二、三层的人数之和不超过 50 人
三级	3 层	200	第二、三层的人数之和不超过 25 人
四级	2 层	200	第二层的人数不超过 15 人

③ 设置不少于 2 部疏散楼梯的一、二级耐火等级多层公共建筑,如顶层局部升高,当高出部分的层数不超过 2 层、人数之和不超过 50 人且每层建筑面积不大于 200 m² 时,高出部分可设置 1 部疏散楼梯,但至少应另外设置 1 个直通建筑主体上人平屋面的安全出口,且上人屋面应符合人员安全疏散的要求,如图 8-2 所示。

(4) 住宅建筑安全出口的设置要求

① 建筑高度不大于 27 m 的建筑,当每个单元任一层的建筑面积大于 650 m²,或任一户门至最近安全出口的距离大于 15 m 时,每个单元每层的安全出口不应少于 2 个;

② 建筑高度大于 27 m、不大于 54 m 的建筑,当每个单元任一层的建筑面积大于 650 m²,或任一户门至最近安全出口的距离大于 10 m 时,每个单元每层的安全出口不应少于 2 个。

③ 建筑高度大于 54 m 的建筑,每个单元每层的安全出口不应少于 2 个。

建筑高度大于 27 m,但不大于 54 m 的住宅建筑,每个单元设置一座疏散楼梯时,疏散楼梯应通至屋面,且单元之间的疏散楼梯应能通过屋面连通,户门应采用乙级防火门。当不

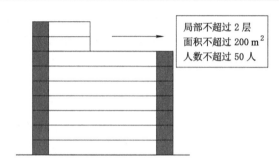

图 8-2　局部升高部分楼体的设置

能通至屋面或不能通过屋面连通时,应设置 2 个安全出口。

（5）厂房、仓库安全出口的设置要求

厂房的安全出口应分散布置。每个防火分区或一个防火分区的每个楼层,其相邻 2 个安全出口最近边缘之间的水平距离不应小于 5 m。厂房内每个防火分区或一个防火分区内的每个楼层,其安全出口的数量应经计算确定,且不应少于 2 个;当符合下列条件时,可设置 1 个安全出口:

① 甲类厂房,每层建筑面积不大于 100 m^2,且同一时间的作业人数不超过 5 人。

② 乙类厂房,每层建筑面积不大于 150 m^2,且同一时间的作业人数不超过 10 人。

③ 丙类厂房,每层建筑面积不大于 250 m^2,且同一时间的作业人数不超过 20 人。

④ 丁、戊类厂房,每层建筑面积不大于 400 m^2,且同一时间的作业人数不超过 30 人。

⑤ 地下或半地下厂房（包括地下或半地下室）,每层建筑面积不大于 50 m^2,且同一时间的作业人数不超过 15 人。

⑥ 一座仓库的占地面积不大于 300 m^2 或防火分区的建筑面积不大于 100 m^2。

地下或半地下厂房（包括地下或半地下室）,当有多个防火分期相邻布置,并采用防火墙分隔时,每个防火分区可利用防火墙上通向相邻防火分区的甲级防火门作为第二安全出口,但每个防火分区必须至少有 1 个直通室外的独立安全出口。

8.3.2　疏散出口

（1）基本概念

疏散出口包括安全出口和疏散门。疏散门是直接通向疏散走道的房间门、直接开向疏散楼梯间的门（如住宅的户门）或室外的门,不包括套间内的隔间门或住宅套内的房间门。安全出口是疏散出口的一个特例。

（2）疏散出口设置基本要求

民用建筑应根据建筑的高度、规模、使用功能和耐火等级等因素合理设置安全疏散设施。安全出口、疏散门的位置、数量和宽度应满足人员安全疏散的要求。

① 建筑内的安全出口和疏散门应分散布置,并应符合双向疏散的要求。

② 公共建筑内各房间疏散门的数量应经计算确定且不应少于 2 个。除托儿所、幼儿园、老年人照料设施、医疗建筑、教学建筑内位于走道尽端的房间外,符合下列条件之一的房间可设置 1 个疏散门。

a. 位于两个安全出口之间或袋形走道两侧的房间,对托儿所、幼儿园、老年人照料设施,建筑面积不大于 50 m^2;对于医疗建筑、教学建筑,建筑面积不大于 75 m^2;对于其他建筑或场所,建筑面积不大于 120 m^2。

b. 位于走道尽端的房间,建筑面积小于 50 m^2 且疏散门的净宽度不小于 0.90 m,或由房间内任一点至疏散门的直线距离不大于 15 m、建筑面积不大于 200 m^2 且疏散门的净宽度不小于 1.40 m。

c. 歌舞娱乐放映游艺场所内建筑面积不大于 50 m^2 且经常停留人数不超过 15 人的厅、室。

③ 剧院、电影院和礼堂的观众厅或多功能厅,其疏散门的数量应经计算确定且不应少于 2 个,并应符合下列规定:

a. 对于剧场、电影院、礼堂的观众厅或多功能厅,每个疏散门的平均疏散人数不应超过 250 人;当容纳人数超过 2 000 人时,其超过 2 000 人的部分,每个疏散门的平均疏散人数不应超过 400 人。

b. 对于体育馆的观众厅,每个疏散门的平均疏散人数不宜超过 400～700 人。

8.4　疏散走道与避难走道

疏散走道贯穿整个安全疏散体系是确保人员安全疏散的重要因素。其设计应简捷明了,便于寻找、辨别,避免布置成"S"形、"U"形或袋形。

8.4.1　疏散走道

(1) 基本概念

疏散走道是指发生火灾时,建筑内人员从火灾现场逃往安全场所的通道。疏散走道的设置应保证逃离火场的人员进入走道后,能顺利地继续通行至楼梯间,到达安全地带。

(2) 疏散走道设置基本要求

① 走道应简捷,并按规定设置疏散指示标志和诱导灯。

② 在 1.8 m 高度内不宜设置管道、门垛等突出物,走道中的门应向疏散方向开启。

③ 尽量避免设置袋形走道。

④ 疏散走道在防火分区处应设置常开甲级防火门。

8.4.2　避难走道

(1) 基本概念

避难走道是指采用防烟设施且两侧设置耐火极限不低于 3.00 h 的防火墙,用于人员安全通行至室外的走道。

(2) 避难走道设置要求

① 避难走道防火隔墙的耐火极限不应低于 3.00 h,楼板的耐火极限不应低于 1.50 h。

② 避难走道直通地面的出口不应少于 2 个,并应设置在不同方向;当避难走道仅与一个防火分区相通且该防火分区至少有 1 个直通室外的安全出口时,可设置 1 个直通地面的出口。任一防火分区通向避难走道的门至该避难走道最近直通地面的出口的距离不应大于 60 m。

③ 避难走道的净宽度不应小于任一防火分区通向该避难走道的设计疏散总净宽度。

④ 避难走道内部装修材料的燃烧性能应为 A 级。

⑤ 防火分区至避难走道入口处应设置防烟前室,前室的使用面积不应小于 6.0 m^2,开

向前室的门应采用甲级防火门,前室开向避难走道的门应采用乙级防火门。

⑥ 避难走道内应设置消火栓、消防应急照明、应急广播和消防专线电话。

8.5 疏散楼梯与楼梯间

当建筑物发生火灾时,普通电梯没有采取有效的防火防烟措施,且供电中断,一般会停止运行,上部楼层的人员只有通过楼梯才能疏散到建筑物的外面,因此楼梯成为最主要的垂直疏散设施。

8.5.1 疏散楼梯与楼梯间的平面布置和要求

（1）疏散楼梯的平面布置

为了提高疏散楼梯的安全可靠程度,在进行疏散楼梯的平面布置时,应满足下列防火要求:

① 疏散楼梯宜设置在标准层（或防火分区）的两端,以便于为人们提供两个不同方向的疏散路线。

② 疏散楼梯宜靠近电梯设置。发生火灾时,人们习惯于利用经常走的疏散路线进行疏散,而电梯则是人们经常使用的垂直交通运输工具,靠近电梯设置疏散楼梯,可将常用疏散路线与紧急疏散路线相结合,有利于人们快速进行疏散。如果电梯厅为开敞式时,为避免因高温烟气进入电梯井而切断通往疏散楼梯的通道,两者之间应进行防火分隔。

③ 疏散楼梯宜靠外墙设置。这种布置方式有利于采用带开敞前室的疏散楼梯间,同时,也便于自然采光、通风和进行火灾的扑救。

（2）疏散楼梯的竖向布置

① 疏散楼梯应保持上、下畅通。高层建筑的疏散楼梯宜通至平屋顶,以便当向下疏散的路径发生堵塞或被烟气切断时,人员能上到屋顶暂时避难,等待消防部门利用登高车或直升机进行救援。通向屋面的门或窗应向外开启。

② 应避免不同的人流路线相互交叉。高层部分的疏散楼梯不应和低层公共部分（指裙房）的交通大厅、楼梯间、自动扶梯混杂交叉,以免紧急疏散时两部分人流发生冲突,引起堵塞和意外伤亡。

（3）疏散楼梯和楼梯间的一般要求

① 楼梯间应能天然采光和自然通风,并宜靠外墙设置。靠外墙设置时,楼梯间、前室及合用前室外墙上的窗口与两侧门、窗、洞口最近边缘的水平距离不应小于1.0 m。

② 楼梯间内不应设置烧水间、可燃材料储藏室、垃圾道。

③ 楼梯间内不应有影响疏散的凸出物或其他障碍物。

④ 封闭楼梯间、防烟楼梯间及其前室,不应设置卷帘。

⑤ 楼梯间内不应设置甲、乙、丙类液体管道。

⑥ 封闭楼梯间、防烟楼梯间及其前室内禁止穿过或设置可燃气体管道。敞开楼梯间内不应设置可燃气体管道,当住宅建筑的敞开楼梯间内确需设置可燃气体管道和可燃气体计量表时,应采用金属管和设置切断气源的阀门。

⑦ 除通向避难层错位的疏散楼梯外,建筑内的疏散楼梯间在各层的平面位置不应改变。

除住宅建筑套内的自用楼梯外,地下或半地下建筑(室)的疏散楼梯间,应符合下列规定:

a. 室内地面与室外出入口地坪高差大于 10 m 或 3 层及以下的地下、半地下建筑(室),其疏散楼梯应采用防烟楼梯间;其他地下、半地下建筑(室),其疏散楼梯应采用封闭楼梯间。

b. 应在首层采用耐火极限不低于 2.00 h 的防火隔墙与其他部位分隔并应直通室外,确需在隔墙上开门时,应采用乙级防火门。

c. 建筑的地下或半地下部分与地上部分不应共用楼梯间,确需共用楼梯间时,应在首层采用耐火极限不低于 2.00 h 的防火隔墙和乙级防火门将地下或半地下部分与地上部分的连通部位完全分隔,并应设置明显的标志。

⑧ 用作丁、戊类厂房内第二安全出口的楼梯可采用金属梯,但其净宽度不应小于 0.90 m,倾斜角度不应大于 45°。

丁、戊类高层厂房,当每层工作平台上的人数不超过 2 人且各层工作平台同时工作的人数总和不超过 10 人时,其疏散楼梯可采用敞开楼梯或利用净宽度不小于 0.90 m,倾斜角度不大于 60°的金属梯。

⑨ 疏散用楼梯和疏散通道上的阶梯不宜采用螺旋楼梯和扇形踏步。确需采用时,踏步上、下两级所形成的平面角度不应大于 10°,且每级离扶手 250 mm 处的踏步深度不应小于 220 mm。

⑩ 建筑内的公共疏散楼梯,其两梯段及扶手间的水平净距不宜小于 150 mm。

8.5.2 敞开楼梯间

敞开楼梯间是指建筑物内由墙体等围护构件构成的无封闭防烟功能,且与其他使用空间相通的楼梯间。敞开楼梯间是低、多层建筑常用的基本形式。该楼梯的典型特征是,楼梯与走廊或大厅直接相通,未进行分隔,在发生火灾时不能阻挡烟气进入,而且可能成为向其他楼层蔓延的主要通道。敞开楼梯间安全可靠程度不大,但使用方便、经济,适用于低、多层的居住建筑和公共建筑中。

8.5.3 封闭楼梯间

封闭楼梯间是指在楼梯间入口处设置门,以防止火灾的烟和热气进入的楼梯间。如图 8-3 所示。封闭楼梯间有墙和门与走道分隔,比敞开楼梯间安全。但因其只设有一道门,在火灾情况下人员进行疏散时难以保证不使烟气进入楼梯间,所以应对封闭楼梯间的使用范围加以限制。

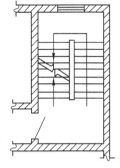

图 8-3 封闭楼梯间

8.5.3.1 封闭楼梯间的适用范围

(1)下列多层公共建筑的疏散楼梯,除与敞开式外廊直接相连的楼梯间外,均应采用封闭楼梯间。

① 医疗建筑、旅馆及类似使用功能的建筑;

② 设置歌舞娱乐放映游艺场所的建筑;

③ 商店、图书馆、展览建筑、会议中心及类似使用功能的建筑;

④ 6 层及以上的其他建筑。

(2)老年人照料设施的疏散楼梯或楼梯间宜与敞开式外廊直接连通,不能与敞开式外廊直接连通的室内疏散楼梯应采用封闭楼梯间。

（3）建筑高度大于 21 m、不大于 33 m 的住宅建筑应采用封闭楼梯间；当户门采用乙级防火门时，可采用敞开楼梯间。

8.5.3.2 封闭楼梯间的设置要求

封闭楼梯间除应满足楼梯间的设置要求外，尚应符合下列规定：

（1）不能自然通风或自然通风不能满足要求时，应设置机械加压送风系统或采用防烟楼梯间。

（2）除楼梯间的出入口和外窗外，楼梯间的墙上不应开设其他门、窗、洞口。

（3）高层建筑、人员密集的公共建筑、人员密集的多层丙类厂房、甲类和乙类厂房，其封闭楼梯间的门应采用乙级防火门，并应向疏散方向开启；其他建筑，可采用双向弹簧门。

（4）楼梯间的首层可将走道和门厅等包括在楼梯间内形成扩大的封闭楼梯间，但应采用乙级防火门等与其他走道和房间分隔，如图 8-4 所示。

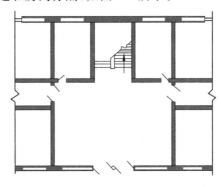

图 8-4 扩大的封闭楼梯间

8.5.4 防烟楼梯间

防烟楼梯间是指在楼梯间入口处设置防烟的前室、开敞式阳台或凹廊（统称前室）等设施，且通向前室和楼梯间的门均为防火门，以防止火灾的烟和热气进入的楼梯间。防烟楼梯间设有两道防火门和防排烟设施，发生火灾时能作为安全疏散通道，是高层建筑中常用的楼梯间形式。

8.5.4.1 防烟楼梯间的类型

（1）带阳台或凹廊的防烟楼梯间

带开敞阳台或凹廊的防烟楼梯间的特点是以阳台或凹廊作为前室，疏散人员须通过开敞的前室和两道防火门才能进入楼梯间内。如图 8-5 和图 8-6 所示。

（2）带前室的防烟楼梯间

① 利用自然排烟的防烟楼梯间。在平面布置时，设靠外墙的前室，并在外墙上设有开启面积不小于 2 m² 的窗户，平时可以是关闭状态，但发生火灾时窗户应全部开启。由走道进入前室和由前室进入楼梯间的门必须是乙级防火门，平时及火灾时乙级防火门处于关闭状态，如图 8-7 所示。

② 采用机械防烟的楼梯间。楼梯间位于建筑物的内部，为防止火灾时烟气侵入，采用机械加压方式进行防烟，如图 8-8 所示。加压方式有仅给楼梯间加压[图 8-8（b）]、分别对楼梯间和前室加压[图 8-8（a）]以及仅对前室或合用前室加压[图 8-8（c）]等不同方式。

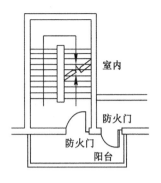

图 8-5　带阳台的防烟楼梯间

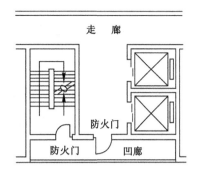

图 8-6　带凹廊的防烟楼梯间

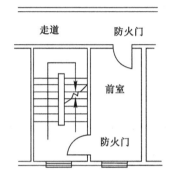

图 8-7　靠外墙的防烟楼梯间

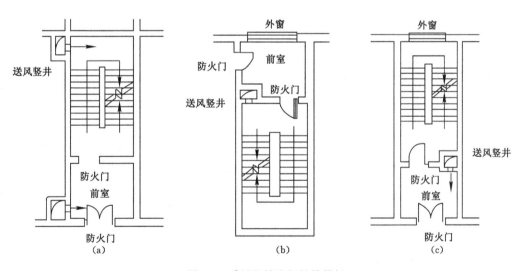

图 8-8　采用机械防烟的楼梯间

8.5.4.2　防烟楼梯间的适用范围

发生火灾时,防烟楼梯间能够保障所在楼层人员安全疏散,是高层和地下建筑中常用的楼梯间形式。在下列情况下应设置防烟楼梯间:

(1)一类高层公共建筑和建筑高度大于 32 m 的二类高层公共建筑。

（2）建筑高度大于 33 m 的住宅建筑。

（3）建筑高度大于 32 m 且任一层人数超过 10 人的厂房。

（4）室内地面与室外出入口地坪高差大于 10 m 或 3 层及以上的地下、半地下建筑（室）。

（5）建筑高度大于 24 m 的老年人照料设施,其室内疏散楼梯应采用防烟楼梯间。

8.5.4.3 防烟楼梯间的设置要求

防烟楼梯间除应满足疏散楼梯的设置要求外,还应满足以下要求:

（1）应设置防烟设施。

（2）前室可与消防电梯间前室合用。

（3）前室的使用面积:公共建筑、高层厂房（仓库）,不应小于 6.0 m²;住宅建筑,不应小于 4.5 m²。

与消防电梯间前室合用时,合用前室的使用面积:公共建筑、高层厂房（仓库）,不应小于 10.0 m²;住宅建筑,不应小于 6.0 m²。

（4）疏散走道通向前室以及前室通向楼梯间的门应采用乙级防火门。

（5）除住宅建筑的楼梯间前室外,防烟楼梯间和前室内的墙上不应开设除疏散门和送风口外的其他门、窗、洞口。

（6）楼梯间的首层可将走道和门厅等包括在楼梯间前室内形成扩大的前室,但应采用乙级防火门等与其他走道和房间分隔。

8.5.5 室外疏散楼梯

在建筑的外墙上设置全部敞开的室外楼梯,如图 8-9 所示,不易受烟火的威胁,防烟效果和经济性都较好。

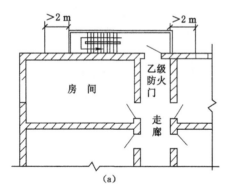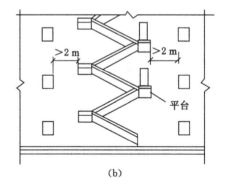

图 8-9 室外疏散楼梯

（1）室外楼梯的适用范围

① 高层厂房和甲、乙、丙类多层厂房;

② 建筑高度大于 32 m 且任一层人数超过 10 人的厂房。

（2）室外楼梯的构造要求

① 栏杆扶手的高度不应小于 1.10 m,楼梯的净宽度不应小于 0.90 m;

② 倾斜角度不应大于 45°;

③ 梯段和平台均应采用不燃材料制作。平台的耐火极限不应低于 1.00 h,梯段的耐火

极限不应低于 0.25 h;

④ 通向室外楼梯的门应采用乙级防火门,并应向外开启;

⑤ 除疏散门外,楼梯周围 2 m 内的墙面上不应设置门、窗、洞口。疏散门不应正对梯段。

高度大于 10 m 的三级耐火等级建筑应设置通至屋顶的室外消防梯。室外消防梯不应面对老虎窗,宽度不应小于 0.6 m,且宜从离地面 3.0 m 高处设置。

8.5.6　剪刀楼梯

剪刀楼梯,又名叠合楼梯或套梯,是在同一个楼梯间内设置了一对相互交叉,又相互隔绝的疏散楼梯。剪刀楼梯在每层楼层之间的梯段一般为单跑梯段,如图 8-10 所示。剪刀楼梯的特点是,同一个楼梯间内设有两部疏散楼梯,并构成两个出口,有利于在较为狭窄的空间内组织双向疏散。

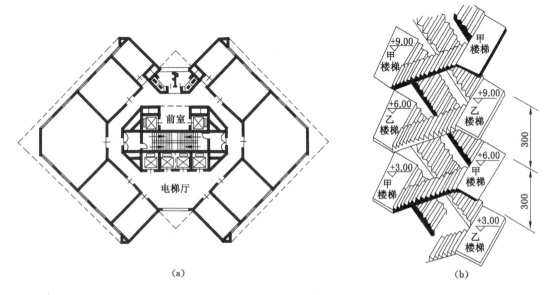

图 8-10　剪刀楼梯示意图

剪刀楼梯的两条疏散通道是处在同一空间内,只要有一个出口进烟,就会使整个楼梯间充满烟气,影响人员的安全疏散,为防止出现这种情况应采取下列防火措施:

① 剪刀楼梯应具有良好的防火、防烟能力,应采用防烟楼梯间,并分别设置前室;

② 为确保剪刀楼梯两条疏散通道的功能,其梯段之间应设置耐火极限不低于 1.00 h 的实体墙分隔;

③ 楼梯间内的加压送风系统不应合用。

8.6　避难层(间)

避难层(间)是指建筑内用于人员暂时躲避火灾及其烟气危害的楼层(房间)。

封闭式避难层,周围设有耐火的围护结构(外墙、楼板),室内设有独立的空调和防排烟系统,如在外墙上开设窗口时,应采用防火窗。

这种避难层设有可靠的消防设施,足以防止烟气和火焰的侵害,同时还可以避免外界气候条件的影响,因而适用于我国南北方广大地区。

(1) 避难层的设置条件及避难人员面积指标

① 设置条件。建筑高度超过 100 m 的公共建筑和住宅建筑应设置避难层(间)。

② 面积指标。避难层(间)的净面积应能满足设计避难人数避难的要求,并宜按 5 人/m² 计算。

(2) 避难层的设置数量

根据目前国内主要配备的 50 m 高云梯车的操作要求,规范规定从第一个避难层(间)的楼地面至灭火救援场地的高度不应大于 50 m,以便火灾时可将停留在避难层的人员由云梯救援下来。结合各种机电设备及管道等所在设备层的布置需要和使用管理,以及普通人爬楼梯的体力消耗情况,两个避难层(间)之间的高度不宜大于 50 m。

(3) 避难层的防火构造要求

① 为保证避难层具有较长时间抵抗火烧的能力,避难层的楼板宜采用现浇钢筋混凝土楼板,其耐火极限不应低于 2.00 h。

② 为保证避难层下部楼层起火时不致使避难层地面温度过高,在楼板上宜设隔热层。

③ 避难层四周的墙体及避难层内的隔墙,其耐火极限不应低于 3.00 h,隔墙上的门应采用甲级防火门。

④ 避难层可与设备层结合布置。在设计时应注意的是,各种设备管道宜集中布置,分隔成间,既方便设备的维护管理,又可使避难层的面积完整。易燃、可燃液体或气体管道应集中布置,设备管道区应采用耐火极限不低于 3.00 h 的防火隔墙与避难区分隔;管道井和设备间应采用耐火极限不低于 2.00 h 的防火隔墙与避难区分隔,管道井和设备间的门不应直接开向避难区;确需直接开向避难区时,与避难区出入口的距离不应小于 5 m,且应采用甲级防火门。

(4) 避难层的安全疏散

为保证避难层在建筑物起火时能正常发挥作用,避难层应至少有两个不同的疏散方向可供疏散。通向避难层(间)的疏散楼梯应在避难层分隔、同层错位或上下层断开,这样楼梯间里的人都要经过避难层才能上楼或下楼,为疏散人员提供了继续疏散还是停留避难的选择机会。同时,上、下层楼梯间不能相互贯通,减弱了楼梯间的"烟囱"效应。楼梯间的门宜向避难层开启,在避难层进入楼梯间的入口处应设置明显的指示标志。

为了保障人员安全,消除或减轻人们的恐惧心理,在避难层应设应急照明,其供电时间不应小于 1.5 h,照度不应低于 3.0 lx。除避难间外,避难层应设置消防电梯出口。消防电梯是供消防人员灭火和救援使用的设施,在避难层必须停靠;而普通电梯因不能阻挡烟气进入,则严禁在避难层开设电梯门。

(5) 通风与防排烟系统

避难层应设置直接对外的可开启窗口或独立的机械防烟设施,外窗应采用乙级防火窗。

(6) 灭火设施

为了扑救超高层建筑及避难层的火灾,在避难层应配置消火栓和消防软管卷盘。

(7) 消防专线电话和应急广播设备

避难层在火灾时停留为数众多的避难者,为了及时和防灾中心及地面消防部门互通信息,避难层应设有消防专线电话和应急广播。

8.7 逃生疏散辅助设施

8.7.1 应急照明及疏散指示标志

在发生火灾时,为了保证人员的安全疏散以及消防扑救人员的正常工作,必须保持一定的电光源,据此设置的照明总称为火灾应急照明;为防止疏散通道在火灾下骤然变暗,就要保证一定的亮度,抑制人们心理上的惊慌,确保疏散安全,以显眼的文字、鲜明的箭头标记指明疏散方向,引导疏散,这种用信号标记的照明,称为疏散指示标志。

8.7.1.1 应急照明

(1) 设置场所

除建筑高度小于 27 m 的住宅建筑外,民用建筑、厂房和丙类仓库的下列部位应设置疏散照明:

① 封闭楼梯间、防烟楼梯间及其前室、消防电梯间的前室或合用前室、避难走道、避难层(间)。

② 观众厅、展览厅、多功能厅和建筑面积大于 200 m² 的营业厅、餐厅、演播室等人员密集的场所。

③ 建筑面积大于 100 m² 的地下或半地下公共活动场所。

④ 公共建筑内的疏散走道。

⑤ 人员密集的厂房内的生产场所及疏散走道。

(2) 设置要求

① 建筑内疏散照明的地面最低水平照度应符合下列规定。

a. 对于疏散走道,不应低于 1.0 lx。

b. 对于人员密集场所、避难层(间),不应低于 3.0 lx;对于老年人照料设施、病房楼或手术部的避难间,不应低于 10.0 lx。

c. 对于楼梯间、前室或合用前室、避难走道,不应低于 5.0 lx;对于人员密集场所、老年人照料设施、病房楼或手术部内的楼梯间、前室或合用前室、避难走道,不应低于 10.0 lx。

② 消防控制室、消防水泵房、自备发电机房、配电室、防排烟机房以及发生火灾时仍需正常工作的消防设备房应设置备用照明,其作业面的最低照度不应低于正常照明的照度。

③ 疏散照明灯具应设置在出口的顶部、墙面的上部或顶棚上;备用照明灯具应设置在墙面的上部或顶棚上。

8.7.1.2 疏散指示标志

(1) 公共建筑、建筑高度大于 54 m 的住宅建筑,高层厂房(库房)及甲、乙、丙类单、多层厂房,应设置灯光疏散指示标志,并应符合下列规定:

① 应设置在安全出口和人员密集场所的疏散门的正上方;

② 应设置在疏散走道及其转角处距地面高度 1.0 m 以下的墙面或地面上。灯光疏散指示标志的间距不应大于 20 m;对于袋形走道,不应大于 10 m;在走道转角区,不应大于 1.0 m。

(2) 下列建筑或场所应在疏散走道和主要疏散路径的地面上增设能保持视觉连续的灯

光疏散指示标志或蓄光疏散指示标志。

① 总建筑面积大于 8 000 m² 的展览建筑;

② 总建筑面积大于 5 000 m² 的地上商店;

③ 总建筑面积大于 500 m² 的地下或半地下商店;

④ 歌舞娱乐放映游艺场所;

⑤ 座位数超过 1 500 个的电影院、剧院,座位数超过 3 000 个的体育馆、会堂或礼堂;

⑥ 车站、码头建筑和民用机场航站楼中建筑面积大于 3 000 m² 的候车、候船厅和航站楼的公共区。

8.7.1.3 应急照明和疏散指示标志的共同要求

(1) 建筑内设置的消防疏散指示标志和消防应急照明灯具,应符合《建筑防火设计规范》(GB 50016)、《消防安全标志》(GB 13495)、《消防应急照明和疏散指示系统》(GB 17945)和《消防应急照明和疏散指示系统技术标准》(GB 51309)的有关规定。

(2) 建筑内消防应急照明和灯光疏散指示标志备用电源的连续供电时间,对于建筑高度大于 100 m 的民用建筑,不应少于 1.5 h;对于医疗建筑、老年人照料设施、总建筑面积大于 100 000 m² 的公共建筑和总建筑面积大于 20 000 m² 的地下、半地下建筑,不应少于 1.0 h,对于其他建筑,不应少于 0.5 h。

8.7.2 避难袋

避难袋的构造有 3 层,最外层由玻璃纤维制成,可耐 800 ℃的高温;第二层为弹性制动层,束缚下滑的人体和控制下滑的速度;内层张力大而柔软,使人体以舒适的速度向下滑降。

避难袋可用在建筑物内部,也可用于建筑物外部。用于建筑内部时,避难袋设于防火竖井内,人员打开防火门进入按层分段设置的袋中,即可滑到下一层或下几层。用于建筑外部时,装设在低层建筑窗口处的固定设施内,失火后将其取出向窗外打开,通过避难袋滑到室外地面。

8.7.3 缓降器

缓降器是高层建筑的下滑自救器具,由于其操作简单、下滑平稳,因此是目前市场上应用最广泛的辅助安全疏散产品。消防队员还可带着一人滑至地面。对于伤员、老人、体弱者或儿童,可由地面人员控制从而安全降至地面。

缓降器由摩擦棒、套筒、自救绳和绳盒等组成,无须其他动力,通过制动机构控制缓降绳索的下降速度,让使用者在保持一定速度平衡的前提下,安全地缓降至地面。有的缓降器用阻燃套袋替代传统的安全带,这种阻燃套袋可以将逃生人员(包括头部在内)的全身保护起来,以阻挡热辐射,并降低逃生人员下视地面的恐高心理。缓降器根据自救绳的长度分为 3 种规格:绳长为 38 m 的缓降器适用于 6~10 层;绳长为 53 m 的缓降器适用于 11~16 层;绳长为 74 m 的缓降器适用于 16~20 层。

使用缓降器时将自救绳和安全钩牢固地系在楼内的固定物上,把垫子放在绳子和楼房结构中间,以防自救绳磨损。疏散人员穿戴好安全带和防护手套后,携带好自救绳盒或将盒子抛到楼下,将安全带和缓降器的安全钩挂牢。然后一手握套筒,一手拉住由缓降器下引出的自救绳开始下滑。可用放松或拉紧自救绳的方法控制速度,放松为正常下滑速度,拉紧为减速直到停止。第一个人滑到地面后,第二个人方可开始使用。

8.7.4　避难滑梯

避难滑梯是一种非常适合病房楼建筑的辅助疏散设施。当发生火灾时,病房楼中的伤病员、孕妇等行动缓慢的病人可在医护人员的帮助下,由外连通阳台进入避难滑梯,靠重力下滑到室外地面或安全区域从而获得逃生。

避难滑梯是一种螺旋形的滑道,节省占地、简便易用、安全可靠、外观别致,能适应各种高度的建筑物,是高层病房楼理想的辅助安全疏散设施。

8.7.5　室外疏散救援舱

室外疏散救援舱由平时折叠存放在屋顶的一个或多个逃生救援舱和外墙安装的齿轨两部分组成。火灾时专业人员用屋顶安装的绞车将展开后的逃生救援舱引入建筑外墙安装的滑轨。逃生救援舱可以同时与多个楼层走道的窗口对接,将高层建筑内的被困人员送到地面,在上升时又可将消防队员等应急救援人员送到建筑内。

室外疏散救援舱比缩放式滑道和缓降器复杂,一次性投资较大,需要由受过专门训练的人员使用和控制,而且需要定期维护、保养和检查,作为其动力的屋顶绞车必须有可靠的动力保障。其优点是每往复运行一次可以疏散多人,尤其适合于疏散乘坐轮椅的残疾人和其他行动不便的人员。

8.7.6　缩放式滑道

采用耐磨、阻燃的尼龙材料和高强度金属圈骨架制作成的缩放式滑道,平时折叠存放在高层建筑的顶楼或其他楼层。火灾时可打开释放到地面,并将末端固定在地面事先确定的锚固点,被困人员依次进入后滑降到地面。紧急情况下,也可以用云梯车在贴近高层建筑被困人员所处的窗口展开,甚至可以用直升机投放到高层建筑的屋顶,由消防人员展开后疏散屋顶的被困人员。

此类产品的关键指标是合理设置下滑角度,并通过滑道材料与使用者身体之间的摩擦来有效控制下滑速度。

第9章 灭火救援设施

9.1 消防车道

消防车道是供消防车灭火时通行的道路。设置消防车道的目的在于，一旦发生火灾，可确保消防车畅通无阻，迅速到达火场，为及时扑灭火灾创造条件。消防车道可以利用交通道路，但在通行的净高度、净宽度、地面承载力、转弯半径等方面应满足消防车通行与停靠的需求，并保证畅通。街区内的道路应考虑消防车的通行，室外消火栓的保护半径在 150 m 左右，按规定一般设在城市道路两旁，故道路中心线间的距离不宜大于 160 m。

消防车道的设置应根据当地消防部队使用的消防车辆的外形尺寸、载重、转弯半径等消防车技术参数，以及建筑物的体量大小、周围通行条件等因素确定。

9.1.1 消防车道设置要求

（1）环形消防车道

① 对于那些高度高、体量大、功能复杂、扑救困难的建筑应设环形消防车道。高层民用建筑，超过 3 000 个座位的体育馆，超过 2 000 个座位的会堂，占地面积大于 3 000 m² 的商店建筑、展览建筑等单、多层公共建筑应设置环形消防车道，确有困难时，可沿建筑的两个长边设置消防车道。对于高层住宅建筑和山坡地或河道边临空建造的高层民用建筑，可沿建筑的一个长边设置消防车道，但该长边所在建筑立面应为消防车登高操作面。

沿街的高层建筑，其街道的交通道路，可作为环形车道的一部分，如图 9-1 所示。

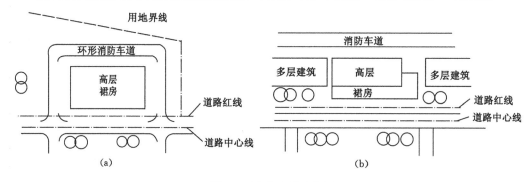

图 9-1 消防车道示意图
（a）环形消防车道；（b）沿建筑长边设置消防车道

② 高层厂房，占地面积大于 3 000 m² 的甲、乙、丙类厂房和占地面积大于 1 500 m² 的乙、丙类仓库，应设置环形消防车道，确有困难时，应沿建筑物的两个长边设置消防车道。

③ 环形消防车道至少应有两处与其他车道连通，必要时还应设置与环形车道相连的中

间车道,且道路设置应考虑大型车辆的转弯半径。

（2）穿过建筑的消防车道

① 对于一些使用功能多、面积大、建筑长度长的建筑,如"L"形、"U"形、"口"形建筑,当其沿街道部分的长度大于 150 m 或总长度大于 220 m 时,应设置穿过建筑物的消防车道。确有困难时,应设置环形消防车道。

② 为了日常使用方便和消防人员快速便捷地进入建筑内院救火,有封闭内院或天井的建筑物,当内院或天井的短边长度大于 24 m 时,宜设置进入内院或天井的消防车道,如图 9-2 所示。

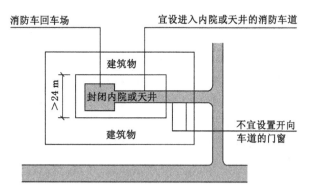

图 9-2　穿过建筑物进入内庭院的消防车道示意图

有封闭内院或天井的建筑物沿街时,应设置连通街道和内院的人行通道（可利用楼梯间）,其间距不宜大于 80 m,如图 9-3 所示。

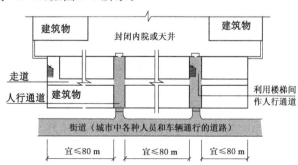

图 9-3　穿过建筑物的人行通道示意图

③ 在穿过建筑物或进入建筑物内院的消防车道两侧,不应设置影响消防车通行或人员安全疏散的设施。

（3）尽头式消防车道

当建筑和场所的周边受地形环境条件限制,难以设置环形消防车道或与其他道路连通的消防车道时,可设置尽头式消防车道。

（4）消防水源地消防车道

供消防车取水的天然水源和消防水池应设置消防车道。消防车道边缘距离取水点不宜大于 2 m。

9.1.2 消防车道技术要求

（1）消防车道的净宽度和净空高度均不应小于 4 m。消防车道与建筑之间不应设置妨碍消防车操作的树木、架空管线等障碍物。消防车道的坡度不宜大于 8%。

（2）转弯半径应满足消防车转弯的要求。消防车的最小转弯半径是指消防车回转时消防车的前轮外侧循圆曲线行走轨迹的半径。轻系列消防车转弯半径大于或等于 7 m，中系列消防车大于或等于 9 m，重系列消防车大于或等于 12 m，因此，弯道外侧需要保留一定的空间，保证消防车紧急通行，停车场或其他设施不能侵占消防车道的宽度，以免影响扑救工作。

（3）消防车道靠建筑外墙一侧的边缘距离建筑外墙不宜小于 5 m。

（4）尽头式消防车道应设置回车道或回车场，回车场的面积不应小于 12 m×12 m；对于高层建筑，不宜小于 15 m×15 m；供重型消防车使用时，不宜小于 18 m×18 m。

消防车道的路面、救援操作场地、消防车道和救援操作场地下面的管道和暗沟等，应能承受重型消防车的压力，且应考虑建筑物的高度、规模及当地消防车的实际参数。

消防车道可利用城乡、厂区道路等，但该道路应满足消防车通行、转弯和停靠的要求。

（5）消防车道不宜与铁路正线平交，确需平交时，应设置备用车道，且两车道的间距不应小于一列火车的长度。

9.2 救援场地和入口

建筑的消防登高面、消防救援场地和灭火救援窗，是发生火灾时进行有效的灭火救援行动的重要设施。本节主要介绍这些消防救援设施的设置要求。

9.2.1 定义

（1）消防登高面。登高消防车能够靠近高层主体建筑，便于消防车作业和消防人员进入高层建筑进行抢救人员和扑救火灾的建筑立面称为该建筑的消防登高面，也称建筑的消防扑救面。

（2）消防登高操作场地。在高层建筑的消防登高面一侧，地面必须设置消防车道和供消防车停靠并进行灭火救援的作业场地，该场地就称为消防救援场地或消防车登高操作场地。

（3）灭火救援窗。在高层建筑的消防登高面一侧外墙上设置的供消防人员快速进入建筑主体且便于识别的灭火救援窗口称为灭火救援窗或称为供消防救援人员进入的窗口。

9.2.2 合理确定消防登高面

对于高层建筑，应根据建筑的立面和消防车道等情况，合理确定建筑的消防登高面。根据消防登高车的变幅角的范围以及实地作业，进深不大于 4 m 的裙房不会影响举高车的操作。因此，高层建筑应至少沿一个长边或周边长度的 1/4 且不小于一个长边长度的底边连续布置消防车登高操作场地，该范围内的裙房进深不应大于 4 m。建筑高度不大于 50 m 的建筑，连续布置消防车登高操作场地有困难时，可间隔布置，但间隔距离不宜大于 30 m，且消防车登高操作场地的总长度仍应符合上述规定。

建筑物与消防车登高操作场地相对应的范围内，应设置直通室外的楼梯或直通楼梯间的入口，方便救援人员快速进入建筑展开灭火和救援。

9.2.3　消防救援场地的设置要求

（1）最小操作场地面积

消防登高场地应结合消防车道设置。考虑到举高车的支腿横向跨距不超过 6 m,同时考虑普通车(宽度为 2.5 m)的交会以及消防队员携带灭火器具的通行,一般以 10 m 为妥。根据登高车的车长 15 m 以及车道的宽度,场地长度和宽度不应小于 15 m 和 10 m。对于建筑高度大于 50 m 的建筑,场地的长度和宽度分别不应小于 20 m 和 10 m。

（2）场地与建筑的距离

场地应与消防车道连通,场地靠建筑外墙一侧的边缘距离建筑外墙不宜小于 5 m,且不应大于 10 m,场地的坡度不宜大于 3%。

（3）操作场地荷载计算

作为消防车登高操作场地,由于需承受 30～50 t 举高车的质量,对中后桥的荷载也需 26 t,故从结构上考虑应做局部处理。场地及其下面的建筑结构、管道和暗沟等,应能承受重型消防车的压力。

（4）操作空间的控制

应根据高层建筑的实际高度,合理控制消防登高场地的操作空间。场地与厂房、仓库、民用建筑之间不应设置妨碍消防车操作的树木、架空管线等障碍物和车库出入口,如图 9-4 所示。

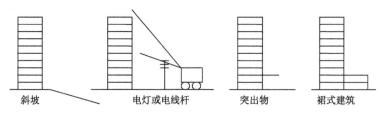

斜坡　　　　电灯或电线杆　　　　突出物　　　　裙式建筑

图 9-4　消防车工作空间示意图

建筑物与消防车登高操作场地相对应的范围内,应设置直通室外的楼梯或直通楼梯间的入口。

9.2.4　灭火救援窗的设置要求

在灭火时,只有将灭火剂直接作用于火源或燃烧的可燃物,才能有效灭火。除少数建筑外,大部分建筑的火灾在消防队到达时均已发展到比较大的规模,从楼梯间进入有时难以直接接近火源,因此有必要在外墙上设置供灭火救援用的入口。厂房、仓库、公共建筑的外墙应在每层设置可供消防救援人员进入的窗口。窗口的净高度和净宽度均不应小于 1.0 m,下沿距室内地面不宜大于 1.2 m,间距不宜大于 20 m 且每个防火分区不应少于 2 个,设置位置应与消防车登高操作场地相对应。窗口的玻璃应易于破碎,并应设置可在室外易于识别的明显标志。

9.3　消 防 电 梯

对于高层建筑,设置消防电梯能节省消防员的体力,使消防员能快速接近着火区域,提高战斗力和灭火救援效果。根据在正常情况下对消防员的测试结果,消防员从楼梯攀登的高度一般不大于 23 m,否则,对人体的体力消耗很大。对于地下建筑,由于排烟、通风条件很差,受当前装备的限制,消防员通过楼梯进入地下的危险性较地上建筑要高,因此,要尽量缩短达到火场的时间。由于普通的客、货电梯不具备防火、防烟、防水条件,火灾时往往电源没有保证,不能用于消防员的灭火救援。因此,要求高层建筑和埋深较大的地下建筑设置供消防员专用的消防电梯。

符合消防电梯的要求的客梯或工作电梯,可以兼作消防电梯。

9.3.1 消防电梯的设置范围

(1) 建筑高度大于 33 m 的住宅建筑。

(2) 一类高层公共建筑和建筑高度大于 32 m 的二类高层公共建筑、5 层及以上且总建筑面积大于 3 000 m²(包括设置在其他建筑内五层及以上楼层)的老年人照料设施。

(3) 设置消防电梯的建筑的地下或半地下室,埋深大于 10 m 且总建筑面积大于 3 000 m² 的其他地下或半地下建筑(室)。

(4) 符合下列条件的建筑可不设置消防电梯。

① 建筑高度大于 32 m 且设置电梯,任一层工作平台上的人数不超过 2 人的高层塔架。

② 局部建筑高度大于 32 m,且局部高出部分的每层建筑面积不大于 50 m² 的丁、戊类厂房。

9.3.2 消防电梯的设置要求

(1) 消防电梯应分别设置在不同防火分区内,且每个防火分区不应少于 1 台。

(2) 建筑高度大于 32 m 且设置电梯的高层厂房(仓库),每个防火分区内宜设置 1 台消防电梯。

(3) 消防电梯应具有防火、防烟、防水功能。

(4) 消防电梯应设置前室或与防烟楼梯间合用的前室。设置在仓库连廊、冷库穿堂或谷物筒仓工作塔内的消防电梯,可不设置前室。消防电梯前室应符合以下要求:

① 前室宜靠外墙设置,并应在首层直通室外或经过长度不大于 30 m 的通道通向室外。

② 前室的使用面积不应小于 6.0 m²,前室的短边不应小于 2.4 m;与防烟楼梯间合用的前室,公共建筑不应小于 10.0 m²,居住建筑不应小于 6.0 m²。

③ 前室或合用前室的门应采用乙级防火门,不应设置卷帘。

(5) 消防电梯井、机房与相邻电梯井、机房之间应设置耐火极限不低于 2.00 h 的防火隔墙,隔墙上的门应采用甲级防火门。

(6) 在扑救建筑火灾过程中,建筑内有大量消防废水流散,电梯井内外要考虑设置排水和挡水设施,并设置可靠的电源和供电线路,以保证电梯可靠运行。因此在消防电梯的井底应设置排水设施,排水井的容量不应小于 2 m³,排水泵的排水量不应小于 10 L/s。消防电梯间前室的门口宜设置挡水设施。

(7) 为了满足消防扑救的需要,消防电梯应选用较大的载重量,一般不应小于 800 kg,且轿厢尺寸不宜小于 1.5 m×2 m。这样,火灾时可以将一个战斗班的(8 人左右)消防队员及随身携带的装备运到火场,同时可以满足用担架抢救伤员的需要。对于医院建筑等类似建筑,消防电梯轿厢内的净面积尚需考虑病人、残障人员等的救援以及方便对外联络的需要。消防电梯应能每层停靠,包括地下室各层。为了赢得宝贵的时间,消防电梯的行驶速度从首层至顶层的运行时间不宜大于 60 s。

（8）消防电梯的供电应为消防电源，并设置备用电源，在最末级配电箱自动切换，动力与控制电缆、电线、控制面板应采取防水措施；在首层的消防电梯入口处应设置供消防队员专用的操作按钮，使之能快速回到首层或到达指定楼层；电梯轿厢内部应设置专用消防对讲电话，方便队员与控制中心联络。

（9）电梯轿厢的内部装修应采用不燃材料。

9.4　直升机停机坪

对于建筑高度大于 100 m 的高层建筑，建筑中部需设置避难层，当建筑某楼层着火导致人员难以向下疏散时，往往需到达上一避难层或屋面等待救援。仅靠消防队员利用云梯车或地面登高施救条件有限，利用直升机营救被困于屋顶的避难者就比较快捷。

（1）直升机停机坪的设置范围

建筑高度大于 100 m 且标准层建筑面积大于 2 000 m² 的公共建筑，宜在屋顶设置直升机停机坪或供直升机救助的设施。

（2）直升机停机坪的设置要求

① 起降区

a. 起降区面积的大小。当采用圆形与方形平面的停机坪时，其直径或边长尺寸应等于直升机机翼直径的 1.5 倍；当采用矩形平面时，其短边尺寸大于或等于直升机的长度，如图 9-5 所示。设置在屋顶平台上时，距离设备机房、电梯机房、水箱间、共用天线等突出物不应小于 5 m，如图 9-6 所示。

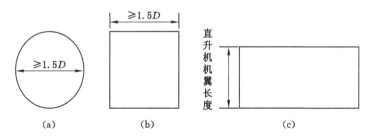

图 9-5　屋顶停机坪平面示意图

（a）圆形停机坪示意图；（b）方形停机坪示意图；（c）矩形停机坪示意图

b. 起降区场地的耐压强度。由直升机的动荷载、静荷载以及起落架的构造形式决定，同时考虑冲击荷载的影响，以防直升机降落控制不良，导致建筑物破坏。通常，按所承受集中荷载不大于直升机总重的 75% 考虑。

c. 起降区的标志。停机坪四周应设置航空障碍灯，并应设置应急照明。特别是当一幢大楼的屋顶层局部为停机坪时，设置停机坪标志尤为重要。停机坪起降区常用符号"H"表示，如图 9-7 所示，符号所用色彩为白色，需与周围地区取得较好对比时也可采用黄色，在浅色地面上时可加上黑色边框，使之更为醒目。

② 设置待救区与出口

设置待救区以容纳疏散到屋顶停机坪的避难人员。用钢制栅栏等与直升机起降区分

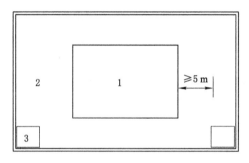

图 9-6　屋顶停机坪与其他突出物的尺寸示意图
1——停机坪;2——高层建筑屋面;3——楼梯间与障碍物

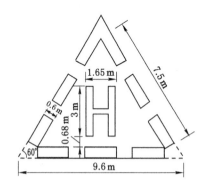

图 9-7　停机坪常用符号示意图

隔,防止避难人员涌至直升机处,延误营救时间或造成事故。建筑通向停机坪的出口不少于2 个,每个出口的宽度不宜小于 0.90 m。

③ 夜间照明

停机坪四周应设置航空障碍灯,并应设置应急照明,以保障夜间的起降。

④ 设置灭火设备

在停机坪的适当位置应设置消火栓,用于扑救避难人员携带来的火种,以及直升机可能发生的火灾。

其他要求应符合国家现行航空管理有关标准的规定。

第 10 章　建筑灭火器配置

灭火器是一种轻便的灭火工具,它由筒体、器头、喷嘴等部件组成,借助驱动压力可将所充装的灭火剂喷出,从而达到灭火目的。灭火器结构简单、操作方便、使用广泛,是扑救各类初起火灾的重要消防器材。

10.1　灭火器的分类

不同种类的灭火器,适用于不同物质的火灾,其结构和使用方法也各不相同。灭火器的种类较多,按其移动方式可分为手提式和推车式;按驱动灭火剂的动力来源可分为储气瓶式和储压式;按所充装的灭火剂则又可分为水基型、干粉、二氧化碳灭火器、洁净气体灭火器等;按灭火类型分为 A 类灭火器、B 类灭火器、C 类灭火器、D 类灭火器、E 类灭火器等。

各类灭火器一般都有特定的型号与标识,我国灭火器的型号是按照《消防产品型号编制方法》(GN 11)编制的。它由类、组、特征代号及主要参数几部分组成。类、组、特征代号用大写汉语拼音字母表示,一般编在型号首位,是灭火器本身的代号,通常用"M"表示。灭火剂代号编在型号第二位:F——干粉灭火剂;T——二氧化碳灭火剂;Y——1211 灭火剂;Q——清水灭火剂。形式号编在型号中的第三位是各类灭火器结构特征的代号。目前我国灭火器的结构特征有手提式(包括手轮式)、推车式、鸭嘴式、舟车式、背负式五种,其中型号分别用 S、T、Y、Z、B 表示。型号最后面的阿拉伯数字代表灭火剂质量或容积,一般单位为 kg 或 L,如"MF/ABC2"表示 2 kg ABC 干粉灭火器;"MSQ9"表示容积为 9 L 的手提式清水灭火器;"MFT50"表示灭火剂质量为 50 kg 推车式(碳酸氢钠)干粉灭火器。国家标准规定,灭火器型号应以汉语拼音大写字母和阿拉伯数字标于筒体。

根据《建筑灭火器配置验收及检查规范》(GB 50444)规定,酸碱型灭火器、化学泡沫灭火器、倒置使用型灭火器以及氯溴甲烷、四氯化碳灭火器应报废处理,也就是说这几类灭火器现已被淘汰。目前,常用灭火器的类型主要有水基型灭火器、干粉灭火器、二氧化碳灭火器、洁净气体灭火器等。

10.1.1　水基型灭火器

水基型灭火器是指内部充入的灭火剂是以水为基础的灭火器,一般由水、氟碳催渗剂、碳氢催渗剂、阻燃剂、稳定剂等多组分配合而成,以氮气(或二氧化碳)为驱动气体,是一种高效的灭火剂。常用的水基型灭火器有清水灭火器、水基型泡沫灭火器和水基型水雾灭火器三种。

(1) 清水灭火器

清水灭火器是指筒体中充装的是清洁的水,并以二氧化碳(氮气)为驱动气体的灭火器。一般有 6 L 和 9 L 两种规格,灭火器容器内分别盛装有 6 L 和 9 L 的水。

清水灭火器主要用于扑救固体物质火灾,如木材、棉麻、纺织品等的初起火灾,但不适于扑救油类、电气、轻金属以及可燃气体火灾。清水灭火器的有效喷水时间为 1 min 左右,所以当灭火器中的水喷出时,应迅速将灭火器提起,将水流对准燃烧最猛烈处喷射;同时,清水灭火器在使用中应始终与地面保持大致垂直状态,不能颠倒或横卧,否则会影响水流的喷出。

（2）水基型泡沫灭火器

水基型泡沫灭火器内部装有 AFFF 水成膜泡沫灭火剂和氮气,除具有氟蛋白泡沫灭火剂的显著特点外,还可在烃类物质表面迅速形成一层能抑制其蒸发的水膜,靠泡沫和水膜的双重作用迅速有效地灭火,是化学泡沫灭火器的更新换代产品。它能扑灭可燃固体和液体的初起火灾,更多用于扑救石油及石油产品等非水溶性物质的火灾（抗溶性泡沫灭火器可用于扑救水溶性易燃、可燃液体火灾）。水基型泡沫灭火器具有操作简单、灭火效率高,使用时不需倒置、有效期长、抗复燃、双重灭火等优点,是木竹类、织物、纸张及油类物质的开发加工、储运等场所的消防必备品,并广泛应用于油田、油库、轮船、工厂、商店等场所。

（3）水基型水雾灭火器

水基型水雾灭火器是我国 2008 年开始推广新型水雾灭火器,其具有绿色环保（灭火后药剂可 100% 生物降解,不会对周围设备与空间造成污染）、高效阻燃、抗复燃性强、灭火速度快、渗透性强等特点,是之前其他同类型灭火器所无法相比的。该产品是一种高科技环保型灭火器,在水中添加少量的有机物或无机物可以改进水的流动性能、分散性能、润湿性能和附着性能等,进而提高水的灭火效率。它能在 3 s 内将一般火势熄灭,不复燃,并且具有将近千摄氏度的高温瞬间降至 30～40 ℃ 的功效。主要适合配置在具有可燃固体物质的场所,如商场、饭店、写字楼、学校、旅游、娱乐场所、纺织厂、橡胶厂、纸制品厂、煤矿,甚至家庭等场所。

10.1.2　干粉灭火器

干粉灭火器是利用氮气作为驱动动力,将筒内的干粉喷出灭火的灭火器。干粉灭火器内充装的是干粉灭火剂。干粉灭火剂是用于灭火的干燥且易于流动的微细粉末,由具有灭火效能的无机盐和少量的添加剂,经干燥、粉碎、混合而成的微细固体粉末组成。它是一种在消防中得到广泛应用的灭火剂,且主要用于灭火器中。除扑救金属火灾的专用干粉化学灭火剂外,干粉灭火剂一般分为 BC 干粉灭火剂和 ABC 干粉灭火剂两大类。目前国内已经生产的产品有:磷酸铵盐、碳酸氢钠、氯化钠、氯化钾干粉灭火剂等。

干粉灭火器可扑灭一般可燃固体火灾,还可扑灭油、气等燃烧引起的火灾。主要用于扑救石油、有机溶剂等易燃液体、可燃气体和电气设备的初期火灾,广泛用于油田、油库、炼油厂、化工厂、化工仓库、船舶、飞机场以及工矿企业等。

10.1.3　二氧化碳灭火器

二氧化碳灭火器的容器内充装的是二氧化碳气体,靠自身的压力驱动喷出进行灭火。二氧化碳是一种不燃烧的惰性气体。它在灭火时具有两大作用:一是窒息作用,当把二氧化碳释放到灭火空间时,由于二氧化碳的迅速气化、稀释燃烧区的空气,使空气的氧气含量减少到低于维持物质燃烧时所需的极限含氧量时,物质就不会继续燃烧从而熄灭;二是具有冷却作用,当二氧化碳从瓶中释放出来,由于液体迅速膨胀为气体,会产生冷却效果,致使部分二氧化碳瞬间转变为固态的干冰。干冰迅速气化的过程中要从周围环境中吸收大量的热量,从而达到灭火的效果。二氧化碳灭火器具有流动性好、喷射率高、不腐蚀容器和不易变质等优良性能,用来扑灭图书、档案、贵重设备、精密仪器、600 V 以下电气设备及油类的初起火灾。

10.1.4　洁净气体灭火器

这类灭火器是将洁净气体(如 IG541、七氟丙烷、三氟甲烷等)灭火剂直接加压充装在容器中,使用时,灭火剂从灭火器中排出形成气雾状射流射向燃烧物,当灭火剂与火焰接触时发生一系列物理化学反应,使燃烧中断,达到灭火目的。洁净气体灭火器适用于扑救可燃液体、可燃气体和可熔化的固体物质以及带电设备的初期火灾,可在图书馆、宾馆、档案室、商场以及各种公共场所使用。其中 IG541 灭火剂的成分为 50% 的氮气、40% 的二氧化碳和 10% 的惰性气体。洁净气体灭火器对环境无害,在自然中存留期短,灭火效率高且低毒,适用于有工作人员常驻的防护区,是卤代烷灭火器在现阶段较为理想的替代产品。

10.2　灭火器的构造

不同规格类型的灭火器不仅灭火机理不一样,其构造也根据其灭火机理与使用功能需要而有所不同,如手提式与推车式、储气瓶式与储压式的结构都有着明显差别。

10.2.1　灭火器配件

灭火器配件主要由灭火器筒体、阀门(俗称器头)、灭火剂、保险销、虹吸管、密封圈和压力指示器(二氧化碳灭火器除外)等组成。

为保障建筑灭火器的合理安装配置和安全使用,及时有效地扑救初起火灾,减少火灾危害,保护人身和财产安全,建筑物中配置的灭火器应定期检查、检测和维修。灭火器配件损坏、失灵的应予以及时维修更换,无法修复的应按照有关规定要求做报废处理。《灭火器维修》(GA 95)就灭火器维修条件、维修技术要求、报废与回收处置、试验方法和检验规则等都做了明确规定。如在规定的检修期到期检修或使用后再充装,灭火剂和密封圈必须更换。检修时发现筒体不合格,则整具灭火器应报废;其他配件不合格,须更换经国家认证的灭火器配件生产企业生产的配件。

10.2.2　灭火器构造

(1) 手提式灭火器

手提式灭火器结构根据驱动气体的驱动方式可分为储压式、外置储气瓶式、内置储气瓶式三种形式。外置储气瓶式和内置储气瓶式主要应用于干粉灭火器,随着科技的发展,性能安全可靠的储压式干粉灭火器逐步取代了储气瓶式干粉灭火器。储气瓶式干粉灭火器较储压式干粉灭火器构造复杂、零部件多、维修工艺繁杂;在储存时,此类灭火器筒体内干粉易吸潮结块,如若维护保管不当将影响到灭火器的安全使用性能;在使用过程中,平时不受压的筒体及密封连接处瞬间受压,一旦灭火器筒体承受不住瞬时充入的高压气体,容易发生爆炸事故。目前这两种结构的灭火器已经停止生产,市场上主要是储压式结构的灭火器,如1211 灭火器、干粉灭火器、水基型灭火器等都是储压式结构,如图 10-1 所示。

手提储压式灭火器主要由筒体、器头阀门、喷(头)管、保险销、灭火剂、驱动气体(一般为氮气,与灭火剂一起充装在灭火器筒体内,额定压力一般在 1.2～1.5 MPa)、压力表以及铭牌等组成。在待用状态下,灭火器内驱动气体的压力通过压力表显示出来,以便判断灭火器

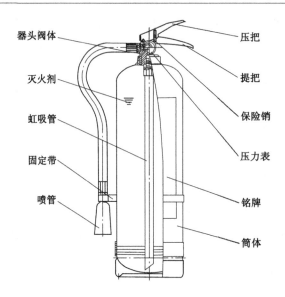

器头阀体　　　　　　　　　　压把

灭火剂　　　　　　　　　　　提把

虹吸管　　　　　　　　　　　保险销

固定带　　　　　　　　　　　压力表

喷管　　　　　　　　　　　　铭牌

　　　　　　　　　　　　　　筒体

图 10-1　手提储压式灭火器结构

是否失效。

手提式干粉灭火器使用时,应手提灭火器的提把或肩扛灭火器到火场。在距燃烧处 5 m左右,放下灭火器,先拔出保险销,一手握住开启把,另一手握在喷射软管前端的喷嘴处。如灭火器无喷射软管,可一手握住开启压把,另一手扶住灭火器底部的底圈部分。先将喷嘴对准燃烧处,用力握紧开启压把,对准火焰根部扫射。在使用干粉灭火器灭火的过程中要注意,如果在室外,应尽量选择在上风方向。

手提式二氧化碳灭火器结构与其他手提储压式灭火器结构相似,只是二氧化碳灭火器的充装压力较大,一般在 5.0 MPa 左右,取消了压力表,增加了安全阀,二氧化碳既是灭火剂又是驱动气体。手提式二氧化碳灭火器结构如图 10-2 所示。判断二氧化碳灭火器是否失效,利用称重法。标准要求二氧化碳灭火器每年至少检查一次,低于额定充装量的 95% 就应进行检修。

灭火时只要将灭火器提到火场,在距燃烧物 5 m 左右,放下灭火器拔出保险销,一手握住喇叭筒根部的手柄,另一只手紧握启闭阀的压把。对没有喷射软管的二氧化碳灭火器,应把喇叭筒往上扳 70°~90°。灭火时,当可燃液体呈流淌状燃烧时,使用者将二氧化碳灭火剂的射流由近而远向火焰喷射。如果可燃液体在容器内燃烧时,使用者应将喇叭筒提起。从容器的一侧上部向燃烧的容器中喷射,但不能将二氧化碳射流直接冲击可燃液面,以防止将可燃液体冲出容器而扩大火势,造成灭火困难。使用二氧化碳灭火器扑救电气火灾时,如果电压超过 600 V,应先断电后灭火。

注意,使用二氧化碳灭火器时,在室外使用的,应选择在上风方向喷射,使用时宜佩戴手套,不能直接用手抓住喇叭筒外壁或金属连接管,防止手被冻伤。在室内狭小空间使用的,灭火后操作者应迅速离开,以防窒息。

(2) 推车式灭火器

推车式灭火器结构如图 10-3 所示。推车式灭火器主要由灭火器筒体、阀门机构、喷管喷枪、车架、灭火剂、驱动气体(一般为氮气,与灭火剂一起密封在灭火器筒体内)、压力表及

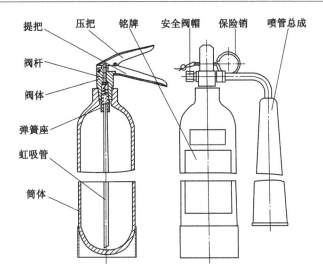

图 10-2　手提式二氧化碳灭火器结构

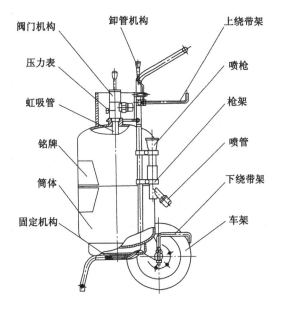

图 10-3　推车式灭火器结构图

铭牌组成。铭牌的内容与手提式灭火器的铭牌内容基本相同。

　　推车式灭火器一般由两人配合操作,使用时两人一起将灭火器推或拉到燃烧处,在离燃烧物 10 m 左右停下,一人快速取下喷枪(二氧化碳灭火器为喇叭筒)并展开喷射软管后,握住喷枪(二氧化碳灭火器为喇叭筒根部的手柄),另一人快速按逆时针方向旋动手轮,并开到最大位置。灭火方法和注意事项与手提式灭火器基本一致。

10.3　灭火器的灭火机理与适用范围

　　灭火的方法有冷却、窒息、隔离等物理方法,也有化学抑制的方法,不同类型的火灾需要有针对性的灭火方法。灭火器正是根据这些方法而进行专门设计和研制的,因此各类灭火器也有着不同的灭火机理与各自的适用范围。

10.3.1　灭火器的灭火机理

灭火器的灭火机理指灭火器在一定环境条件下实现灭火目的所采取的具体的工作方式及其特定的规则和原理。

（1）水基型灭火器

水的灭火作用机理主要有三个方面:

① 冷却作用。水的热容量和汽化热很大。水喷洒到火源处,使水温升高并汽化,就会大量吸收燃烧物的热量,降低火区温度,使燃烧反应速度降低,最终停止燃烧。一般情况下冷却作用是水的主要灭火作用。

② 对氧气的稀释作用。水在火区汽化,产生大量水蒸气,降低了火区的氧气浓度。当空气中的水蒸气体积浓度达到 35% 时,燃烧就会停止。

③ 水流冲击作用。从水枪喷射出的水流具有速度快、冲击力大的特点,可以冲散燃烧物,使可燃物相互分离,使火势减弱。快速的水流,带动空气扰动,使火焰不稳定,或者冲断火焰,使之熄灭。

此外,在扑灭水溶性可燃液体火灾时,水与可燃液体混合后,可燃液体的浓度下降,液体的蒸发速度降低,液面上可燃蒸气的浓度下降,火势减弱,直至停止。

（2）干粉灭火器

干粉灭火器的主要灭火机理,一是靠干粉中的无机盐的挥发性分解物,与燃烧过程中燃料所产生的自由基或活性基团发生化学抑制和副催化作用,使燃烧的链式反应中断而灭火;二是靠干粉的粉末落在可燃物表面外,发生化学反应,并在高温作用下形成一层玻璃状覆盖层,从而隔绝氧气,进而窒息灭火。另外,还有部分稀氧和冷却作用。

（3）二氧化碳灭火器

二氧化碳作为灭火剂已有 100 多年的历史,其价格低廉,获取、制备容易。二氧化碳主要依靠窒息作用和部分冷却作用灭火。二氧化碳具有较高的密度,约为空气的 1.5 倍。在常压下,液态的二氧化碳会立即气化,一般 1 kg 的液态二氧化碳可产生约 0.5 m³ 的气体。因而,灭火时,二氧化碳气体可以排除空气而包围在燃烧物体的表面或分布于较密闭的空间中,降低可燃物周围和防护空间内的氧浓度,产生窒息作用而灭火。另外,二氧化碳从储存容器中喷出时,会由液体迅速气化成气体,从而从周围吸收部分热量,起到冷却的作用。

10.3.2　灭火器配置场所的危险等级

（1）工业建筑

工业建筑灭火器配置场所的危险等级,应根据其生产、使用、储存物品的火灾危险性,可燃物数量,火灾蔓延速度,扑救难易程度等因素,划分为以下三级:

① 严重危险级。火灾危险性大,可燃物多,起火后蔓延迅速,扑救困难,容易造成重大财产损失的场所。

② 中危险级。火灾危险性较大,可燃物较多,起火后蔓延较迅速,扑救较难的场所。

③ 轻危险级。火灾危险性较小,可燃物较少,起火后蔓延较缓慢,扑救较易的场所。

工业建筑内生产、使用和储存可燃物的火灾危险性是划分危险等级的主要因素。工业建筑灭火器配置场所的危险等级举例详见表 10-1。

表 10-1　　　　　　　　　　　　　工业建筑灭火器配置场所的危险等级举例

危险等级	举例	
	厂房和露天、半露天生产装置区	库房和露天、半露天堆场
严重危险级	1. 闪点＜60 ℃的油品和有机溶剂的提炼、回收、洗涤部位及其泵房、灌桶间	1. 化学危险物品库房
	2. 橡胶制品的涂胶和胶浆部位	2. 装卸原油或化学危险物品的车站、码头
	3. 二硫化碳的粗馏、精馏工段及其应用部位	3. 甲、乙类液体储罐区、桶装库房、堆场
	4. 甲醇、乙醇、丙酮、丁酮、异丙酮、醋酸乙酯、苯等的合成、精制厂房	4. 液化石油气储罐区、桶装库房、堆场
	5. 植物油加工厂的浸出厂房	5. 棉花库房及散装堆场
	6. 洗涤剂厂房石蜡裂解部位、冰醋酸裂解厂房	6. 稻草、芦苇、麦秸等堆场
	7. 环氧氢丙烷、苯乙烯厂房或装置区	7. 赛璐珞及其制品、漆布、油布、油纸及其制品、油绸及其制品库房
	8. 液化石油气灌瓶间	8. 酒精度为 60 度以上的白酒库房
	9. 天然气、石油伴生气、水煤气或焦炉煤气的净化（如脱硫）厂房压缩机室及鼓风机室	
	10. 乙炔站、氢气站、煤气站、氧气站	
	11. 硝化棉、赛璐珞厂房及其应用部位	
	12. 黄磷、赤磷制备厂房及其应用部位	
	13. 樟脑或松香提炼厂房,焦化厂精萘厂房	
	14. 煤粉厂房和面粉厂房的碾磨部位	
	15. 谷物筒仓工作塔、亚麻厂的除尘器和过滤器室	
	16. 氯酸钾厂房及其应用部位	
	17. 发烟硫酸或发烟硝酸浓缩部位	
	18. 高锰酸钾、重铬酸钠厂房	
	19. 过氧化钠、过氧化钾、次氯酸钙厂房	
	20. 各工厂的总控制室、分控制室	
	21. 国家和省级重点工程的施工现场	
	22. 发电厂（站）和电网经营企业的控制室、设备间	
中危险级	1. 闪点≥60 ℃的油品和有机溶剂的提炼、回收工段及其抽送泵房	1. 丙类液体储罐区、桶装库房、堆场
	2. 柴油、机器油或变压器油灌桶间	2. 化学、人造纤维及其织物和棉、毛、丝麻及其织物的库房、堆场
	3. 润滑油再生部位或沥青加工厂房	3. 纸、竹、木及其制品的库房、堆场
	4. 植物油加工精炼部位	4. 火柴、香烟、糖、茶叶库房
	5. 油浸变压器室和高、低压配电室	5. 中药材库房
	6. 工业用燃油、燃气锅炉房	6. 橡胶、塑料及其制品的库房
	7. 各种电缆廊道	7. 粮食、食品库房、堆场

危险等级	举例	
	厂房和露天、半露天生产装置区	库房和露天、半露天堆场
中危险级	8. 油淬火处理车间	8. 计算机、电视机、收录机等电子产品及家用电器库房
	9. 橡胶制品压延、成型和硫化厂房	9. 汽车、大型拖拉机停车库
	10. 木工厂房和竹、藤加工厂房	10. 酒精度小于 60 度的白酒库房
	11. 针织品厂房和纺织、印染、化纤生产的干燥部位	11. 低温冷库
	12. 服装加工厂房、印染厂成品厂房	
	13. 麻纺厂粗加工厂房、毛涤厂选毛厂房	
	14. 谷物加工厂房	
	15. 卷烟厂的切丝、卷制、包装厂房	
	16. 印刷厂的印刷厂房	
	17. 电视机、收录机装配厂房	
	18. 显像管厂装配工段烧枪间	
	19. 磁带装配厂房	
	20. 泡沫塑料厂的发泡、成型、印片、压花部位	
	21. 饲料加工厂房	
	22. 地市级及以下的重点工程的施工现场	
轻危险级	1. 金属冶炼、铸造、铆焊、热轧、锻造、热处理厂房	1. 钢材库房、堆场
	2. 玻璃原料熔化厂房	2. 水泥库房、堆场
	3. 陶瓷制品的烘干、烧成厂房	3. 搪瓷、陶瓷制品库房、堆场
	4. 酚醛泡沫塑料的加工厂房	4. 难燃烧或非燃烧的建筑装饰材料库房、堆场
	5. 印染厂的漂炼部位	5. 原木库房、堆场
	6. 化纤厂后加工润湿部位	6. 丁、戊类液体储罐区、桶装库房、堆场
	7. 造纸厂或化纤厂的浆粕蒸煮工段	
	8. 仪表、器械或车辆装配车间	
	9. 不燃液体的泵房和阀门室	
	10. 金属（镁合金除外）冷加工车间	
	11. 氟利昂厂房	

（2）民用建筑

民用建筑灭火器配置场所的危险等级，应根据其使用性质、人员密集程度、用电用火情况、可燃物数量、火灾蔓延速度、扑救难易程度等因素，划分为以下三级：

① 严重危险级。使用性质重要，人员密集，用电用火多，可燃物多，起火后蔓延迅速，扑救困难，容易造成重大财产损失或人员群死群伤的场所。

② 中危险级。使用性质较重要，人员较密集，用电用火较多，可燃物较多，起火后蔓延较迅速，扑救较难的场所。

③ 轻危险级。使用性质一般,人员不密集,用电用火较少,可燃物较少,起火后蔓延较缓慢,扑救较易的场所。

民用建筑灭火器配置场所的危险等级举例详见表 10-2。

表 10-2　　　　　　　　　　民用建筑灭火器配置场所的危险等级举例

危险等级	举例
严重危险级	1. 县级及以上的文物保护单位、档案馆、博物馆的库房、展览室、阅览室
	2. 设备贵重或可燃物多的实验室
	3. 广播电台、电视台的演播室、道具间和发射塔楼
	4. 专用电子计算机房
	5. 城镇及以上的邮政信函和包裹分拣房、邮袋库、通信枢纽及其电信机房
	6. 客房数在 50 间以上的旅馆、饭店的公共活动用房、多功能厅、厨房
	7. 体育场(馆)、电影院、剧院、会堂、礼堂的舞台及后台部位
	8. 住院床位在 50 张及以上的医院的手术室、理疗室、透视室、心电图室、药房、住院部、门诊部、病历室
	9. 建筑面积在 2 000 m² 及以上的图书馆、展览馆的珍藏室、阅览室、书库、展览厅
	10. 民用机场的候机厅、安检厅及空管中心、雷达机房
	11. 超高层建筑和一类高层建筑的写字楼、公寓楼
	12. 电影、电视摄影棚
	13. 建筑面积在 1 000 m² 及以上的经营易燃易爆化学物品的商场、商店的库房及铺面
	14. 建筑面积在 200 m² 及以上的公共娱乐场所
	15. 老人住宿床位在 50 张及以上的养老院
	16. 幼儿住宿床位在 50 张及以上的托儿所、幼儿园
	17. 学生住宿床位在 100 张及以上的学校集体宿舍
	18. 县级及以上的党政机关办公大楼的会议室
	19. 建筑面积在 500 m² 及以上的车站和码头的候车(船)室、行李房
	20. 城市地下铁道、地下观光隧道
	21. 汽车加油站、加气站
	22. 机动车交易市场(包括旧机动车交易市场)及其展销厅
	23. 民用液化气、天然气灌装站、换瓶站、调压站
中危险级	1. 县级以下的文物保护单位、档案馆、博物馆的库房、展览室、阅览室
	2. 一般的实验室
	3. 广播电台电视台的会议室、资料室
	4. 设有集中空调、电子计算机、复印机等设备的办公室
	5. 城镇以下的邮政信函和包裹分拣房、邮袋库、通信枢纽及其电信机房
	6. 客房数在 50 间以下的旅馆、饭店的公共活动用房、多功能厅和厨房
	7. 体育场(馆)、电影院、剧院、会堂、礼堂的观众厅
	8. 住院床位在 50 张以下的医院的手术室、理疗室、透视室、心电图室、药房、住院部、门诊部、病历室
	9. 建筑面积在 2 000 m² 以下的图书馆、展览馆的珍藏室、阅览室、书库、展览厅

危险等级	举例
中危险级	10. 民用机场的检票厅、行李厅
	11. 二类高层建筑的写字楼、公寓楼
	12. 高级住宅、别墅
	13. 建筑面积在 1 000 m² 以下的经营易燃易爆化学物品的商场、商店的库房及铺面
	14. 建筑面积在 200 m² 以下的公共娱乐场所
	15. 老人住宿床位在 50 张以下的养老院
	16. 幼儿住宿床位在 50 张以下的托儿所、幼儿园
	17. 学生住宿床位在 100 张以下的学校集体宿舍
	18. 县级以下的党政机关办公大楼的会议室
	19. 学校教室、教研室
	20. 建筑面积在 500 m² 以下的车站和码头的候车(船)室、行李房
	21. 百货楼、超市、综合商场的库房、铺面
	22. 民用燃油、燃气锅炉房
	23. 民用的油浸变压器室和高、低压配电室
轻危险级	1. 日常用品小卖店及经营难燃烧或非燃烧的建筑装饰材料商店
	2. 未设集中空调、电子计算机、复印机等设备的普通办公室
	3. 旅馆、饭店的客房
	4. 普通住宅
	5. 各类建筑物中以难燃烧或非燃烧的建筑构件分隔的并主要存贮难燃烧或非燃烧材料的辅助房间

10.4 灭火器的配置要求

为了合理配置建筑灭火器,有效地扑救工业与民用建筑初起火灾,减少火灾损失,保护人身和财产安全,国家颁布了《建筑灭火器配置设计规范》(GB 50140),对灭火器的类型选择和配置设计等做出了明确的规定。

10.4.1 灭火器的基本参数

灭火器的基本参数主要反映在灭火器的铭牌上。根据现行国家规范《手提式灭火器 第1部分:性能和结构要求》(GB 4351.1)的规定,灭火器的铭牌应贴在简体上或印刷在简体上,并应包含下列内容:

(1)灭火器的名称、型号和灭火剂的种类;

(2)灭火器的灭火种类和灭火级别;

(3)灭火器的使用温度范围;

(4)灭火器驱动气体名称和数量或压力;

(5)灭火器水压试验压力(应用钢印打在灭火器不受内压的底圈或颈圈等处);

(6)灭火器认证等标记;

(7)灭火器生产连续序号(可印刷在铭牌上,也可用钢印打在不受压的底圈上);

(8) 灭火器生产年份；

(9) 灭火器制造厂名称或代号；

(10) 灭火器的使用方法，包括一个或多个图形说明和灭火种类代码。说明和代码应在铭牌的明显位置，在筒体上应不超过 120°弧度；对灭火器的直径大于 80 mm 的，说明内容部分的尺寸不应小于 75.0 cm²；当灭火器直径小于或等于 80 mm 的，说明内容部分的尺寸不应小于 50.0 cm²；

(11) 再充装说明和日常维护说明。

其中，灭火器的灭火级别，表示灭火器能够扑灭不同种类火灾的效能，由表示灭火效能的数字和灭火种类的字母组成。对于建设工程灭火器配置，灭火器的灭火类别和灭火级别是主要参数。

10.4.2　灭火器的配置

现行消防法规规定，对于生产、使用或储存可燃物的新建、改建、扩建的工业与民用建筑（生产或储存炸药、弹药、火工品、花炮的厂房或库房除外）均须按照规范要求进行灭火器配置。

(1) 灭火器的选择

灭火器的选择应考虑下列因素：

① 灭火器配置场所的火灾种类；

② 灭火器配置场所的危险等级；

③ 灭火器的灭火效能和通用性；

④ 灭火剂对保护物品的污损程度；

⑤ 灭火器设置点的环境温度；

⑥ 使用灭火器人员的体能。

在同一灭火器配置场所，宜选用相同类型和操作方法的灭火器。当同一灭火器配置场所存在不同火灾种类时，应选用通用型灭火器。

在同一灭火器配置场所，当选用两种或两种以上类型灭火器时，应采用灭火剂相容的灭火器。

(2) 灭火器的类型选择

① A 类火灾场所应选择水型灭火器、磷酸铵盐干粉灭火器、泡沫灭火器或卤代烷灭火器。

② B 类火灾场所应选择泡沫灭火器、碳酸氢钠干粉灭火器、磷酸铵盐干粉灭火器、二氧化碳灭火器、灭 B 类火灾的水型灭火器或卤代烷灭火器。

极性溶剂的 B 类火灾场所应选择灭 B 类火灾的抗溶性灭火器。

③ C 类火灾场所应选择磷酸铵盐干粉灭火器、碳酸氢钠干粉灭火器、二氧化碳灭火器或卤代烷灭火器。

④ D 类火灾场所应选择扑灭金属火灾的专用灭火器。

⑤ E 类火灾场所应选择磷酸铵盐干粉灭火器、碳酸氢钠干粉灭火器、卤代烷灭火器或二氧化碳灭火器，但不得选用装有金属喇叭喷筒的二氧化碳灭火器。

⑥ 非必要场所不应配置卤代烷灭火器。非必要场所的举例见《建筑灭火器配置设计规范》(GB 50140)附录 F。必要场所可配置卤代烷灭火器。

（3）灭火器的设置

灭火器的设置应遵循以下规定：

① 灭火器应设置在位置明显和便于取用的地点，且不得影响安全疏散。

② 对有视线障碍的灭火器设置点，应设置指示其位置的发光标志。

③ 灭火器的摆放应稳固，其铭牌应朝外。手提式灭火器宜设置在灭火器箱内或挂钩、托架上，其顶部离地面高度不应大于 1.50 m；底部离地面高度不宜小于 0.08 m。灭火器箱不得上锁。

④ 灭火器不宜设置在潮湿或强腐蚀性的地点。当必须设置时，应有相应的保护措施。灭火器设置在室外时，应有相应的保护措施。

⑤ 灭火器不得设置在超出其使用温度范围的地点。

（4）灭火器配置场所的配置设计计算

为了科学、合理、经济地对灭火器配置场所进行灭火器配置，首先应对配置场所的灭火器配置进行设计计算。灭火器的配置设计涉及许多方面，形式多种多样，但一般可按下述步骤和要求进行考虑和设计：

① 确定各灭火器配置场所的火灾种类和危险等级。

② 划分计算单元，计算各计算单元的保护面积。

③ 计算各计算单元的最小需配灭火级别。

④ 确定各计算单元中的灭火器设置点的位置和数量。

⑤ 计算每个灭火器设置点的最小需配灭火级别。

⑥ 确定每个设置点灭火器的类型、规格与数量。

⑦ 确定每具灭火器的设置方式和要求。

⑧ 在工程设计图上用灭火器图例和文字标明灭火器的类型、规格、数量与设置位置。

（5）灭火器配置场所计算单元的划分

① 计算单元划分

灭火器配置场所指存在可燃的气体、液体、固体等物质，需要配置灭火器的场所。计算单元指灭火器配置的计算区域。一个计算单元可以是只含有一个灭火器配置场所，也可以是含有若干个灭火器配置场所。

灭火器配置设计的计算单元应按下列规定划分：

a. 当一个楼层或一个水平防火分区内各场所的危险等级和火灾种类相同时，可将其作为一个计算单元；

b. 当一个楼层或一个水平防火分区内各场所的危险等级和火灾种类相同时，应将其分别作为不同的计算单元；

c. 同一计算单元不得跨越防火分区和楼层。

② 计算单元保护面积（S）的计算

在划分灭火器配置场所后，还需对保护面积进行计算。对灭火器配置场所（单元）灭火器保护面积计算，规定如下：

a. 建筑物应按其建筑面积确定；

b. 可燃物露天堆场，甲、乙、丙类液体储罐区，可燃气体储罐区应按堆垛、储罐的占地面积确定。

（6）计算单元的最小需配灭火级别的计算

在确定了计算单元的保护面积后，应根据下式计算该计算单元的最小需配灭火级别：

$$Q = K \frac{S}{U} \tag{10-1}$$

式中　Q——计算单元的最小需配灭火级别（A 或 B）；

　　　S——计算单元的保护面积，m^2；

　　　U——A 类或 B 类火灾场所单位灭火级别最大保护面积，m^2/A 或 m^2/B；

　　　K——修正系数。

火灾场所单位灭火级别的最大保护面积依据火灾危险等级和火灾种类从表 10-3 或表 10-4 中选取。

表 10-3　　　　　　　　　　　A 类火灾场所灭火器的最低配置基准

危险等级	严重危险级	中危险级	轻危险级
单具灭火器最小配置灭火级别	3A	2A	1A
单位灭火级别最大保护面积/（m^2/A）	50	75	100

表 10-4　　　　　　　　　　　B、C 类火灾场所灭火器的最低配置基准

危险等级	严重危险级	中危险级	轻危险级
单具灭火器最小配置灭火级别	89B	55B	21B
单位灭火级别最大保护面积/（m^2/B）	0.5	1.0	1.5

D 类火灾场所的灭火器最低配置基准应根据金属的种类、物态及其特性等研究确定。

E 类火灾场所的灭火器最低配置基准不应低于该场所内 A 类（或 B 类）火灾的规定。

修正系数值按表 10-5 的规定取值。

表 10-5　　　　　　　　　　　修正系数

计算单元	修正系数 K
未设室内消火栓系统和灭火系统	1.0
设有室内消火栓系统	0.9
设有灭火系统	0.7
设有室内消火栓系统和灭火系统	0.5
可燃物露天堆场 甲、乙、丙类液体储罐区 可燃气体储罐区	0.3

歌舞娱乐放映游艺场所、网吧、商场、寺庙以及地下场所等的计算单元的最小需配灭火级别应按下式计算：

$$Q = 1.3K \frac{S}{U} \tag{10-2}$$

（7）计算单元中每个灭火器设置点的最小需配灭火级别计算

计算单元中每个灭火器设置点的最小需配灭火级别按下式进行计算:

$$Q_e = \frac{Q}{N} \qquad (10\text{-}3)$$

式中　　Q_e——计算单元中每个灭火器设置点的最小需配灭火级别(A 或 B);

　　　　N——计算单元中的灭火器设置点数,个。

(8) 灭火器设置点的确定

每个灭火器设置点实配灭火器的灭火级别和数量不得小于最小需配灭火级别和数量的计算值。一个计算单元内配置的灭火器数量不得少于 2 具。每个设置点的灭火器数量不宜多于 5 具。当住宅楼每层的公共部位建筑面积超过 100 m² 时,应配置 1 具 1A 的手提式灭火器;每增加 100 m² 时,增配 1 具 1A 的手提式灭火器。

计算单元中的灭火器设置点数依据火灾的危险等级、灭火器型式(手提式或推车式)按不大于表 10-6 或表 10-7 规定的最大保护距离合理设置,并应保证最不利点至少在 1 具灭火器的保护范围内。

表 10-6　　　　　　　　　　　A 类火灾场所的灭火器最大保护距离　　　　　　　　　　　m

灭火器类型 危险等级	手提式灭火器	推车式灭火器
严重危险级	15	30
中危险级	20	40
轻危险级	25	50

表 10-7　　　　　　　　　　　B、C 类火灾场所的灭火器最大保护距离　　　　　　　　　　m

灭火器类型 危险等级	手提式灭火器	推车式灭火器
严重危险级	9	18
中危险级	12	24
轻危险级	15	30

注:① D 类火灾场所的灭火器,其最大保护距离应根据具体情况研究确定。

② E 类火灾场所的灭火器,其最大保护距离不应低于该场所内 A 类或 B 类火灾的规定。

如果计算单元中配置有室内消火栓系统,则由于消火栓的设置距离与灭火器设置点的距离要求基本相近,因此在不影响灭火器保护效果的前提下,将灭火器设置点与室内消火栓设置合二为一是一个很好的选择。

第11章　火灾自动报警系统

火灾自动报警系统是指探测火灾早期特征、发出火灾报警信号,为人员疏散、防止火灾蔓延和启动自动灭火设备提供控制与指示的消防系统。

11.1　火灾探测器、手动报警按钮和系统分类

11.1.1　火灾探测器分类

火灾探测器是火灾自动报警系统的基本组成部分之一,它至少含有一个能够连续或以一定频率周期监视与火灾有关的适宜的物理和/或化学现象的传感器,并且至少能够向控制和指示设备提供一个合适的信号,是否报警或操纵自动消防设备,可由探测器或控制和指示设备做出判断。火灾探测器可按其探测的火灾特征参数、监视范围、复位功能、拆卸性能进行分类。

(1) 根据探测火灾特征参数分类

火灾探测器根据其探测火灾特征参数的不同,可以分为感烟、感温、感光、气体、复合五种基本类型。

① 感温火灾探测器:即响应异常温度、温升速率和温差变化等参数的探测器。

② 感烟火灾探测器:即响应悬浮在大气中的燃烧和/或热解产生的固体或液体微粒的探测器,进一步可分为离子感烟、光电感烟、红外光束、吸气型等。

③ 感光火灾探测器:即响应火焰发出的特定波段电磁辐射的探测器,又称火焰探测器,进一步可分为紫外、红外及复合式等类型。

④ 气体火灾探测器:即响应燃烧或热解产生的气体的火灾探测器。

⑤ 复合火灾探测器:即将多种探测原理集中于一身的探测器,它进一步又可分为烟温复合、红外紫外复合等火灾探测器。

此外,还有一些特殊类型的火灾探测器,包括:使用摄像机、红外热成像器件等视频设备或它们的组合方式获取监控现场视频信息,进行火灾探测的图像型火灾探测器;探测泄漏电流大小的漏电流感应型火灾探测器;探测静电电位高低的静电感应型火灾探测器;还有在一些特殊场合使用的、要求探测极其灵敏、动作极为迅速、通过探测爆炸产生的参数变化(如压力的变化)信号来抑制、消灭爆炸事故发生的微压差型火灾探测器;利用超声原理探测火灾的超声波火灾探测器等。

(2) 根据监视范围分类

火灾探测器根据其监视范围的不同,分为点型火灾探测器和线型火灾探测器两种类型。

① 点型火灾探测器:即响应一个小型传感器附近的火灾特征参数的探测器。

② 线型火灾探测器:即响应某一连续路线附近的火灾特征参数的探测器。

此外,还有一种多点型火灾探测器:响应多个小型传感器(例如热电偶)附近的火灾特征

参数的探测器。

（3）根据其是否具有复位（恢复）功能分类

火灾探测器根据其是否具有复位功能，分为可复位探测器和不可复位探测器两种类型。

① 可复位探测器：即在响应后和在引起响应的条件终止时，不更换任何组件即可从报警状态恢复到监视状态的探测器。

② 不可复位探测器：即在响应后不能恢复到正常监视状态的探测器。

（4）根据其是否具有可拆卸性分类

火灾探测器根据其维修和保养时是否具有可拆卸性，分为可拆卸探测器和不可拆卸探测器两种类型。

① 可拆卸探测器：即探测器设计成容易从正常运行位置上拆下来，以方便维修和保养。

② 不可拆卸探测器：即在维修和保养时，探测器设计成不容易从正常运行位置上拆下来。

11.1.2 手动火灾报警按钮的分类

手动火灾报警按钮是火灾自动报警系统中不可缺少的一种手动触发器件，它通过手动操作报警按钮的启动机构向火灾报警控制器发出火灾报警信号。

手动火灾报警按钮按编码方式分为编码型报警按钮和非编码型报警按钮两种类型。

11.1.3 火灾自动报警系统分类

火灾自动报警系统是火灾探测报警与消防联动控制系统的简称，是以实现火灾早期探测和报警，以及向各类消防设备发出控制信号并接收设备反馈信号，进而实现预定消防功能为基本任务的一种自动消防设施。火灾自动报警系统根据保护对象及设立的消防安全目标不同分为以下几类。

（1）区域报警系统

区域报警系统由火灾探测器、手动火灾报警按钮、火灾声光警报器及火灾报警控制器等组成，系统中可包括消防控制室图形显示装置和指示楼层的区域显示器。区域报警系统的组成如图 11-1 所示。

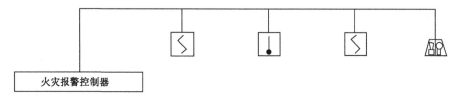

序号	图例	名称	备注	序号	图例	名称	备注
1	$\diagdown$	感烟火灾探测器		10	FI	火灾显示盘	
2	┃	感温火灾探测器		11	SFJ	送风机	
3	$\diagdown$┃	烟温复合探测器		12	XFB	消防泵	
4	火灾声光警报器			13	$\diagdown$	可燃气体探测器	
5	▶	线型光束探测器		14	M	输入模块	GST-LD-8300
6	Y	手动报警按钮		15	C	控制模块	GST-LD-8301
7	Y	消火栓报警按钮		16	H	电话模块	GST-LD-8304
8	报警电话			17	G	广播模块	GST-LD-8305
9	◯	吸顶式音箱		18			

图 11-1 区域报警系统的组成示意图

（2）集中报警系统

集中报警系统由火灾探测器、手动火灾报警按钮、火灾声光警报器、消防应急广播、消防专用电话、消防控制室图形显示装置、火灾报警控制器、消防联动控制器等组成。集中报警系统的组成如图 11-2 所示。

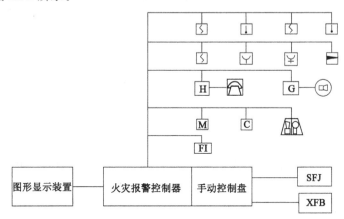

图 11-2　集中报警系统的组成示意图

（3）控制中心报警系统

控制中心报警系统由火灾探测器、手动火灾报警按钮、火灾声光警报器、消防应急广播、消防专用电话、消防控制室图形显示装置、火灾报警控制器、消防联动控制器等组成，且包含两个及两个以上集中报警系统。控制中心报警系统的组成如图 11-3 所示。

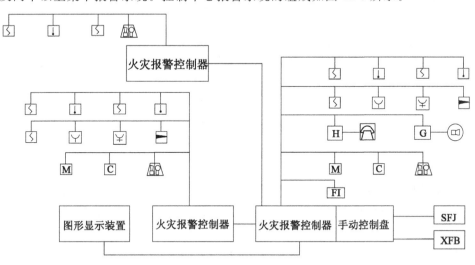

图 11-3　控制中心报警系统的组成示意图

11.2　系统组成、工作原理和适用范围

火灾自动报警系统一般设置在工业与民用建筑内部和其他可对生命和财产造成危害的

火灾危险场所,与自动灭火系统、防排烟系统以及防火分隔设施等其他消防设施一起构成完整的建筑消防系统。

11.2.1 火灾自动报警系统的组成

火灾自动报警系统由火灾探测报警系统、消防联动控制系统、可燃气体探测报警系统及电气火灾监控系统组成。火灾自动报警系统的组成如图 11-4 所示。

（1）火灾探测报警系统

火灾探测报警系统由火灾报警控制器、触发器件和火灾警报装置等组成,它能及时、准确地探测被保护对象的初起火灾,并做出报警响应,从而使建筑物中的人员有足够的时间在火灾尚未发展蔓延到危害生命安全的程度时疏散至安全地带,是保障人员生命安全的最基本的建筑消防系统。

① 触发器件

在火灾自动报警系统中,自动或手动产生火灾报警信号的器件称为触发器件,主要包括火灾探测器和手动火灾报警按钮。火灾探测器是能对火灾参数(如烟、温度、火焰辐射、气体浓度等)响应,并自动产生火灾报警信号的器件。手动火灾报警按钮是手动方式产生火灾报警信号、启动火灾自动报警系统的器件。

② 火灾报警装置

在火灾自动报警系统中,用以接收、显示和传递火灾报警信号,并能发出控制信号和具有其他辅助功能的控制指示设备称为火灾报警装置。火灾报警控制器就是其中最基本的一种。火灾报警控制器担负着为火灾探测器提供稳定的工作电源;监视探测器及系统自身的工作状态;接收、转换、处理火灾探测器输出的报警信号;进行声光报警;指示报警的具体部位及时间;同时执行相应辅助控制等诸多任务。

③ 火灾警报装置

在火灾自动报警系统中,用以发出区别于环境声、光的火灾警报信号的装置称为火灾警报装置。它以声、光和音响等方式向报警区域发出火灾警报信号,以警示人们迅速采取安全疏散,灭火救灾措施。

④ 电源

火灾自动报警系统属于消防用电设备,其主电源应当采用消防电源,备用电源可采用蓄电池。系统电源除为火灾报警控制器供电外,还为与系统相关的消防控制设备等供电。

（2）消防联动控制系统

消防联动控制系统由消防联动控制器、消防控制室图形显示装置、消防电气控制装置(防火卷帘控制器、气体灭火控制器等)、消防电动装置、消防联动模块、消火栓按钮、消防应急广播设备、消防电话等设备和组件组成。在火灾发生时,联动控制器按设定的控制逻辑准确发出联动控制信号给消防泵、喷淋泵、防火门、防火阀、防排烟阀和通风等消防设备,完成对灭火系统、疏散指示系统、防排烟系统及防火卷帘等其他消防有关设备的控制功能。当消防设备动作后,将动作信号反馈给消防控制室并显示,实现对建筑消防设施的状态监视功能,即接收来自消防联动现场设备以及火灾自动报警系统以外的其他系统的火灾信息或其他信息的触发和输入功能。

① 消防联动控制器

消防联动控制器是消防联动控制系统的核心组件。它通过接收火灾报警控制器发出的

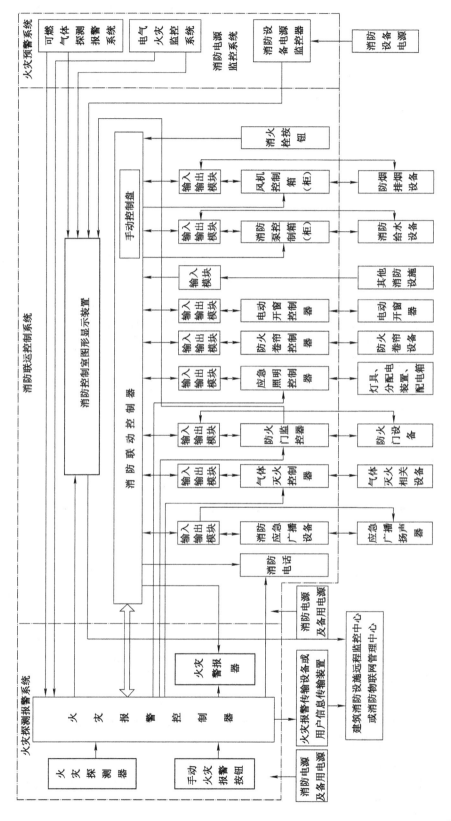

图 11-4　火灾自动报警系统组成示意图

火灾报警信息，按预设逻辑对建筑中设置的自动消防系统（设施）进行联动控制。消防联动控制器可直接发出控制信号，通过驱动装置控制现场的受控设备；对于控制逻辑复杂且在消防联动控制器上不便实现直接控制的情况，可通过消防电气控制装置（如防火卷帘控制器、气体灭火控制器等）间接控制受控设备，同时接收自动消防系统（设施）动作的反馈信号。

② 消防控制室图形显示装置

消防控制室图形显示装置用于接收并显示保护区域内的火灾探测报警及联动控制系统、消火栓系统、自动灭火系统、防烟排烟系统、防火门及卷帘系统、电梯、消防电源、消防应急照明和疏散指示系统、消防通信等各类消防系统及系统中的各类消防设备（设施）运行的动态信息和消防管理信息，同时还具有信息传输和记录功能。

③ 消防电气控制装置

消防电气控制装置的功能是控制各类消防电气设备，它一般通过手动或自动的工作方式来控制各类消防泵、防烟排烟风机、电动防火门、电动防火窗、防火卷帘、电动阀等各类电动消防设施的控制装置及双电源互换装置，并将相应设备的工作状态反馈给消防联动控制器进行显示。

④ 消防电动装置

消防电动装置的功能是实现电动消防设施的电气驱动或释放，它是包括电动防火门窗、电动防火阀、电动防烟排烟阀、气体驱动器等电动消防设施的电气驱动或释放装置。

⑤ 消防联动模块

消防联动模块是用于消防联动控制器和其所连接的受控设备或部件之间信号传输的设备，包括输入模块、输出模块和输入输出模块。输入模块的功能是接收受控设备或部件的信号反馈并将信号输入到消防联动控制器中进行显示，输出模块的功能是接收消防联动控制器的输出信号并发送到受控设备或部件，输入输出模块则同时具备输入模块和输出模块的功能。

⑥ 消火栓按钮

消火栓按钮是手动启动消火栓系统的控制按钮。

⑦ 消防应急广播设备

消防应急广播设备由控制和指示装置、声频功率放大器、传声器、扬声器、广播分配装置、电源装置等部分组成，是在火灾或意外事故发生时通过控制功率放大器和扬声器进行应急广播的设备，它的主要功能是向现场人员通报火灾发生，指挥并引导现场人员疏散。

⑧ 消防电话

消防电话是用于消防控制室与建筑物中各部位之间通话的电话系统。它由消防电话总机、消防电话分机、消防电话插孔构成。消防电话是与普通电话分开的专用独立系统，一般采用集中式对讲电话，消防电话的总机设在消防控制室，分机分设在其他各个部位。其中消防电话总机是消防电话的重要组成部分，能够与消防电话分机进行全双工语音通信。消防电话分机设置在建筑物中各关键部位，能够与消防电话总机进行全双工语音通信；消防电话插孔安装在建筑物各处，插上电话手柄就可以与消防电话总机通信。

11.2.2 火灾自动报警系统工作原理

在火灾自动报警系统中，火灾报警控制器和消防联动控制器是核心组件，是系统中火灾报警与警报的监控管理枢纽和人机交互平台。

（1）火灾探测报警系统

火灾发生时，安装在保护区域现场的火灾探测器，将火灾产生的烟雾、热量和光辐射等火灾特征参数转变为电信号，经数据处理后，将火灾特征参数信息传输至火灾报警控制器；或直接由火灾探测器做出火灾报警判断，将报警信息传输到火灾报警控制器。火灾报警控制器在接收到探测器的火灾特征参数信息或报警信息后，经报警确认判断，显示报警探测器的部位，记录探测器火灾报警的时间。处于火灾现场的人员，在发现火灾后可立即触动安装在现场的手动火灾报警按钮，手动报警按钮便将报警信息传输到火灾报警控制器，火灾报警控制器在接收到手动火灾报警按钮的报警信息后，经报警确认判断，显示动作的手动报警按钮的部位，记录手动火灾报警按钮报警的时间。

火灾报警控制器在确认火灾探测器和手动火灾报警按钮的报警信息后，驱动安装在被保护区域现场的火灾警报装置，发出火灾警报，向处于被保护区域内的人员警示火灾的发生。

火灾探测报警系统的工作原理如图 11-5 所示。

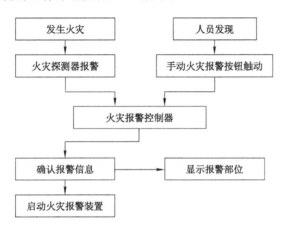

图 11-5　火灾探测报警系统的工作原理

（2）消防联动控制系统

火灾发生时，火灾探测器和手动火灾报警按钮的报警信号等联动触发信号传输至消防联动控制器，消防联动控制器按照预设的逻辑关系对接收到的触发信号进行识别判断，在满足逻辑关系条件时，消防联动控制器按照预设的控制时序启动相应自动消防系统（设施），实现预设的消防功能；消防控制室的消防管理人员也可以通过操作消防联动控制器的手动控制盘直接启动相应的消防系统（设施），从而实现相应消防系统（设施）预设的消防功能。消防联动控制接收并显示消防系统（设施）动作的反馈信息。

消防联动控制系统的工作原理如图 11-6 所示。

11.2.3　系统适用范围

火灾自动报警系统适用于人员居住和经常有人滞留的场所、存放重要物资或燃烧后产生严重污染需要及时报警的场所。

（1）区域报警系统

区域报警系统适用于仅需要报警，不需要联动自动消防设备的保护对象。

（2）集中报警系统

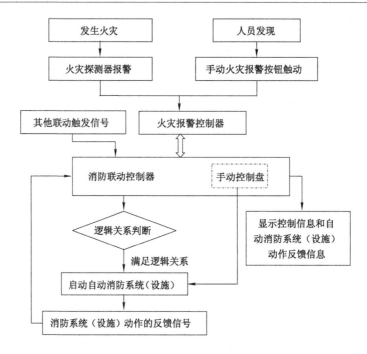

图 11-6　消防联动控制系统的工作原理

集中报警系统适用于不仅需要报警,同时需要联动自动消防设备,且只设置一台具有集中控制功能的火灾报警控制器和消防联动控制器的保护对象,并应设置一个消防控制室。

（3）控制中心报警系统

控制中心报警系统一般适用于设置两个及以上消防控制室的保护对象,或已设置两个及以上集中报警系统的保护对象。

11.3　系统设计要求

随着消防技术的日益发展,现今的火灾自动报警系统已不仅是一种先进的火灾探测报警与消防联动控制设备,同时成为建筑消防设施实现现代化管理的重要基础设施,除担负火灾探测报警和消防联动控制的基本任务外,还具有对相关消防设备实现状态监测、管理和控制的功能。

11.3.1　系统形式选择与设计要求

火灾自动报警系统的形式和设计要求与保护对象及消防安全目标的设立直接相关。正确理解火灾发生、发展的过程和阶段,对合理设计火灾自动报警系统有着十分重要的指导意义。

在"以人为本,生命第一"的今天,建筑内设置消防系统的第一任务就是保障人身安全,这是设计消防系统最基本的理念。从这一基本理念出发,就会得出这样的结论:尽早发现火灾、及时报警、启动有关消防设施引导人员疏散,如果火灾发展到需要启动自动灭火设施的程度,就应启动相应的自动灭火设施,扑灭初期火灾,防止火灾蔓延。

11.3.1.1　火灾自动报警系统的设计

（1）区域报警系统的设计

① 系统应由火灾探测器、手动火灾报警按钮、火灾声光警报器以及火灾报警控制器等组成，系统中可包括消防控制室图形显示装置和指示楼层的区域显示器；

② 火灾报警控制器应设置在有人员值班的场所；

③ 系统设置消防控制室图形显示装置时，该装置应具有传输表 11-1 所规定的有关信息的功能；系统未设置消防控制室图形显示装置时，应设置火警传输设备。

（2）集中报警系统的设计

① 系统应由火灾探测器、手动火灾报警按钮、火灾声光警报器、消防应急广播、消防专用电话、消防控制室图形显示装置、火灾报警控制器、消防联动控制器等组成；

② 系统中的火灾报警控制器、消防联动控制器和消防控制室图形显示装置、消防应急广播的控制装置、消防专用电话总机等起集中控制作用的消防设备，应设置在消防控制室内；

③ 系统设置的消防控制室图形显示装置应具有传输表 11-1 所规定的有关信息的功能。

（3）控制中心报警系统的设计，应符合下列规定：

① 有两个及以上消防控制室时，应确定一个主消防控制室；

② 主消防控制室应能显示所有火灾报警信号和联动控制状态信号，并应能控制重要的消防设备；各分消防控制室内消防设备之间可互相传输、显示状态信息，但不应互相控制；

③ 系统设置的消防控制室图形显示装置应具有传输表 11-1 所规定的有关信息的功能。

表 11-1　　　　　　　　火灾报警、建筑消防设施运行状态信息

设施名称		内容
火灾探测报警系统		火灾报警信息、可燃气体探测报警信息、电气火灾监控报警信息、屏蔽信息、故障信息
消防联动控制系统	消防联动控制器	动作状态、屏蔽信息、故障信息
	消火栓系统	消防水泵电源的工作状态，消防水泵的启、停状态和故障状态，消防水箱（池）水位、管网压力报警信息及消火栓按钮的报警信息
	自动喷水灭火系统、水喷雾（细水雾）灭火系统（泵供水方式）	喷淋泵电源工作状态，喷淋泵的启、停状态和故障状态，水流指示器、信号阀、报警阀、压力开关的正常工作状态和动作状态
	气体灭火系统、细水雾灭火系统（压力容器供水方式）	系统的手动、自动工作状态及故障状态，阀驱动装置的正常工作状态和动作状态，防护区域中的防火门（窗）、防火阀、通风空调等设备的正常工作状态和动作状态，系统的启、停信息，紧急停止信号和管网压力信号
	泡沫灭火系统	消防水泵、泡沫液泵电源的工作状态，系统的手动、自动工作状态及故障状态，消防水泵、泡沫液泵的正常工作状态和动作状态
	干粉灭火系统	系统的手动、自动工作状态及故障状态，阀驱动装置的正常工作状态和动作状态，系统的启、停信息，紧急停止信号和管网压力信号

设施名称		内容
消防联动控制系统	防烟排烟系统	系统的手动、自动工作状态,防烟排烟风机电源的工作状态,风机、电动防火阀、电动排烟防火阀、常闭送风口、排烟阀(口)、电动排烟窗、电动挡烟垂壁的正常工作状态和动作状态
	防火门及卷帘系统	防火卷帘控制器、防火门监控器的工作状态和故障状态;卷帘门的工作状态,具有反馈信号的各类防火门、疏散门的工作状态和故障状态等动态信息
	消防电梯	消防电梯的停用和故障状态
	消防应急广播	消防应急广播的启动、停止和故障状态
	消防应急照明和疏散指示系统	消防应急照明和疏散指示系统的故障状态和应急工作状态信息
	消防电源	系统内各消防用电设备的供电电源和备用电源工作状态和欠压报警信息

11.3.1.2 报警区域和探测区域的划分

（1）报警区域的划分

报警区域是将火灾自动报警系统的警戒范围按防火分区或楼层等划分的单元。报警区域应根据防火分区或楼层划分;可将一个防火分区或一个楼层划分为一个报警区域,也可将发生火灾时需要同时联动消防设备的相邻几个防火分区或楼层划分为一个报警区域。电缆隧道的一个报警区域宜由一个封闭长度区间组成,一个报警区域不应超过相连的 3 个封闭长度区间;道路隧道的报警区域应根据排烟系统或灭火系统的联动需要确定,且不宜超过150 m。甲、乙、丙类液体储罐区的报警区域应由一个储罐区组成,每个 50 000 m³ 及以上的外浮顶储罐应单独划分为一个报警区域。列车的报警区域应按车厢划分,每节车厢应划分为一个报警区域。

（2）探测区域的划分

探测区域是将报警区域按探测火灾的部位划分的单元。探测区域应按独立房(套)间划分。一个探测区域的面积不宜超过 500 m²;从主要入口能看清其内部,且面积不超过1 000 m² 的房间,也可划为一个探测区域。红外光束感烟火灾探测器和缆式线型感温火灾探测器的探测区域的长度,不宜超过 100 m;空气管差温火灾探测器的探测区域长度宜为20～100 m。

下列场所应单独划分探测区域:

① 敞开或封闭楼梯间、防烟楼梯间;

② 防烟楼梯间前室、消防电梯前室、消防电梯与防烟楼梯间合用的前室、走道、坡道;

③ 电气管道井、通信管道井、电缆隧道;

④ 建筑物闷顶、夹层。

11.3.2 火灾探测器的选择

在选择火灾探测器时,要根据探测区域内可能发生的初期火灾的形成和发展特征、房间高度、环境条件以及可能引起误报的原因等因素来决定。

（1）火灾探测器选择的一般规定

对火灾初期有阴燃阶段,产生大量的烟和少量的热,很少或没有火焰辐射的场所,应选择感烟火灾探测器。对火灾发展迅速,可产生大量热、烟和火焰辐射的场所,可选择感温火灾探测器、感烟火灾探测器、火焰探测器或其组合。对火灾发展迅速,有强烈的火焰辐射和少量的烟、热的场所,应选择火焰探测器。对火灾初期有阴燃阶段,且需要早期探测的场所,宜增设一氧化碳火灾探测器。对使用、生产可燃气体或可燃蒸气的场所,应选择可燃气体探测器。应根据保护场所可能发生火灾的部位和燃烧材料的分析,以及火灾探测器的类型、灵敏度和响应时间等选择相应的火灾探测器。对火灾形成特征不可预料的场所,可根据模拟试验的结果选择火灾探测器。同一探测区域内设置多个火灾探测器时,可选择具有复合判断火灾功能的火灾探测器和火灾报警控制器。

（2）点型火灾探测器的选择

① 对不同高度的房间,可按表 11-2 选择点型火灾探测器。

表 11-2　　　　　　　　对不同高度的房间点型火灾探测器的选择

房间高度 h/m	点型感烟火灾探测器	点型感温火灾探测器			火焰探测器
		A1、A2	B	C、D、E、F、G	
$12<h\leqslant20$	不适合	不适合	不适合	不适合	适合
$8<h\leqslant12$	适合	不适合	不适合	不适合	适合
$6<h\leqslant8$	适合	适合	不适合	不适合	适合
$4<h\leqslant6$	适合	适合	适合	不适合	适合
$h\leqslant4$	适合	适合	适合	适合	适合

注:表中 A1、A2、B、C、D、E、F、G 为点型感温探测器的不同类别,其具体参数应符合表 11-3 的规定。

表 11-3　　　　　　　　　　点型感温火灾探测器分类

探测器类别	典型应用温度/℃	最高应用温度/℃	动作温度下限值/℃	动作温度上限值/℃
A1	25	50	54	65
A2	25	50	54	70
B	40	65	69	85
C	55	80	84	100
D	70	95	99	115
E	85	110	114	130
F	100	125	129	145
G	115	140	144	160

② 下列场所宜选择点型感烟火灾探测器:

饭店、旅馆、教学楼、办公楼的厅堂、卧室、办公室、商场、列车载客车厢等;计算机房、通信机房、电影或电视放映室等;楼梯、走道、电梯机房、车库等;书库、档案库等。

③ 符合下列条件之一的场所,不宜选择点型离子感烟火灾探测器:

相对湿度经常大于 95%;气流速度大于 5 m/s;有大量粉尘、水雾滞留;可能产生腐蚀性气体;在正常情况下有烟滞留;产生醇类、醚类、酮类等有机物质。

④ 符合下列条件之一的场所,不宜选择点型光电感烟火灾探测器:

有大量粉尘、水雾滞留;可能产生蒸气和油雾;高海拔地区;在正常情况下有烟滞留。

⑤ 符合下列条件之一的场所,宜选择点型感温火灾探测器;且应根据使用场所的典型应用温度和最高应用温度选择适当类别的感温火灾探测器:

相对湿度经常大于 95%;可能发生无烟火灾;有大量粉尘,吸烟室等在正常情况下有烟或蒸气滞留的场所;厨房、锅炉房、发电机房、烘干车间等不宜安装感烟火灾探测器的场所;需要联动熄灭"安全出口"标志灯的安全出口内侧;其他无人滞留且不适合安装感烟火灾探测器,但发生火灾时需要及时报警的场所。

⑥ 可能产生阴燃火或发生火灾不及时报警将造成重大损失的场所,不宜选择点型感温火灾探测器;温度在 0 ℃以下的场所,不宜选择定温探测器;温度变化较大的场所,不宜选择具有差温特性的探测器。

⑦ 符合下列条件之一的场所,宜选择点型火焰探测器或图像型火焰探测器:

火灾时有强烈的火焰辐射;可能发生液体燃烧等无阴燃阶段的火灾;需要对火焰做出快速反应。

⑧ 符合下列条件之一的场所,不宜选择点型火焰探测器和图像型火焰探测器:

在火焰出现前有浓烟扩散;探测器的镜头易被污染;探测器的"视线"易被油雾、烟雾、水雾和冰雪遮挡;探测区域内的可燃物是金属和无机物;探测器易受阳光、白炽灯等光源直接或间接照射。

⑨ 探测区域内正常情况下有高温物体的场所,不宜选择单波段红外火焰探测器。

⑩ 正常情况下有明火作业,探测器易受 X 射线、弧光和闪电等影响的场所,不宜选择紫外火焰探测器。

⑪ 下列场所宜选择可燃气体探测器:

使用可燃气体的场所;燃气站和燃气表房以及存储液化石油气罐的场所;其他散发可燃气体和可燃蒸气的场所。

⑫ 在火灾初期产生一氧化碳的下列场所可选择点型一氧化碳火灾探测器:

烟不容易对流或顶棚下方有热屏障的场所;在棚顶上无法安装其他点型火灾探测器的场所;需要多信号复合报警的场所。

⑬ 污物较多且必须安装感烟火灾探测器的场所,应选择间断吸气的点型采样吸气式感烟火灾探测器或具有过滤网和管路自清洗功能的管路采样吸气式感烟火灾探测器。

(3)线型火灾探测器的选择

① 无遮挡的大空间或有特殊要求的房间,宜选择线型光束感烟火灾探测器。

② 符合下列条件之一的场所,不宜选择线型光束感烟火灾探测器:

有大量粉尘、水雾滞留;可能产生蒸气和油雾;在正常情况下有烟滞留;固定探测器的建筑结构由于振动等原因会产生较大位移的场所。

③ 下列场所或部位,宜选择缆式线型感温火灾探测器:

电缆隧道、电缆竖井、电缆夹层、电缆桥架;不易安装点型探测器的夹层、闷顶;各种胶带输送装置;其他环境恶劣不适合点型探测器安装的场所。

④ 下列场所或部位,宜选择线型光纤感温火灾探测器:

除液化石油气外的石油储罐;需要设置线型感温火灾探测器的易燃易爆场所;需要监测环境温度的地下空间等场所宜设置具有实时温度监测功能的线型光纤感温火灾探测器;公

路隧道、敷设动力电缆的铁路隧道和城市地铁隧道等。

⑤ 线型定温火灾探测器的选择,应保证其不动作温度符合设置场所的最高环境温度的要求。

(4) 吸气式感烟火灾探测器的选择

① 下列场所宜选择吸气式感烟火灾探测器:

具有高速气流的场所;点型感烟、感温火灾探测器不适宜的大空间、舞台上方、建筑高度超过 12 m 或有特殊要求的场所;低温场所;需要进行隐蔽探测的场所;需要进行火灾早期探测的重要场所;人员不宜进入的场所。

② 灰尘比较大的场所,不应选择没有过滤网和管路自清洗功能的管路采样式吸气感烟火灾探测器。

11.3.3　系统设备的设计及设置

系统设备的设计及设置,要充分考虑我国国情和实际工程的使用性质,常住人员、流动人员和保护对象现场实际状况等因素,综合判断考虑。

(1) 系统参数兼容性要求

火灾自动报警系统中的系统设备及与其连接的各类设备之间的接口和通信协议的兼容性应符合《火灾自动报警系统组件兼容性要求》(GB 22134)等标准的规定。

(2) 火灾报警控制器和消防联动控制器的设计容量

① 火灾报警控制器的设计容量

任意一台火灾报警控制器所连接的火灾探测器、手动火灾报警按钮和模块等设备总数和地址总数,均不应超过 3 200 点,其中每一总线回路连接设备的总数不宜超过 200 点,且应留有不少于额定容量 10%的余量。

② 消防联动控制器的设计容量

任意一台消防联动控制器地址总数或火灾报警控制器(联动型)所控制的各类模块总数不应超过 1 600 点,每一联动总线回路连接设备的总数不宜超过 100 点,且应留有不少于额定容量 10%的余量。

(3) 总线短路隔离器的设计参数

系统总线上应设置总线短路隔离器,每只总线短路隔离器保护的火灾探测器、手动火灾报警按钮和模块等消防设备的总数不应超过 32 点;总线穿越防火分区时,应在穿越处设置总线短路隔离器。

(4) 火灾报警控制器和消防联动控制器的设置

火灾报警控制器和消防联动控制器,应设置在消防控制室内或有人值班的房间和场所。火灾报警控制器和消防联动控制器安装在墙上时,其主显示屏高度宜为 1.5～1.8 m,其靠近门轴的侧面距墙不应小于 0.5 m,正面操作距离不应小于 1.2 m。

集中报警系统和控制中心报警系统中的区域火灾报警控制器在满足下列条件时,可设置在无人员值班的场所:

① 本区域内无需要手动控制的消防联动设备。

② 本火灾报警控制器的所有信息在集中火灾报警控制器上均有显示,且能接收起集中控制功能的火灾报警控制器的联动控制信号,并自动启动相应的消防设备。

③ 设置的场所只有值班人员可以进入。

（5）火灾探测器的设置

① 点型感烟、感温火灾探测器的保护面积和半径

点型火灾探测器和 A1、A2、B 型感温火灾探测器的保护面积和保护半径,应按表 11-4 确定;C、D、E、F、G 型感温火灾探测器的保护面积和保护半径,应根据生产企业设计说明书确定,但不应超过表 11-4 规定。

表 11-4　　　感烟探测器和 A1、A2、B 型感温火灾探测器的保护面积和保护半径

火灾探测器的种类	地面面积 S/m^2	房间高度 h/m	一只探测器的保护面积 A 和保护半径 R					
			屋顶坡度 θ					
			$\theta \leqslant 15°$		$15° < \theta \leqslant 30°$		$\theta > 30°$	
			A/m^2	R/m	A/m^2	R/m	A/m^2	R/m
感烟火灾探测器	$S \leqslant 80$	$h \leqslant 12$	80	6.7	80	7.2	80	8.0
	$S > 80$	$6 < h \leqslant 12$	80	6.7	100	8.0	120	9.9
		$h \leqslant 6$	60	5.8	80	7.2	100	9.0
感温火灾探测器	$S \leqslant 30$	$h \leqslant 8$	30	4.4	30	4.9	30	5.5
	$S > 30$	$h \leqslant 8$	20	3.6	30	4.9	40	6.3

注:建筑高度不超过 14 m 的封闭探测空间,且火灾初期会产生大量的烟时,可设置点型感烟火灾探测器。

② 点型感烟感温火灾探测器的安装间距要求

a. 感烟火灾探测器、感温火灾探测器的安装间距,应根据探测器的保护面积 A 和保护半径 R 确定,并不应超过图 11-7 探测器安装间距的极限曲线 $D_1 \sim D_{11}$（含 D'_9）规定的范围。

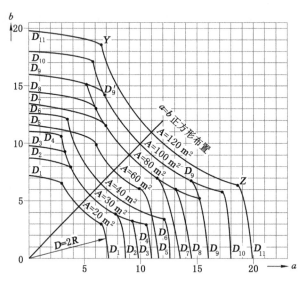

图 11-7　探测器安装间距的极限曲线

A——探测器的保护面积（m^2）;a,b——探测器的安装间距（m）;

$D_1 \sim D_{11}$（含 D'_9）——在不同保护面积 A 和保护半径下确定探测器安装间距 $a、b$ 的极限曲线;

$Y、Z$——极限曲线的端点（在 Y 和 Z 两点间的曲线范围内,保护面积可得到充分利用）

　　b. 在宽度小于 3 m 的内走道顶棚上设置点型探测器时,宜居中布置。感温火灾探测器的安装间距不应超过 10 m;感烟火灾探测器的安装间距不应超过 15 m;探测器至端墙的距离,不应大于探测器安装间距的 1/2。

　　c. 点型探测器至墙壁、梁边的水平距离,不应小于 0.5 m。

　　d. 点型探测器周围 0.5 m 内,不应有遮挡物。

　　e. 房间被书架、设备或隔断等分隔,其顶部至顶棚或梁的距离小于房间净高的 5% 时,每个被隔开的部分应至少安装一只点型探测器。

　　f. 点型探测器至空调送风口边的水平距离不应小于 1.5 m,并宜接近回风口安装。探测器至多孔送风顶棚孔口的水平距离不应小于 0.5 m。

　　g. 当屋顶有热屏障时,点型感烟火灾探测器下表面至顶棚或屋顶的距离,应符合表 11-5 的规定。

表 11-5　　　　　　　　　　点型感烟火灾探测器下表面至顶棚或屋顶的距离

探测器的安装高度 h/m	点型感烟火灾探测器下表面至顶棚或屋顶的距离 d/mm					
	顶棚或屋顶坡度 θ					
	$\theta \leqslant 15°$		$15° < \theta \leqslant 30°$		$\theta > 30°$	
	最小	最大	最小	最大	最小	最大
$h \leqslant 6$	30	200	200	300	300	500
$6 < h \leqslant 8$	70	250	250	400	400	600
$8 < h \leqslant 10$	100	300	300	500	500	700
$10 < h \leqslant 12$	150	350	350	600	600	800

　　h. 锯齿形屋顶和坡度大于 15° 的人字形屋顶,应在每个屋脊处设置一排点型探测器,探测器下表面至屋顶最高处的距离,应符合表 11-5 的规定。

　　i. 点型探测器宜水平安装。当倾斜安装时,倾斜角不应大于 45°。

　　j. 在电梯井、升降机井设置点型探测器时,其位置宜在井道上方的机房顶棚上。

　　k. 一氧化碳火灾探测器可设置在气体能够扩散到的任何部位。

　　③ 点型感烟、感温火灾探测器的设置数量

　　a. 探测区域的每个房间应至少设置一只火灾探测器。

　　b. 一个探测区域内所需设置的探测器数量,不应小于下式的计算值:

$$N = \frac{S}{K \cdot A} \qquad (11-1)$$

式中　　N——探测器数量(只),N 应取整数;

　　　　S——该探测区域面积,m²;

　　　　A——探测器的保护面积,m²;

　　　　K——修正系数,容纳人数超过 10 000 人的公共场所宜取 0.7～0.8;容纳人数为 2 000～10 000 人的公共场所宜取 0.8～0.9;容纳人数为 500～2 000 人的公共场所宜取 0.9～1.0,其他场所可取 1.0。

c. 在有梁的顶棚上设置点型感烟火灾探测器、感温火灾探测器时,应符合下列规定:

——当梁突出顶棚的高度小于 200 mm 时,可不计梁对探测器保护面积的影响;

——当梁突出顶棚的高度为 200~600 mm 时,应按图 11-8 和表 11-6 的要求确定梁对探测器保护面积的影响和一只探测器能够保护的梁间区域的数量;

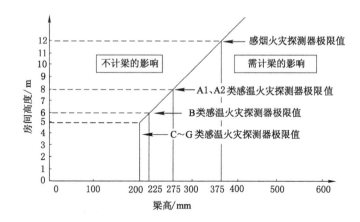

图 11-8　不同高度的房间梁对探测器设置的影响

表 11-6　　　　　　　按梁间区域面积确定一只探测器保护的梁间区域的个数

探测器的保护面积 A/m²		梁隔断的梁间区域面积 Q/m²	一只探测器保护的梁间区域的个数
感温探测器	20	$Q>12$	1
		$8<Q\leqslant12$	2
		$6<Q\leqslant8$	3
		$4<Q\leqslant6$	4
		$Q\leqslant4$	5
	30	$Q>18$	1
		$12<Q\leqslant18$	2
		$9<Q\leqslant12$	3
		$6<Q\leqslant9$	4
		$Q\leqslant6$	5
感烟探测器	60	$Q>36$	1
		$24<Q\leqslant36$	2
		$18<Q\leqslant24$	3
		$12<Q\leqslant18$	4
		$Q\leqslant12$	5
	80	$Q>48$	1
		$32<Q\leqslant48$	2
		$24<Q\leqslant32$	3
		$16<Q\leqslant24$	4
		$Q\leqslant16$	5

——当梁突出顶棚的高度超过 600 mm 时,被梁隔断的每个梁间区域应至少设置一只

探测器；

——当被梁隔断的区域面积超过一只探测器的保护面积时，被隔断的区域应按第(1)条规定计算探测器的设置数量；

——当梁间净距小于 1 m 时，可不计梁对探测器保护面积的影响。

④ 火焰探测器和图像型火灾探测器的设置

a. 应计及探测器的探测视角及最大探测距离，可通过选择探测距离长、火灾报警响应时间短的火焰探测器，提高保护面积要求和报警时间要求；

b. 探测器的探测视角内不应存在遮挡物；

c. 应避免光源直接照射在探测器的探测窗口；

d. 单波段的火焰探测器不应设置在平时有阳光、白炽灯等光源直接或间接照射的场所。

⑤ 线型光束感烟火灾探测器的设置

a. 探测器的光束轴线至顶棚的垂直距离宜为 0.3～1.0 m，距地高度不宜超过 20 m；

b. 相邻两组探测器的水平距离不应大于 14 m，探测器至侧墙水平距离不应大于 7 m，且不应小于 0.5 m，探测器的发射器和接收器之间的距离不宜超过 100 m；

c. 探测器应设置在固定结构上；

d. 探测器的设置应保证其接收端避开日光和人工光源的直接照射；

e. 选择反射式探测器时，应保证在反射板与探测器间任何部位进行模拟试验时，探测器均能正确响应。

⑥ 线型感温火灾探测器的设置

a. 探测器在保护电缆、堆垛等类似保护对象时，应采用接触式布置；在各种带式输送装置上设置时，宜设置在装置的过热点附近；

b. 设置在顶棚下方的线型感温火灾探测器，至顶棚的距离宜为 0.1 m。探测器的保护半径应符合点型感温火灾探测器的保护半径要求；探测器至墙壁的距离宜为 1～1.5 m；

c. 光栅光纤感温火灾探测器每个光栅的保护面积和保护半径，应符合点型感温火灾探测器的保护面积和保护半径要求；

d. 设置线型感温火灾探测器的场所有联动要求时，宜采用两只不同火灾探测器的报警信号组合；

e. 与线型感温火灾探测器连接的模块不宜设置在长期潮湿或温度变化较大的场所。

⑦ 管路采样式吸气感烟火灾探测器的设置

a. 非高灵敏型探测器的采样管网安装高度不应超过 16 m；高灵敏型探测器的采样管网安装高度可超过 16 m；采样管网安装高度超过 16 m 时，灵敏度可调的探测器应设置为高灵敏度，且应减小采样管长度和采样孔数量；

b. 探测器的每个采样孔的保护面积、保护半径，应符合点型感烟火灾探测器的保护面积、保护半径的要求；

c. 一个探测单元的采样管总长不宜超过 200 m，单管长度不宜超过 100 m，同一根采样管不应穿越防火分区。采样孔总数不宜超过 100 个，单管上的采样孔数量不宜超过 25 个；

d. 当采样管道采用毛细管布置方式时，毛细管长度不宜超过 4 m；

e. 吸气管路和采样孔应有明显的火灾探测器标识；

f. 有过梁、空间支架的建筑中，采样管路应固定在过梁、空间支架上；

g. 当采样管道布置形式为垂直采样时，每 2 ℃温差间隔或 3 m 间隔（取最小者）应设置一个采样孔，采样孔不应背对气流方向；

h. 采样管网应按经过确认的设计软件或方法进行设计；

i. 探测器的火灾报警信号、故障信号等信息应传给火灾报警控制器，涉及消防联动控制时，探测器的火灾报警信号还应传给消防联动控制器。

⑧ 感烟火灾探测器在格栅吊顶场所的设置

a. 镂空面积与总面积的比例不大于 15％时，探测器应设置在吊顶下方；

b. 镂空面积与总面积的比例大于 30％时，探测器应设置在吊顶上方；

c. 镂空面积与总面积的比例为 15％～30％时，探测器的设置部位应根据实际试验结果确定；

d. 探测器设置在吊顶上方且火警确认灯无法观察时，应在吊顶下方设置火警确认灯；

e. 地铁站台等有活塞风影响的场所，镂空面积与总面积的比例为 30％～70％时，探测器宜同时设置在吊顶上方和下方。

（6）手动火灾报警按钮的设置

每个防火分区应至少设置一只手动火灾报警按钮。从一个防火分区内的任何位置到最邻近的手动火灾报警按钮的步行距离不应大于 30 m。手动火灾报警按钮宜设置在疏散通道或出入口处。列车上设置的手动火灾报警按钮，应设置在每节车厢的出入口和中间部位。

手动火灾报警按钮应设置在明显和便于操作的部位。当采用壁挂方式安装时，其底边距地高度宜为 1.3～1.5 m，且应有明显的标志。

（7）区域显示器（火灾显示盘）的设置

每个报警区域宜设置一台区域显示器（火灾显示盘）；宾馆、饭店等场所应在每个报警区域设置一台区域显示器。当一个报警区域包括多个楼层时，宜在每个楼层设置一台仅显示本楼层的区域显示器。区域显示器应设置在出入口等明显和便于操作的部位。当采用壁挂方式安装时，其底边距地面高度宜为 1.3～1.5 m。

（8）火灾警报器的设置

火灾警报器应设置在每个楼层的楼梯口、消防电梯前室、建筑内部拐角等处的明显部位，且不宜与安全出口指示标志灯具设置在同一面墙上。每个报警区域内应均匀设置火灾警报器，其声压级不应小于 60 dB；在环境噪声大于 60 dB 的场所，其声压级应高于背景噪声 15 dB。火灾警报器采用壁挂方式安装时，其底边距地面高度应大于 2.2 m。

（9）消防应急广播的设置

民用建筑内扬声器应设置在走道和大厅等公共场所。每个扬声器的额定功率不应小于 3 W，其数量应能保证从一个防火分区内的任何部位到最近一个扬声器的直线距离不大于 25 m，走道末端距最近的扬声器距离不应大于 12.5 m；在环境噪声大于 60 dB 的场所设置的扬声器，在其播放范围内最远点的播放声压级应高于背景噪声 15 dB；客房设置专用扬声器时，其功率不宜小于 1.0 W。壁挂扬声器的底边距地面高度应大于 2.2 m。

（10）消防专用电话的设置

消防专用电话网络应为独立的消防通信系统。消防控制室应设置消防专用电话总机。多线制消防专用电话系统中的每个电话分机应与总机单独连接。

电话分机或电话插孔的设置,应符合下列规定:

① 消防水泵房、发电机房、配变电室、计算机网络机房、主要通风和空调机房、防排烟机房、灭火控制系统操作装置处或控制室、企业消防站、消防值班室、总调度室、消防电梯机房及其他与消防联动控制有关的且经常有人值班的机房均应设置消防专用电话分机。消防专用电话分机,应固定安装在明显且便于使用的部位,并应有区别于普通电话的标识。

② 设有手动火灾报警按钮或消火栓按钮等处,宜设置电话插孔,并宜选择带有电话插孔的手动火灾报警按钮。

③ 各避难层应每隔 20 m 设置一个消防专用电话分机或电话插孔。

④ 电话插孔在墙上安装时,其底边距地面高度宜为 1.3～1.5 m。

⑤ 消防控制室、消防值班室或企业消防站等处,应设置可直接报警的外线电话。

(11) 模块的设置

每个报警区域内的模块宜相对集中设置在本报警区域内的金属模块箱中。模块严禁设置在配电(控制)柜(箱)内。本报警区域内的模块不应控制其他报警区域的设备。未集中设置的模块附近应有尺寸不小于 100 mm×100 mm 的标识。

(12) 消防控制室图形显示装置的设置

消防控制室图形显示装置应设置在消防控制室内,并应符合火灾报警控制器的安装设置要求。消防控制室图形显示装置与火灾报警控制器、消防联动控制器、电气火灾监控器、可燃气体报警控制器等消防设备之间,应采用专用线路连接。

(13) 火灾报警传输设备或用户信息传输装置的设置

火灾报警传输设备或用户信息传输装置,应设置在消防控制室内;未设置消防控制室时,应设置在火灾报警控制器附近的明显部位。火灾报警传输设备或用户信息传输装置与火灾报警控制器、消防联动控制器等设备之间,应采用专用线路连接。火灾报警传输设备或用户信息传输装置的设置,应保证有足够的操作和检修间距。火灾报警传输设备或用户信息传输装置的手动报警装置,应设置在便于操作的明显部位。

(14) 防火门监控器的设置

防火门监控器应设置在消防控制室内,未设置消防控制室时,应设置在有人值班的场所。电动开门器的手动控制按钮应设置在防火门内侧墙面上,距门不宜超过 0.5 m,底边距地面高度宜为 0.9～1.3 m。防火门监控器的设置应符合火灾报警控制器的安装设置要求。

第12章 自动喷水灭火系统

自动喷水灭火系统是由洒水喷头、报警阀组、水流报警装置(水流指示器或压力开关)等组件,以及管道、供水设施等组成,能在发生火灾时喷水的自动灭火系统。自动喷水灭火系统在保护人身和财产安全方面具有安全可靠、经济实用、灭火成功率高等优点,广泛应用于工业建筑和民用建筑。

12.1 系统的分类与组成

自动喷水灭火系统根据所使用喷头的型式,可分为闭式系统和开式系统两大类;根据系统的用途和配置状况,自动喷水灭火系统又分为湿式系统、干式系统、预作用系统、雨淋系统、水幕系统、自动喷水-泡沫联用系统等。自动喷水灭火系统的分类如图12-1所示。

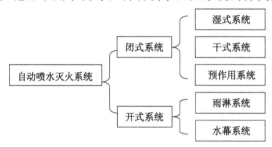

图 12-1 自动喷水灭火系统分类图

12.1.1 湿式系统

湿式系统是指准工作状态时配水管道内充满用于启动系统的有压水的闭式系统。湿式系统由闭式洒水喷头、水流指示器、湿式报警阀组以及管道和供水设施等组成,如图 12-2 所示。

12.1.2 干式系统

干式系统是指准工作状态时配水管道内充满用于启动系统的有压气体的闭式系统。干式系统由闭式喷头、干式报警阀组、水流指示器或压力开关、供水与配水管道、充气设备以及供水设施等组成,如图 12-3 所示。干式系统的启动原理与湿式系统相似,只是将传输喷头开放信号的介质由有压水改为有压气体。

12.1.3 预作用系统

预作用系统是指准工作状态时配水管道内不充水,发生火灾时由火灾自动报警系统、充气管道上的压力开关联锁控制预作用装置和启动消防水泵,向配水管道供水的闭式系统。预作用系统由闭式喷头、预作用装置、管道、充气设备和供水设施等组成,在由火灾报警系统

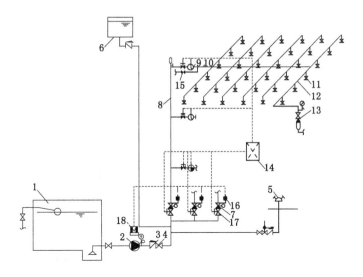

图 12-2　湿式系统示意图

1——消防水池;2——水泵;3——止回阀;4——闸阀;5——水泵接合器;6——消防水箱;7——湿式报警阀组;
8——配水干管;9——水流指示器;10——配水管;11——闭式喷头;12——配水支管;13——末端试水装置;
14——报警控制器;15——泄水阀;16——压力开关;17——信号阀;18——驱动电机

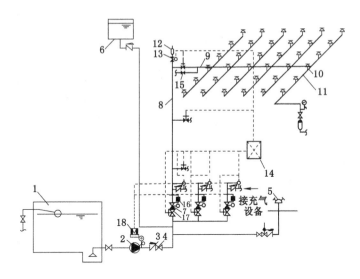

图 12-3　干式系统示意图

1——消防水池;2——水泵;3——止回阀;4——闸阀;5——水泵接合器;6——消防水箱;7——干式报警阀组;
8——配水干管;9——配水管;10——闭式喷头;11——配水支管;12——排气阀;13——电动阀;
14——报警控制器;15——泄水阀;16——压力开关;17——信号阀;18——驱动电机

自动开启雨淋阀后,转换为湿式系统,如图 12-4 所示。预作用系统与湿式系统、干式系统的不同之处在于系统采用雨淋阀,并配套设置火灾自动报警系统。

　　根据预作用系统的使用场所不同,预作用装置有两种控制方式,一是仅有火灾自动报警系统一组信号联动开启,二是由火灾自动报警系统和自动喷水灭火系统闭式洒水喷头两组信号联动开启。

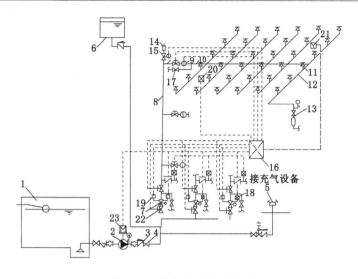

图 12-4　预作用系统示意图

1——消防水池;2——水泵;3——止回阀;4——闸阀;5——水泵接合器;6——消防水箱;
7——预作用报警阀组;8——配水干管;9——水流指示器;10——配水管;11——闭式喷头;12——配水支管;
13——末端试水装置;14——排气阀;15——电动阀;16——报警控制器;17——泄水阀;18——压力开关;
19——电磁阀;20——感温探测器;21——感烟探测器;22——信号阀;23——驱动电机

　　重复启闭预作用系统与常规预作用系统的不同之处,在于其采用了一种既可以输出火警信号又可在环境恢复常温时输出灭火信号的感温探测器。当其感应到环境温度超出预定值时,报警并启动消防水泵和打开具有复位功能的雨淋报警阀,为配水管道充水,并在喷头动作后喷水灭火。喷水过程中,当火场温度恢复至常温时,探测器发出关停系统的信号,在按设定条件延迟喷水一段时间后,关闭雨淋报警阀停止喷水。若火灾复燃、温度再次升高时,系统则再次启动,直至彻底灭火。

12.1.4　雨淋系统

　　雨淋系统是指由开式洒水喷头、雨淋报警阀组、水流报警装置、供水与配水管道以及供水设施等组成,发生火灾时由火灾自动报警系统或传动管控制,自动开启雨淋报警阀组和启动消防水泵,用于灭火的开式系统。雨淋系统有电动、液动和气动控制方式。常用的电动和液动雨淋系统分别如图 12-5 和图 12-6 所示。

12.1.5　水幕系统

　　水幕系统是指由开式洒水喷头或水幕喷头、雨淋报警阀组或感温雨淋阀、供水与配水管道、控制阀以及水流报警装置(水流指示器或压力开关)等组成,用于防火分隔或防护冷却的开式系统。水幕系统不具备直接灭火的能力,而是用于挡烟阻火和冷却分隔物。水幕系统组成的特点是采用开式洒水喷头或水幕喷头,控制供水通断的阀门可根据防火需要采用雨淋报警阀组或人工操作的通用阀门,小型水幕可用感温雨淋阀控制。水幕系统根据功能需要可分为防火分隔水幕和防护冷却水幕。

12.1.6　自动喷水-泡沫联用系统

　　配置供给泡沫混合液的设备后,组成既可喷水又可以喷泡沫的自动喷水灭火系统。

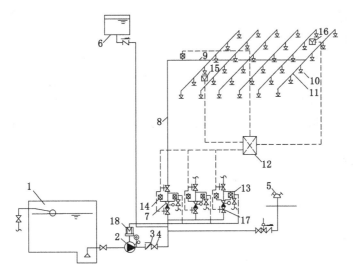

图 12-5　电动雨淋系统示意图

1——消防水池；2——水泵；3——止回阀；4——闸阀；5——水泵接合器；6——消防水箱；

7——雨淋报警阀组；8——配水干管；9——配水管；10——闭式喷头；11——配水支管；12——报警控制器；

13——压力开关；14——电磁阀；15——感温探测器；16——感烟探测器；17——信号阀；18——驱动电机

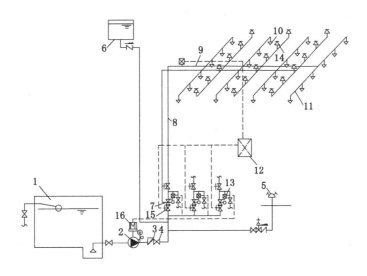

图 12-6　液动雨淋系统示意图

1——消防水池；2——水泵；3——止回阀；4——闸阀；5——水泵接合器；6——消防水箱；7——雨淋报警阀组；

8——配水干管；9——配水管；10——闭式喷头；11——配水支管；12——报警控制器；13——压力开关；

14——开式喷头；15——信号阀；16——驱动电机

12.2　系统的工作原理与适用范围

不同类型的自动喷水灭火系统，其工作原理、控火效果等均有差异。因此，应根据设置场所的火灾特点、环境条件来确定自动喷水灭火系统的选型。

12.2.1 湿式系统

（1）工作原理

湿式系统在准工作状态时,由消防水箱或稳压泵、气压给水设备等稳压设施维持管道内充水的压力。发生火灾时,在火灾温度的作用下,闭式喷头的热敏元件动作,喷头开启并开始喷水。此时,管网中的水由静止变为流动,水流指示器动作送出电信号,在报警控制器上显示某一区域喷水的信息。由于持续喷水泄压造成湿式报警阀的上部水压低于下部水压,在压力差的作用下,原来处于关闭状态的湿式报警阀将自动开启。此时,压力水通过湿式报警阀流向管网,同时打开通向水力警铃的通道,延迟器充满水后,水力警铃发出声响警报,压力开关动作并输出启动供水泵的信号。供水泵投入运行后,完成系统的启动过程。湿式系统的工作原理如图 12-7 所示。

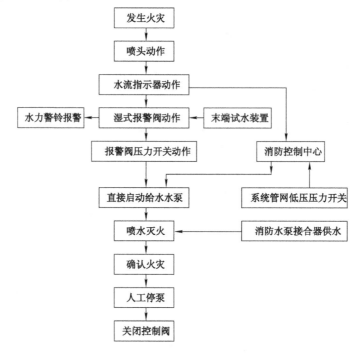

图 12-7　湿式系统的工作原理

（2）适用范围

湿式系统是应用最为广泛的自动喷水灭火系统之一,适合在环境温度不低于 4 ℃并不高于 70 ℃的环境中使用。在温度低于 4 ℃的场所使用湿式系统,存在系统管道和组件内充水冰冻的危险;在温度高于 70 ℃的场所采用湿式系统,存在系统管道和组件内充水蒸气压力升高而破坏管道的危险。

12.2.2 干式系统

（1）工作原理

干式系统在准工作状态时,由消防水箱或稳压泵、气压给水设备等稳压设施维持干式报警阀入口前管道内充水的压力,报警阀出口后的管道内充满有压气体(通常采用压缩空气),报警阀处于关闭状态。发生火灾时,在火灾温度的作用下,闭式喷头的热敏元件动作,闭式喷头开启,使干式阀出口压力下降,加速器动作后促使干式报警阀迅速开启,管道开始排气充水,剩余压缩空气从系统最高处的排气阀和开启的喷头处喷出。此时,通向水力警铃和压力开关的通道被打开,水力警铃发出声响警报,压力开关动作并输出启泵信号,启动系统供水泵;管道完成排气充水过程后,开启的喷头开始喷水。从闭式喷头开启至供水泵投入运行前,由消防水箱、气压给水设备或稳压泵等供水设施为系统的配水管道充水。干式系统的工作原理如图 12-8 所示。

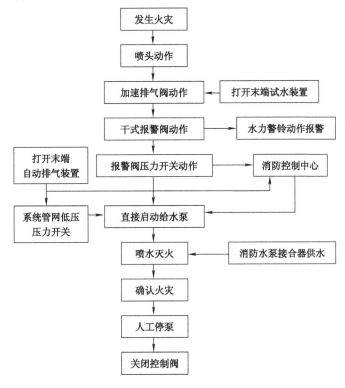

图 12-8　干式系统的工作原理

（2）适用范围

干式系统适用于环境温度低于 4 ℃或高于 70 ℃的场所。干式系统虽然解决了湿式系统不适用于高、低温环境场所的问题,但由于准工作状态时配水管道内没有水,喷头动作、系统启动时必须经过一个管道排气、充水的过程,因此会出现滞后喷水现象,不利于系统及时控火、灭火。

12.2.3　预作用系统

（1）工作原理

系统处于准工作状态时,由消防水箱或稳压泵、气压给水设备等稳压设施维持雨淋阀入口前管道内充水的压力,雨淋阀后的管道内平时无水或充以有压气体。发生火灾时,由火灾自动报警系统自动开启雨淋报警阀,配水管道开始排气充水,使系统在闭式喷头动作前转换成湿式系统,并在闭式喷头开启后立即喷水。预作用系统的工作原理如图 12-9 所示。

（2）适用范围

预作用系统可消除干式系统在喷头开放后延迟喷水的弊病,因此其在低温和高温环境

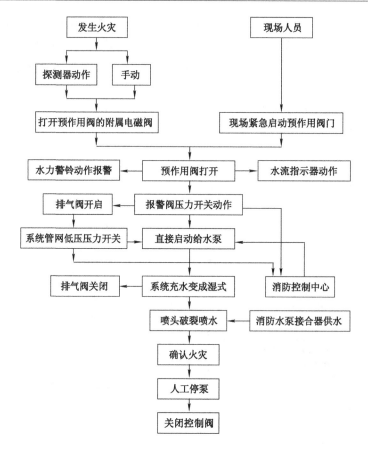

图 12-9 预作用系统的工作原理

中替代干式系统。系统处于准工作状态时,严禁管道漏水。严禁系统误喷的忌水场所应采用预作用系统。

12.2.4 雨淋系统

（1）工作原理

系统处于准工作状态时,由消防水箱或稳压泵、气压给水设备等稳压设施维持雨淋阀入口前管道内充水的压力。发生火灾时,由火灾自动报警系统或传动管自动控制开启雨淋报警阀和供水泵,向系统管网供水,由雨淋阀控制的开式喷头同时喷水。雨淋系统的工作原理如图 12-10 所示。

（2）适用范围

雨淋系统的喷水范围由雨淋阀控制,因此在系统启动后立即大面积喷水。因此,雨淋系统主要适用于需大面积喷水、快速扑灭火灾的特别危险场所。火灾的水平蔓延速度快、闭式洒水喷头的开放不能及时使喷水有效覆盖着火区域的场所,设置场所的净空高度超过一定高度且必须迅速扑救初期火灾的场所,火灾危险等级为严重危险级 II 级的场所,应采用雨淋系统。

12.2.5 水幕系统

（1）工作原理

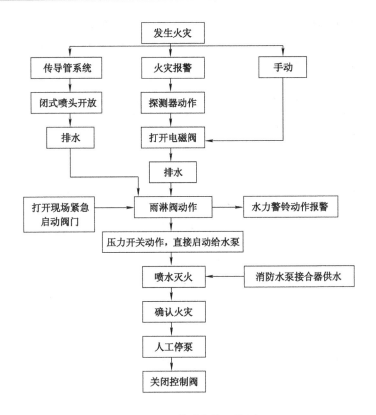

图 12-10　雨淋系统的工作原理

系统处于准工作状态时,由消防水箱或稳压泵、气压给水设备等稳压设施维持管道内充水的压力。发生火灾时,由火灾自动报警系统联动开启雨淋报警阀组和供水泵,向系统管网和喷头供水。

（2）适用范围

防火分隔水幕系统利用密集喷洒形成的水墙或多层水帘,可封堵防火分区处的孔洞,阻挡火灾和烟气的蔓延,因此适用于局部防火分隔处。防护冷却水幕系统则利用喷水在物体表面形成的水膜,控制防火分区处分隔物的温度,使分隔物的完整性和隔热性免遭火灾破坏。

12.3　系统设计主要参数

自动喷水灭火系统的设计应以《自动喷水灭火系统设计规范》(GB 50084)等国家现行标准和规范为依据,根据设置场所和保护对象特点,确定火灾危险等级、防护目的和设计基本参数。

12.3.1　火灾危险等级

自动喷水灭火系统设置场所的火灾危险等级,共分为 4 类 8 级,即轻危险级、中危险级（Ⅰ、Ⅱ级）、严重危险级（Ⅰ、Ⅱ级）和仓库危险级（Ⅰ、Ⅱ、Ⅲ级）。设置场所的火灾危险等级,应根据其用途、容纳物品的火灾荷载及室内空间条件等因素,在分析火灾特点和热气流驱动洒水喷头开放及喷水到位的难易程度后确定。当建筑物内各场所的火灾危险性及灭火难度存在较大差异时,宜按各场所的实际情况确定系统选型与火灾危险等级。

自动喷水灭火系统设置场所火灾危险等级划分举例见表12-1。

表 12-1 自动喷水灭火系统设置场所火灾危险等级分类

火灾危险等级		设置场所举例
轻危险级		住宅建筑、幼儿园、老年人建筑、建筑高度为24 m及以下的旅馆、办公楼;仅在走道设置闭式系统的建筑等
中危险级	Ⅰ级	(1)高层民用建筑:旅馆、办公楼、综合楼、邮政楼、金融电信楼、指挥调度楼、广播电视楼(塔)等; (2)公共建筑(含单、多、高层):医院、疗养院;图书馆(书库除外)、档案馆、展览馆(厅);影剧院、音乐厅和礼堂(舞台除外)及其他娱乐场所;火车站、机场及码头的建筑;总建筑面积小于5 000 m²的商场、总建筑面积小于1 000 m²的地下商场等; (3)文化遗产建筑:木结构古建筑、国家文物保护单位等; (4)工业建筑:食品、家用电器、玻璃制品等工厂的备料与生产车间等;冷藏库、钢屋架等建筑构件
	Ⅱ级	(1)民用建筑:书库、舞台(葡萄架除外)、汽车停车场(库)、总建筑面积5 000 m²及以上的商场、总建筑面积1 000 m²及以上的地下商场、净空高度不超过8 m、物品高度不超过3.5 m的超级市场等; (2)工业建筑:棉毛麻丝及化纤的纺织、织物及制品、木材木器及胶合板、谷物加工、烟草及制品、饮用酒(啤酒除外)、皮革及制品、造纸及纸制品、制药等工厂的备料与生产车间等
严重危险级	Ⅰ级	印刷厂、酒精制品、可燃液体制品等工厂的备料及车间、净空高度不超过8 m、物品高度超过3.5 m的超级市场等
	Ⅱ级	易燃液体喷雾操作区域、固体易燃物品、可燃的气溶胶制品、溶剂清洗、喷涂油漆、沥青制品等工厂的备料及生产车间、摄影棚、舞台葡萄架下部等
仓库危险级	Ⅰ级	食品、烟酒;木箱、纸箱包装的不燃、难燃物品等
	Ⅱ级	木材、纸、皮革、谷物及制品、棉毛麻丝化纤及制品、家用电器、电缆、B组塑料与橡胶及其制品、钢塑混合材料制品、各种塑料瓶盒包装的不燃、难燃物品及各类物品混杂储存的仓库等
	Ⅲ级	A组塑料与橡胶及其制品、沥青制品等

12.3.2 系统设计基本参数

自动喷水灭火系统的设计参数应根据建筑物的不同用途、规模及其火灾危险等级等因素确定。

(1)民用建筑和厂房采用湿式系统时的设计基本参数

对于民用建筑和厂房采用湿式系统时的设计基本参数应符合表12-2的要求。仅在走道设置洒水喷头的闭式系统,其作用面积应按最大疏散距离所对应的走道面积确定;装设网格、栅板类通透性吊顶的场所,系统的喷水强度应按表12-2规定值的1.3倍确定;干式系统的作用面积按表12-2规定值的1.3倍确定。

表 12-2　　　　　　　　民用建筑和厂房采用湿式系统的设计基本参数

火灾危险等级		最大净空高度 h/m	喷水强度/[L/(min·m²)]	作用面积/m²
轻危险级			4	
中危险级	Ⅰ级	h≤8	6	160
	Ⅱ级		8	
严重危险级	Ⅰ级		12	260
	Ⅱ级		16	

注:系统最不利点处洒水喷头的工作压力不应低于 0.05 MPa。

(2) 民用建筑和厂房高大空间场所采用湿式系统的设计基本参数

民用建筑和厂房高大空间场所采用湿式系统的设计基本参数不应低于表 12-3 的要求。

表 12-3　　　　民用建筑和厂房高大空间场所采用湿式系统的设计基本参数

适用场所		最大净空高度 h/m	喷水强度/[L/(min·m²)]	作用面积/m²	喷头间距 l/m
民用建筑	中庭、体育馆、航站楼等	8<h≤12	12	160	1.8≤S≤3.0
		12<h≤18	15		
	影剧院、音乐厅、会展中心等	8<h≤12	15		
		12<h≤18	20		
厂房	制衣制鞋、玩具、木器、电子生产车间等	8<h≤12	15		
	棉纺厂、麻纺厂、泡沫塑料生产车间等		20		

12.4　系统主要组件及设置要求

自动喷水灭火系统主要由洒水喷头、报警阀组、水流指示器、压力开关、末端试水装置和管网等组件组成,本节主要介绍其结构组成和设置要求。

12.4.1　洒水喷头

根据结构组成和安装方式,洒水喷头分为不同的类型,如图 12-11 所示,其设置要求也有所区别。

12.4.1.1　喷头分类

闭式喷头具有释放机构,由玻璃球、易熔元件、密封件等零件组成。平时,闭式喷头的出水口由释放机构封闭,达到公称动作温度时,玻璃球破裂或易熔元件熔化,释放机构自动脱落,喷头开启喷水。闭式喷头具有定温探测器和定温阀及布水器的作用。开式喷头(包括水幕喷头)没有释放机构,喷口呈常开状态。各种喷头构造如图 12-12～图 12-14 所示。

喷头根据其灵敏度,可分为早期抑制快速响应(ESFR)喷头、快速响应喷头和标准响应喷头。早期抑制快速响应(ESFR)喷头的响应时间指数为 $RTI < 28 \pm 8$ $(m \cdot s)^{0.5}$;快速响应喷头的响应时间指数为 $RTI \leq 50$ $(m \cdot s)^{0.5}$;标准响应喷头的响应时间指数为 80 $(m \cdot s)^{0.5} < RTI \leq 350$ $(m \cdot s)^{0.5}$。

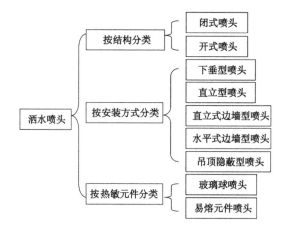

图 12-11　洒水喷头分类图

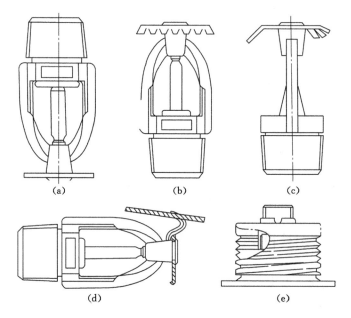

图 12-12　闭式喷头的构造

（a）下垂型喷头；（b）直立型平喷头；（c）直立式边墙型喷头；（d）水平式边墙型喷头；（e）吊顶隐蔽型喷头

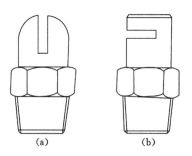

图 12-13　水幕喷头的构造

（a）下向喷布水；（b）侧向喷布水

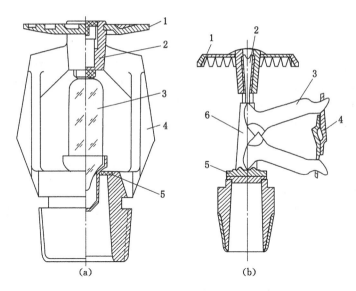

图 12-14　玻璃泡和易熔合金元件喷头构造

（a）玻璃球喷头：1——溅水盘；2——调整螺丝；3——玻璃泡；4——框架；5——密封垫及封堵

（b）易熔元件喷头：1——溅水盘；2——调整螺丝；3——悬臂支撑；4——热敏感元件；5——密封垫及封堵；6——框架

　　根据国家标准《自动喷水灭火系统 第 1 部分：洒水喷头》(GB 5135.1)，玻璃球喷头的公称动作温度分成 13 个温度等级，易熔元件喷头的公称动作温度分成 7 个温度等级。为了区分不同公称动作温度的喷头，将感温玻璃泡中的液体和易熔合金喷头的轭臂标识不同的颜色，见表 12-4。

表 12-4　　　　　　　　　　　　　　闭式喷头的公称动作温度和色标

玻璃球喷头		易熔元件喷头	
公称动作温度/℃	工作液色标	公称动作温度/℃	轭臂色标
57	橙	57～77	无色
68	红		
79	黄		
93	绿		
107	绿	80～107	白
121	蓝	121～149	蓝
141	蓝	163～191	红
163	紫	204～246	绿
182	紫	260～302	橙
204	黑	320～343	橙
227	黑		
260	黑		
343	黑		

12.4.1.2 喷头选型与设置要求

（1）喷头选型

① 对于湿式自动喷水灭火系统，不做吊顶的场所，当配水支管布置在梁下时，应采用直立型洒水喷头；在吊顶下布置洒水喷头时，应采用下垂型洒水喷头或吊顶型洒水喷头；顶板为水平面的轻危险级、中危险级Ⅰ级住宅建筑、宿舍、旅馆建筑客房、医疗建筑病房和办公室，可采用边墙型洒水喷头；易受碰撞的部位，应采用带保护罩的洒水喷头或吊顶型洒水喷头；顶板为水平面，且无梁、通风管道等障碍物影响喷头洒水的场所，可采用扩大覆盖面积洒水喷头；住宅建筑和宿舍、公寓等非住宅类居住建筑宜采用家用喷头；不宜选用隐蔽式洒水喷头，确需采用时，应仅适用于轻危险级和中危险Ⅰ级场所。

② 对于干式系统、预作用系统应采用直立型洒水喷头或干式下垂型洒水喷头。

③ 对于水幕系统，防火分隔水幕应采用开式洒水喷头或水幕喷头，防护冷却水幕应采用水幕喷头。

④ 自动喷水防护冷却系统可采用边墙型洒水喷头。

⑤ 对于公共娱乐场所、中庭环廊，医院、疗养院的病房及治疗区域，老年、少儿、残疾人的集体活动场所，超出消防水泵接合器供水高度的楼层，地下商业场所，宜采用快速响应洒水喷头。

闭式系统的喷头，其公称动作温度宜高于环境最高温度 30 ℃。

设置闭式系统的场所，洒水喷头类型和场所的最大净空高度应符合表 12-5 的规定。仅用于保护室内钢屋架等建筑构件的洒水喷头和设置货架内置喷头的闭式系统，不受表 12-5 规定的限制。

表 12-5   洒水喷头类型和场所净空高度

设置场所		喷头类型			场所净空高度/m
		一只喷头的保护面积	响应时间性能	流量系数 K	
民用建筑	普通场所	标准覆盖面积洒水喷头	快速响应喷头 特殊响应喷头 标准响应喷头	K≥80	h≤8
		扩大覆盖面积洒水喷头	快速响应喷头	K≥80	
	高大空间场所	标准覆盖面积洒水喷头	快速响应喷头	K≥115	8<h≤12
		非仓库型特殊应用喷头			
		非仓库型特殊应用喷头			12<h≤18
厂房		标准覆盖面积洒水喷头	特殊响应喷头 标准响应喷头	K≥80	h≤8
		扩大覆盖面积洒水喷头	标准响应喷头	K≥80	
		标准覆盖面积洒水喷头	特殊响应喷头 标准响应喷头	K≥115	8<h≤12
		非仓库型特殊应用喷头			

续表 12-5

设置场所	喷头类型			场所净空高度/m
	一只喷头的保护面积	响应时间性能	流量系数 K	
仓库	标准覆盖面积洒水喷头	特殊响应喷头 标准响应喷头	$K \geqslant 80$	$h \leqslant 9$
	仓库型特殊应用喷头			$h \leqslant 12$
	早期抑制快速响应喷头			$h \leqslant 13.5$

（2）设置要求

喷头应布置在吊顶或吊顶下易于接触火灾热气流并有利于均匀布水的位置。直立型、下垂型标准覆盖面积洒水喷头的布置,包括同一根配水支管上喷头的间距及相邻配水支管的间距,应根据设置场所的火灾危险等级、洒水喷头类型和工作压力确定,并不应大于表 12-6 的规定,且不应小于 1.8 m。

表 12-6　　　　　　　直立型、下垂型标准覆盖面积洒水喷头的布置

火灾危险等级	正方形布置的边长/m	矩形或平行四边形布置的长边边长/m	一只喷头的最大保护面积/m²	喷头与端墙的距离/m	
				最大	最小
轻危险级	4.4	4.5	20.0	2.2	
中危险 I 级	3.6	4.0	12.5	1.8	0.1
中危险 II 级	3.4	3.6	11.5	1.7	
严重危险级、仓库危险级	3.0	3.6	9.0	1.5	

同一场所内的喷头应布置在同一个平面上,并应贴近顶板安装,使闭式喷头处于有利于接触火灾烟气的位置。除吊顶型洒水喷头及吊顶下设置的洒水喷头外,直立型、下垂型标准覆盖面积洒水喷头和扩大覆盖面积洒水喷头溅水盘与顶板的距离应为 75～150 mm,并应符合下列规定：

① 当在梁或其他障碍物底面下方的平面上布置洒水喷头时,溅水盘与顶板的距离不应大于 300 mm,同时溅水盘与梁等障碍物底面的垂直距离应为 25～100 mm。

② 在梁间布置洒水喷头时,洒水喷头与梁等障碍物之间距离符合规定的前提下,溅水盘与顶板的距离不应大于 550 mm,以避免洒水遭受阻挡。仍不能达到上述要求时,应在梁底面的下方增设洒水喷头。

③ 密肋梁板下方的洒水喷头,溅水盘与密肋梁板底面的垂直距离应为 25～100 mm。

④ 无吊顶的梁间洒水喷头布置可采用不等距方式,但喷水强度应符合规范要求。

边墙型标准覆盖面积洒水喷头的最大保护跨度和间距应符合表 12-7 的规定。

表 12-7　　　　　边墙型标准喷覆盖面积洒水喷头的最大保护跨度与间距

火灾危险等级	配水支管上喷头的最大间距/m	单排喷头的最大保护跨度/m	两排相对喷头的最大保护跨度/m
轻危险级	3.6	3.6	7.2
中危险级 I 级	3.0	3.0	6.0

注：① 两排相对洒水喷头应交错布置。

② 室内跨度大于两排相对喷头的最大保护跨度时,应在两排相对喷头中间增设一排喷头。

边墙型洒水喷头溅水盘与顶板和背墙的距离应符合表12-8的规定。

表 12-8 边墙型洒水喷头溅水盘与顶板和背墙的距离 mm

喷头类型		喷头溅水盘与顶板的距离 S_L/mm	喷头溅水盘与背墙的距离 S_W/mm
边墙型标准覆盖 面积洒水喷头	直立式	$100{\leqslant}S_L{\leqslant}150$	$50{\leqslant}S_W{\leqslant}100$
	水平式	$150{\leqslant}S_L{\leqslant}300$	—
边墙型扩大覆盖 面积洒水喷头	直立式	$100{\leqslant}S_L{\leqslant}150$	$100{\leqslant}S_W{\leqslant}150$
	水平式	$150{\leqslant}S_L{\leqslant}300$	—
边墙型家用喷头		$100{\leqslant}S_L{\leqslant}150$	—

12.4.2 报警阀组

自动喷水灭火系统根据不同的系统选用不同的报警阀组。

12.4.2.1 报警阀组分类及其组成

报警阀组分为湿式报警阀组、干式报警阀组、雨淋报警阀组和预作用报警装置。

（1）湿式报警阀组

① 湿式报警阀组的组成。湿式报警阀是湿式系统的专用阀门，是只允许水流入系统，并在规定压力、流量下驱动配套部件报警的一种单向阀。湿式报警阀组的主要元件为止回阀，其开启条件与入口压力及出口流量有关，与延迟器、水力警铃、压力开关、控制阀等组成报警阀组，如图12-15所示。

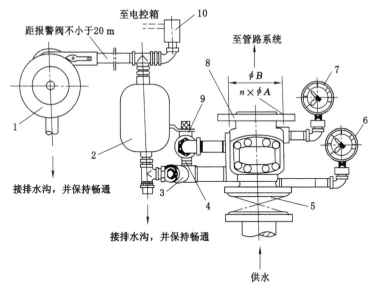

图 12-15 湿式报警阀组

1——水力警铃；2——延迟器；3——过滤器；4——试验球阀；5——水源控制阀；6——进水侧压力表；
7——出水侧压力表；8——排水球阀；9——报警阀；10——压力开关

② 湿式报警阀工作原理。湿式报警阀组中报警阀的结构有两种，即隔板座圈型和导阀型。隔板座圈型湿式报警阀的结构如图12-16所示。

隔板座圈型湿式报警阀上设有进水口、报警口、测试口、检修口和出水口，阀内部设有阀

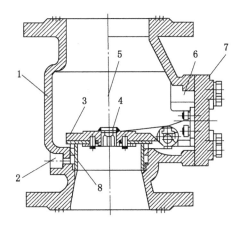

图 12-16　隔板座圈型湿式报警阀

1——阀体;2——报警口;3——阀瓣;4——补水单向阀;

5——测试口;6——检修口;7——阀盖;8——座圈

瓣、阀座等组件,是控制水流方向的主要可动密封件。在准工作状态,阀瓣上下充满水,水的压强近似相等。由于阀瓣上面与水接触的面积大于下面的水接触面积,阀瓣受到的水压合力向下。在水压力及自重的作用下,阀瓣坐落在阀座上,处于关闭状态。当水源压力出现波动或冲击时,通过补偿器(或补水单向阀)使上、下腔压力保持一致,水力警铃不发生报警,压力开关不接通,阀瓣仍处于准工作状态。补偿器具有防止误报或误动作功能。闭式喷头喷水灭火时,补偿器来不及补水,阀瓣上面的水压下降,当其下降到使下腔的水压足以开启阀瓣时,下腔的水便向洒水管网及动作喷头供水,同时水沿着报警阀的环形槽进入报警口,流向延迟器、水力警铃,警铃发出声响报警,压力开关开启,给出电接点信号报警并启动自动喷水灭火系统给水泵。

③ 延迟器工作原理。如图 12-17 所示,延迟器是一个罐式容器,其入口与报警阀的报警水流通道连接,出口与压力开关和水力警铃连接,延迟器入口前安装有过滤器。在准工作状态下,可防止因压力波动而产生误报警。当配水管道发生渗漏时,有可能引起湿式报警阀阀瓣的微小开启,使水进入延迟器。但是,由于水的流量小,进入延迟器的水量会从延迟器底部的节流孔排出,使延迟器无法充满水,更不能从出口流向压力开关和水力警铃。只有当湿式报警阀开启,经报警通道进入延迟器水流将延迟器注满并由出口溢出,才能驱动水力警铃和压力开关。

④ 水力警铃工作原理。水力警铃是一种靠水力驱动的机械警铃,安装在报警阀组的报警管道上。报警阀开启后,水流进入水力警铃并形成一股高速射流,冲击水轮带动铃锤快速旋转,敲击铃盖发出声响警报。水力警铃的构造如图 12-18 所示。

(2) 干式报警阀组

① 干式报警阀组的组成。干式报警阀组主要由干式报警阀、水力警铃、压力开关、空压机、安全阀、控制阀等组成,如图 12-19 所示。报警阀的阀瓣将阀门分成两部分,出口侧与系统管路相连,内充压缩空气,进口侧与水源相连,配水管道中的气压抵住阀瓣,使配水管道始终保持干管状态,通过两侧气压和水压的压力变化控制阀瓣的封闭和开启。喷头开启后,干式报警阀自动开启,其后续的一系列动作类似于湿式报警阀组。

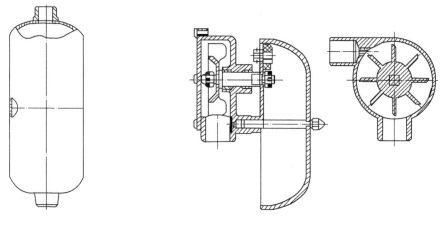

图 12-17　延迟器　　　　　　　　　　图 12-18　水力警铃构造图

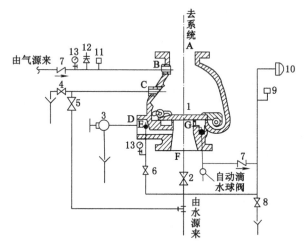

图 12-19　干式报警阀组

A——报警阀出口；B——充气口；C——注水排水口；

D——主排水口；E——试警铃口；F——供水口；G——信号报警口

1——报警阀；2——水源控制阀；3——主排水阀；4——排水阀；5——注水阀；

6——试警铃阀；7——止回阀；8——小孔阀；9——压力开关；10——警铃；

11——低压压力开关；12——安全阀；13——压力表

②干式报警阀工作原理。干式报警阀的构造如图 12-20 所示。其中的阀瓣、水密封阀座、气密封阀座组成隔断水、气的可动密封件。在准工作状态下，报警阀处于关闭位置，橡胶面的阀瓣紧紧地合于两个同心的水、气密封阀座上，内侧为水密封圈，外侧为气密封圈，内、外侧之间的环形隔离室与大气相通，大气由报警接口配管通向平时开启的自动滴水球阀。在注水口加水加到打开注水排水阀有水流出为止，然后关闭注水口。注水是为了使气垫圈起密封作用，防止系统中的空气泄漏到隔离室或大气中。只要管道的气压保持在适当值，阀瓣就始终处于关闭状态。

（3）雨淋报警阀组

①雨淋报警阀组的组成。雨淋报警阀是通过电动、机械或其他方法开启，使水能够自

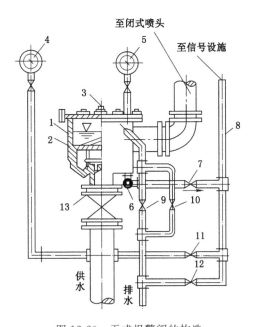

图 12-20   干式报警阀的构造

1——阀体;2——差动双盘阀板;3——充气塞;4——阀前压力表;5——阀后压力表;6——角阀;
7——止回阀;8——信号管;9,10——截止阀;12——小孔阀;13——总闸阀

动流入喷水灭火系统并同时进行报警的一种单向阀。按照其结构可分为隔膜式、推杆式、活塞式、蝶阀式雨淋报警阀。雨淋报警阀广泛应用于雨淋系统、水幕系统、水雾系统、泡沫系统等各类开式自动喷水灭火系统中。雨淋报警阀组的组成如图 12-21 所示。

② 雨淋阀工作原理。雨淋阀是水流控制阀,可以通过电动、液动、气动及机械方式开启,其构造如图 12-22 所示。

雨淋阀的阀腔分成上腔、下腔和控制腔三部分。控制腔与供水管道连通,中间设限流传压的孔板。供水管道中的压力水推动控制腔中的膜片,进而推动驱动杆顶紧阀瓣锁定杆,锁定杆产生力矩,把阀瓣锁定在阀座上。阀瓣使下腔的压力水不能进入上腔。控制腔泄压时,使驱动杆作用在阀瓣锁定杆上的力矩低于供水压力作用在阀瓣上的力矩,于是阀瓣开启,供水进入配水管道。

(4)预作用报警装置

预作用报警装置由预作用报警阀组、控制盘、气压维持装置和空气供给装置等组成,通过电动、气动、机械或者其他方式控制报警阀组开启,使水能够单向流入喷水灭火系统,并同时进行报警的一种单向阀组装置。预作用报警装置的结构如图 12-23 所示。

12.4.2.2   报警阀组设置要求

自动喷水灭火系统应设报警阀组。保护室内钢屋架等建筑构件的闭式系统,应设独立的报警阀组。水幕系统应设独立的报警阀组或感温雨淋报警阀。

串联接入湿式系统配水干管的其他自动喷水灭火系统,应分别设置独立的报警阀组,其控制的洒水喷头数计入湿式报警阀组控制的洒水喷头总数。一个报警阀组控制的洒水喷头数,对于湿式系统、预作用系统不宜超过 800 只,对于干式系统不宜超过 500 只。当配水支管同时设置保护吊顶下方和上方空间的洒水喷头时,应只将数量较多一侧的洒水喷头计入

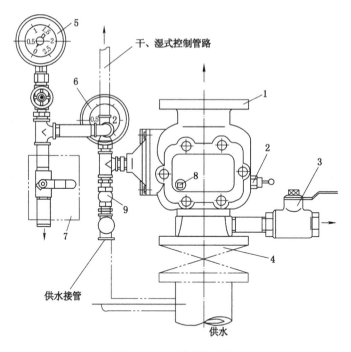

图 12-21 雨淋报警阀组

1——雨淋阀;2——自动滴水阀;3——排水球阀;4——供水控制阀;5——隔膜室压力表;

6——供水压力表;7——紧急手动控制装置;8——阀碟复位轴;9——节流阀

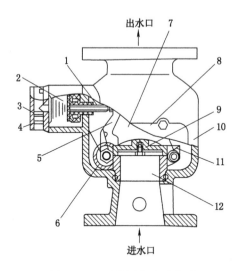

图 12-22 雨淋阀构造示意图

1——驱动杆总成;2——侧腔;3——固锥弹簧;4——节流孔;5——锁止机构;6——复位手轮;

7——上腔;8——检修盖板;9——阀瓣总成;10——阀体总成;11——复位扭簧;12——下腔

报警阀组控制的洒水喷头总数。每个报警阀组供水的最高和最低位置洒水喷头,其高程差不宜大于 50 m。雨淋报警阀组的电磁阀,其入口应设过滤器。并联设置雨淋报警阀组的雨淋系统,其雨淋报警阀控制腔的入口应设止回阀。

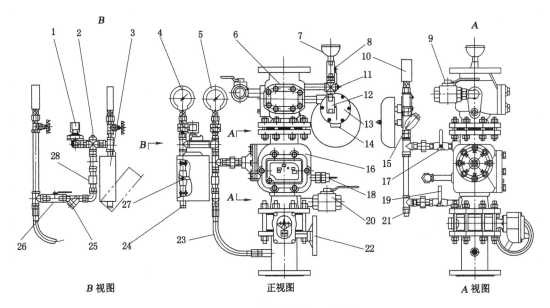

图 12-23　预作用报警装置的结构

1——启动电磁阀;2——远程引导启动方式接口;3——紧急启动盒;4——隔膜室压力表;5——补水压力表;

6——隔离单向阀;7——底水漏斗;8——加底水阀;9——试验排水阀;10——压力开关;11——压缩空气接口;

12——排多余底水阀;13——水力警铃;14——警铃排水口;15——报警通道过滤器;16——雨淋报警阀;

17——报警试验阀;18——滴水阀;19——报警试验;20——排水阀;21——报警试验排水口;

22——进水蝶阀;23——补水软管;24——紧急启动排水口;25——补水通道过滤器;

26——补水阀;27——紧急启动阀;28——补水隔离单向阀

　　雨淋报警阀组宜设在安全及易于操作的地点,报警阀距地面的高度宜为 1.2 m。设置报警阀组的部位应设有排水设施。连接报警阀进出口的控制阀应采用信号阀。当不采用信号阀时,控制阀应设锁定阀位的锁具。

　　水力警铃应设在有人值班的地点附近或公共通道的外墙上,与报警阀连接的管道,其直径应为 20 mm,总长度不宜大于 20 m;水力警铃的工作压力不应小于 0.05 MPa。

　　控制阀安装在报警阀的入口处,用于系统检修时关闭系统。控制阀应保持在常开位置,保证系统时刻处于警戒状态。使用信号阀时,其启闭状态的信号反馈到消防控制中心;使用常规阀门时,必须用锁具锁定阀板位置。

12.4.3　水流指示器

　　(1)水流指示器的组成

　　水流指示器是用于自动喷水灭火系统中将水流信号转换成电信号的一种水流报警装置,一般用于湿式、干式、预作用、循环启闭式、自动喷水-泡沫联用系统中。水流指示器的叶片与水流方向垂直,喷头开启后引起管道中的水流动,当桨片或膜片感知水流的作用力时带动传动轴动作,接通延时线路,延时器开始计时。到达延时设定时间后,叶片仍向水流方向偏转无法回位,电触点闭合输出信号。当水流停止时,叶片和动作杆复位,触点断开,信号消除。水流指示器的结构如图 12-24 所示。

　　(2)水流指示器设置要求

　　水流指示器的功能是及时报告发生火灾的部位。除报警阀组控制的洒水喷头只保护不

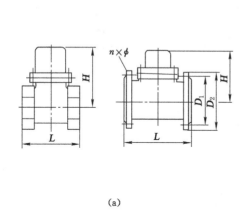
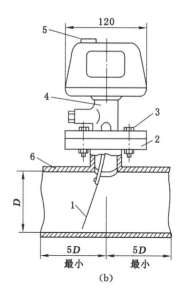

(a)

(b)

图 12-24　螺纹式和法兰式水流指示器

(a) 螺纹式水流指示器;(b) 法兰式水流指示器

1——桨片;2——法兰底座;3——螺栓;4——本体;5——接线孔;6——管道

超过防火分区面积的同层场所外,每个防火分区、每层楼均应设置水流指示器。仓库内顶板下洒水喷头与货架内置洒水喷头应分别设置水流指示器。当水流指示器入口前设置控制阀时,应采用信号阀。

12.4.4　压力开关

（1）压力开关组成

压力开关是一种压力传感器,它是自动喷水灭火系统中的一个部件,其作用是将系统的压力信号转化为电信号。报警阀开启后,报警管道充水,压力开关受到水压的作用后接通电触点,输出报警阀开启及启动供水泵的信号,报警阀关闭时电触点断开。压力开关构造如图 12-25 所示。

（2）压力开关设置要求

雨淋系统和防火分隔水幕,其水流报警装置宜采用压力开关。自动喷水灭火系统应采用压力开关控制稳压泵,并应能调节启停稳压泵的压力。

12.4.5　末端试水装置

（1）末端试水装置的组成

末端试水装置由试水阀、压力表以及试水接头等组成,其作用是检验系统的可靠性,测试干式系统和预作用系统的管道充水时间。末端试水装置构造如图 12-26 所示。

（2）末端试水装置设置要求

① 每个报警阀组控制的最不利点洒水喷头处应设末端试水装置,其他防火分区、楼层均应设置直径为 25 mm 的试水阀。

② 末端试水装置应由试水阀、压力表以及试水接头组成。试水接头出水口的流量系数,应等同于同楼层或同防火分区内的最小流量系数洒水喷头。末端试水装置的出水,应采

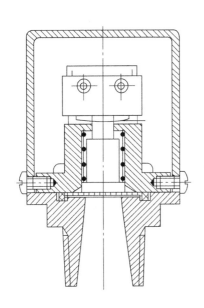

图 12-25　压力开关

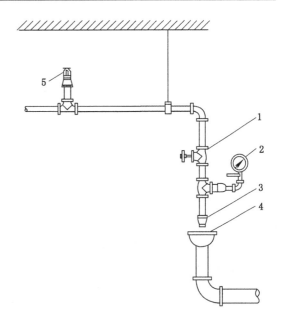

图 12-26　末端试水装置

1——截止阀;2——压力表;3——试水接头;

4——排水漏斗;5——最不利点处喷头

取孔口出流的方式排入排水管道,排水立管宜设伸顶通气管,且管径不应小于 75 mm。

③ 末端试水装置和试水阀应有标识,距地面的高度宜为 1.5 m,并应采取不被他用的措施。

12.5　自动喷水灭火系统分区及管网的布置

12.5.1　自动喷水灭火系统分区

大型建筑或高层建筑往往需要若干个自动喷水灭火系统才能满足实际使用的要求,在平面上、竖向上分区设置各自的系统。

（1）平面分区的原则

① 系统的布置宜与建筑防火分区一致,尽量做到区界内不出现两个以上的系统交叉;若在同层平面上有两个以上自动喷水灭火系统时,系统相邻处两个边缘喷头的间距不应超过 0.5 m,以加强喷水强度,起到加强两区之间阻火能力,如图 12-27 所示。

② 每一个系统所控制的喷头数不能超过一个报警阀控制的最多喷头数,湿式系统、预作用系统不宜超过 800 只;有排气装置的干式系统不宜超过 500 只,无排气装置的干式系统最大喷头数不宜大于 250 只。

③ 系统管道敷设应有一定的坡度坡向排水口,管道坡降值一般不宜超过 0.3 m。

（2）竖向分区的原则

① 自动喷水灭火系统管网内的工作压力不应大于 1.2 MPa,考虑到系统管网安装在吊顶内以及我国管道安装的条件,适当降低管网的工作压力可减少维修工作量和避免发生渗漏。自动喷水灭火的竖向分区压力可以与消火栓给水系统相近。通常将每一分区内的最高

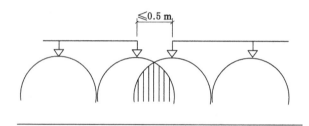

图 12-27　两个相邻自动喷水灭火系统交界处的喷头间距要求

喷头与最低喷头之间的高程差控制在 50 m 内。为保证同一竖向分区内的供水均匀性,在分区低层部分的入口处设减压孔板,将入口压力控制在 0.40 MPa 以下。

② 屋顶设高位水箱供水系统,最高层喷头最低供水压力小于 0.05 MPa 时,需设置增压设备,可单独形成一个系统。

③ 在城市供水管道能保证安全供水时,可充分利用城市自来水压力,单独形成一个系统。

（3）闭式系统常用的给水方式

① 设重力水箱和水泵的分区供水。此种系统布置方式适用于建筑高度低于 100 m 的一般高层建筑,如图 12-28 所示。优点是初期火灾的消防出水量有保证,且水压稳定、安全可靠。气压水罐设在高处,工作压力小,有效容积利用率高;低层供水在报警阀前采用减压阀减压,保证系统供水的均匀性。在实际应用中还可以采用多级多出口水泵替代该系统的水泵和减压阀,用同一水泵来保证高、低区各自不同的用水压力,使系统更为简单。

② 无水箱分区供水。对于地震区高层建筑、无法设水箱的高层建筑或规范允许不设消防水箱的建筑,可采用如图 12-29 所示的无水箱分区供水系统布置。

此种布置方式对供电的要求更严格,其中的消防泵可换成气压给水装置或变频调速装置。因为不设高位水箱,导致初期火灾 10 min 的消防用水得不到保证,气压水罐容积较大。

③ 串联分区供水。如图 12-30 所示为水箱串联分区供水方式。

此种系统布置形式适用于建筑高度 100 m 以上的超高层建筑。该建筑高低区供水独立。低区采用屋顶消防水箱作稳压水源,使中间水箱的高度不受限制。高区采用水泵串联加压供水。高区发生火灾时,先启动运输泵,后启动喷淋,水泵运行安全可靠。减压阀设在高位,工作压力低,对于超过消防车压力范围的高区,可在位于低区的高压消防水泵接合器处设能启动高区水泵的启泵按钮,使消防车能够通过消防水泵接合器与高区水泵串联工作,向高区加压供水。该系统设中间消防水箱,占用上层使用面积,容易产生噪声和二次污染;水泵机组多,投资大;设备分散,不便于维护管理。

串联分区给水方式也可利用水泵串联方式,即低区喷淋泵作为高区的传输泵,从而节省了投资和占用面积。其低区喷淋泵同时受高、低区报警的控制,系统控制比较复杂,运行可靠性有一定的风险。

④ 水泵并联供水。如图 12-31 所示。初期火灾用水由屋顶高位水箱统一供给,不设中间分区减压水箱,节省中间层建筑面积。分区消防水泵集中在地下层,水泵机组少,管理、启动方便。缺点是水泵扬程以最高层最不利喷头工作压力进行计算,对 I 区而言,水泵扬程过

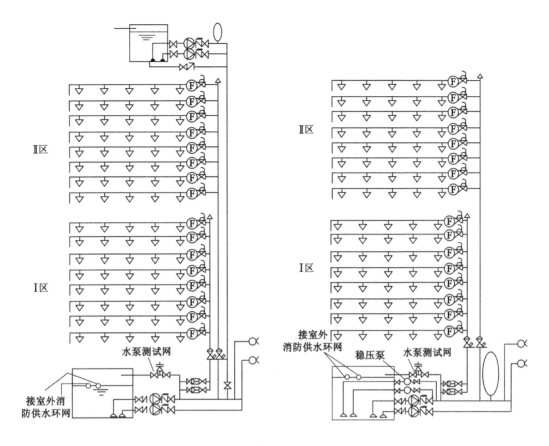

图 12-28　设重力水箱和水泵的分区给水方式　　图 12-29　无水箱分区供水给水方式

剩,Ⅰ区需设减压阀。由于水泵扬程有限,这种给水方式不适用于高区高度超出水泵供水压力范围的情况。

12.5.2　管网的布置

自动喷水灭火系统的管网由供水管、配水立管、配水管及配水支管组成。根据主管与配水管之间的连接方式,管网的布置形式常见的有四种:即中央中心型给水、侧边中心型给水、中央末端型给水和侧边末端型给水,如图 12-32 所示。管道布置形式应根据喷头布置的位置和数量来确定。

每根配水支管或配水管的管径均不应小于 25 mm,短立管及末端试水装置的连接管,其管径不应小于 25 mm。水平设置的管道宜有坡度,并应坡向泄水阀。充水管道的坡度不宜小于 0.2%,准工作状态不充水管道的坡度不宜小于 0.4%。

配水管道的布置,应使配水管入口的压力均衡。轻危险级、中危险级场所中各配水管入口的压力均不宜大于 0.40 MPa。配水管两侧每根配水支管控制的标准流量洒水喷头数量,轻危险级、中危险级场所不应超过 8 只,同时在吊顶上下设置喷头的配水支管,上下侧均不应超过 8 只。严重危险级及仓库危险级场所均不应超过 6 只。轻危险级、中危险级场所中配水支管、配水管控制的标准流量洒水喷头数量,不宜超过表 12-9 的规定。

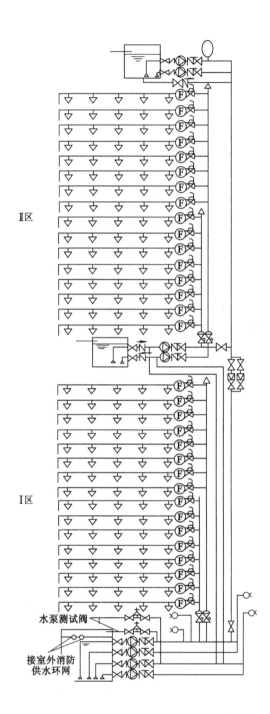

图 12-30　串联分区给水方式

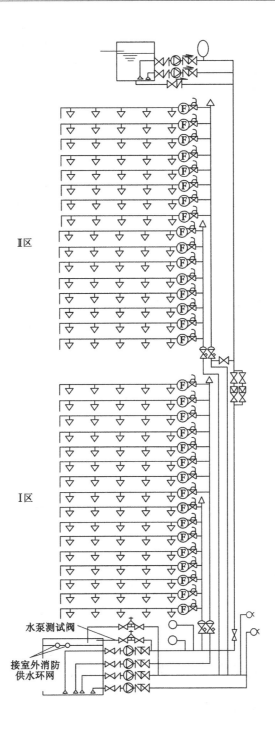

Ⅱ区

Ⅰ区

水泵测试阀

接室外消防
供水环网

图 12-31 并联分区给水方式

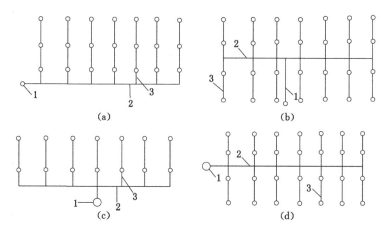

图 12-32　管网布置方式

（a）侧边末端型；（b）侧边中心型；（c）中央中心型；（d）中央末端型

表 12-9　　　　轻、中危险级场所中配水支管、配水管控制的标准流量洒水喷头数量

公称直径/mm	控制的标准喷头数/只	
	轻危险级	中危险级
25	1	1
32	3	3
40	5	4
50	10	8
65	18	12
80	48	32
100	—	64

　　配水管道应采用内外壁热镀锌钢管、涂覆钢管、铜管、不锈钢管和氯化聚氯乙烯（PVC-C）管。当报警阀入口前管道采用内壁不防腐的钢管时，应在报警阀前设置过滤器。系统中直径等于或大于 100 mm 的管道，应分段采用法兰或沟槽式连接件（卡箍）连接。水平管道上法兰间的管道长度不宜大于 20 m；立管上法兰间的距离，不应跨越 3 个及以上楼层。净空高度大于 8 m 的场所，立管上应有法兰。

12.6　自动喷水灭火系统的设计和水力计算

12.6.1　自动喷水灭火系统的设计

　　自动喷水灭火系统的设计，应根据不同用途建筑物火灾时的燃烧特性，确定其火灾危险等级，再根据建筑物的重要性、环境影响因素及装修要求等，选择不同的自动喷水灭火系统类型和组件，使系统的设计既安全可靠、又经济合理、技术先进。自动喷水灭火系统的设计计算主要由以下几个步骤组成：

　　① 确定建、构筑物的火灾危险等级；

②确定设计技术数据；

③选择系统类型；

④布置喷头；

⑤进行管网布置，绘制管网平面布置图和轴测图；

⑥初步确定管径，并按以上计算出的流量校核各管段的允许流速 $v \leqslant 5 \text{ m/s}$，超过规定值时，重新调整管径；

⑦进行管网水力计算，对于环状管网和格栅状管网还需进行系统压力平衡计算；

⑧校核设计作用面积内的平均喷水强度；

⑨选择减压装置；

⑩选择消防水泵；

⑪确定高位水箱的容积和设置高度；

⑫确定水泵接合器的型号和设置数量；

⑬确定消防水池容积。

12.6.2　水力计算

(1) 喷头的流量应按下式计算：

$$q = K\sqrt{10p} \tag{12-1}$$

式中　q——喷头流量，L/min；

　　　p——喷头工作压力，MPa；

　　　K——喷头流量系数。

系统最不利点处喷头的工作压力应计算确定。

(2) 水力计算选定的最不利点处作用面积宜为矩形，其长边应平行于配水支管，其长度不宜小于作用面积平方根的 1.2 倍。

①作用面积长边的长度为：

$$L_{\min} = 1.2\sqrt{A} \tag{12-2}$$

式中　A——相应危险等级的作用面积，m²；

　　　$L_{\min}$——作用面积长边的最小长度，m。

②作用面积短边的长度为：

$$B \geqslant A/L \tag{12-3}$$

式中　B——作用面积短边的长度，m；

　　　L——作用面积长边的实际长度，m。

③作用面积内的喷头数：

$$N = A'/A_s \tag{12-4}$$

式中　A'——设计作用面积，m²；

　　　A_s——一个喷头的保护面积，m²。

最不利作用面积通常在水力条件最不利处，即系统供水的最远端。图 12-33 所示为枝状管网最不利作用面积的几个位置图，其中 A、B 两种方式应优先选择。图 12-34 所示为环状管网最不利作用面积位置可供选择的几个方案。

(3) 系统的设计流量，应按最不利点处作用面积内喷头同时喷水的总流量确定：

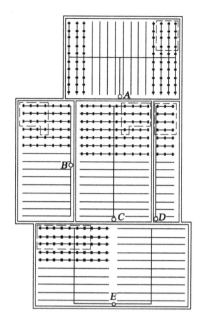

图 12-33　枝状管网最不利作用面积的位置

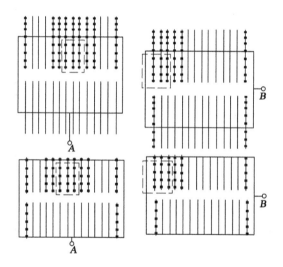

图 12-34　环状管网最不利作用面积的位置

$$Q = \frac{1}{60} \sum_{i=1}^{n} q_i \tag{12-5}$$

式中　Q——系统设计流量，L/s；

　　　q_i——最不利点处作用面积内各喷头节点的流量，L/min；

　　　n——最不利点处作用面积内的洒水喷头数。

（4）系统设计流量的计算，应保证任意面积内的平均喷水强度不低于表 12-2 的规定值。最不利点处作用面积内任意 4 只喷头围合范围内的平均喷水强度，轻危险、中危险级不应低于表 12-2 规定值的 85%；严重危险级和仓库危险级不应低于表 12-2 及其他相关场所的规定值。

（5）设置货架内置洒水喷头的仓库，顶板下洒水喷头与货架内置洒水喷头应分别计算设计流量，并应按其设计流量之和确定系统的设计流量。

（6）建筑内设有不同类型的系统或有不同危险等级的场所时，系统的设计流量应按其设计流量的最大值确定。

（7）当建筑物内同时设有自动喷水灭火系统和水幕系统时，系统的设计流量应按同时启用的自动喷水灭火系统和水幕系统的用水量计算，并应按二者之和中的最大值确定。

（8）雨淋系统和水幕系统的设计流量，应按雨淋报警阀控制的洒水喷头的流量之和确定。多个雨淋报警阀并联的雨淋系统，系统设计流量应按同时启用雨淋报警阀的流量之和的最大值确定。

（9）当原有系统延伸管道、扩展保护范围时，应对增设洒水喷头后的系统重新进行水力计算。

12.6.3　管道水利计算

（1）管道内的水流速度宜采用经济流速，必要时可超过 5 m/s，但不应大于 10 m/s。

（2）管道单位长度的沿程阻力损失应按下式计算：

$$i = 6.05 \left(\frac{q_g^{1.85}}{C_h^{1.85} d_j^{4.87}} \right) \times 10^7 \qquad (12\text{-}6)$$

式中　i ——管道单位长度的水头损失，kPa/m；

d_j ——管道的计算内径，mm；

q_g ——管道设计流量，L/min；

C_h ——海澄-威廉系数，见表 12-10。

表 12-10　　　　　　　　　　　　不同类型管道的海澄-威廉系数

管道类型	C_h 值
镀锌钢管	120
铜管、不锈钢管	140
涂覆钢管、氯化聚氯乙烯（PVC-C）管	150

（3）管道的局部水头损失宜采用当量长度法计算。当量长度见表 12-11。

表 12-11　　　　　　　　　　　　镀锌钢管件和阀门的当量长度表　　　　　　　　　　　　m

管件和阀门	公称直径/mm								
	25	32	40	50	65	80	100	125	150
45°弯头	0.3	0.3	0.6	0.6	0.9	0.9	1.2	1.5	2.1
90°弯头	0.6	0.9	1.2	1.5	1.8	2.1	3	3.7	4.3
90°长弯管	0.6	0.6	0.6	0.9	1.2	1.5	1.8	2.4	2.7
三通或四通（侧向）	1.5	1.8	2.4	3	3.7	4.6	6.1	7.6	9.1
蝶阀	—	—	—	1.8	2.1	3.1	3.7	2.7	3.1
闸阀	—	—	—	0.3	0.3	0.3	0.6	0.6	0.9

管件和阀门	公称直径/mm								
	25	32	40	50	65	80	100	125	150
止回阀	1.5	2.1	2.7	3.4	4.3	4.9	6.7	8.2	9.3
异径接头	32/25	40/32	50/40	65/50	80/65	100/80	125/100	150/125	200/150
	0.2	0.3	0.3	0.5	0.6	0.8	1.1	1.3	1.6

注：① 过滤器当量长度的取值，由生产厂提供。

② 当异径接头的出口直径不变而入口直径提供 1 级时，其当量长度应增大 0.5 倍；提高 2 级或 2 级以上时，其当量长度应增大 1.0 倍。

③ 当采用铜管或不锈钢管时，当量长度应乘以系数 1.33；当采用涂覆钢管、氯化聚氯乙烯(PVC-C)管时，当量长度应乘以系数 1.51。

（4）水泵扬程或系统入口的供水压力应按下式计算：

$$H = (1.2 \sim 1.40)\sum p_p + p_0 + Z - h_c \qquad (12\text{-}7)$$

式中　H ——水泵扬程或系统入口的供水压力，MPa；

$\sum p_p$ ——管道沿程和局部水头损失的累计值（MPa），报警阀的局部水头损失应按照产品样本或检测数据确定。当无上述数据时，湿式报警阀取值 0.04 MPa、干式报警阀取值 0.02 MPa、预作用装置取值 0.08 MPa、雨淋报警阀取值 0.07 MPa、水流指示器取值 0.02 MPa；

p_0 ——最不利点处喷头的工作压力，MPa；

Z ——最不利点处喷头与消防水池的最低水位或系统入口管水平中心线之间的高程差，当系统入口管或消防水池最低水位高于最不利点处喷头时，Z 应取负值，MPa；

h_c ——从城市市政管网直接抽水时城市管网的最低水压，MPa。当从消防水池吸水时，h_c 取 0。

12.6.4　减压措施

（1）减压孔板应符合下列规定：

① 应设在直径不小于 50 mm 的水平直管段上，前后管段的长度均不宜小于该管段直径的 5 倍；

② 孔口直径不应小于设置管段直径的 30%，且不应小于 20 mm；

③ 应采用不锈钢板材制作。

（2）节流管应符合下列规定：

① 直径宜按上游管段直径的 1/2 确定；

② 长度不宜小于 1 m；

③ 节流管内水的平均流速不应大于 20 m/s。

（3）减压孔板的水头损失，应按下式计算：

$$H_K = \xi \cdot \frac{V_k^2}{2g} \qquad (12\text{-}8)$$

式中　H_K ——减压孔板的水头损失，10^{-2} MPa；

V_k ——减压孔板后管道内水的平均流速,m/s;

ξ ——减压孔板的局部阻力系数。

减压孔板的局部阻力系数,取值应按下式计算或按表 12-12 确定。

$$\xi = \left[1.75 \frac{d_j^2}{d_k^2} \cdot \frac{1.1 - \frac{d_k^2}{d_j^2}}{1.175 - \frac{d_k^2}{d_j^2}} - 1 \right]^2 \tag{12-9}$$

式中　d_k ——减压孔板的孔口直径,m。

表 12-12　　　　　　　　　　　减压孔板的局部阻力系数

d_k/d_j	0.3	0.4	0.5	0.6	0.7	0.8
ξ	292	83.3	29.5	11.7	4.75	1.83

(4) 节流管的水头损失,应按下式计算:

$$H_g = \xi \cdot \frac{v_g^2}{2g} + 0.001\,07 L \cdot \frac{V_g^2}{d_g^{1.3}} \tag{12-10}$$

式中　H_g ——节流管的水头损失,10^{-2} MPa;

v_g ——节流管内水的平均流速,m/s;

ξ ——节流管中渐缩管与渐扩管的局部阻力系数之和,取值 0.7;

d_g ——节流管的计算内径(m),取值应按节流管内径减 1 mm 确定。

L ——节流管的长度,m。

(5) 减压阀设置应符合下列规定:

① 应设在报警阀组入口前;

② 入口前应设过滤器,且便于排污;

③ 当连接两个及以上报警阀组时,应设置备用减压阀;

④ 垂直设置的减压阀,水流方向宜向下;

⑤ 比例式减压阀宜垂直设置,可调式减压阀宜水平设置;

⑥ 减压阀前后应设控制阀和压力表,当减压阀主阀体自身带有压力表时,可不设置压力表;

⑦ 减压阀和前后的阀门宜有保护或锁定调节配件的装置。

第 13 章　防排烟系统

当建筑内发生火灾时,烟气的危害十分严重。建筑中设置防排烟系统的作用是将火灾产生的烟气及时排出,防止和延缓烟气扩散,保证疏散通道不受烟气侵害,确保建筑物内人员顺利疏散、安全避难。同时将火灾现场的烟和热量及时排出,减弱火势的蔓延,为火灾扑救创造有利条件。建筑火灾烟气控制分防烟和排烟两个方面。防烟采取自然通风和机械加压送风的形式,排烟则包括自然排烟和机械排烟的形式。设置防烟或排烟设施的具体方式多样,应结合建筑所处环境条件和建筑自身特点,按照有关规范规定要求,进行合理的选择和组合。

根据现行国家标准《建筑设计防火规范》的规定,建筑内的防烟楼梯间及其前室,消防电梯间前室或合用前室、避难走道的前室、避难层(间)应设置防烟设施。民用建筑中应设置排烟设施的场所或部分有:设置在一、二、三层且房间建筑面积大于 100 m² 的歌舞娱乐放映游艺场所,设置在四层及以上楼层、地下或半地下的歌舞娱乐放映游艺场所;中庭;公共建筑中建筑面积大于 100 m² 且经常有人停留的地上房间;公共建筑内建筑面积大于 300 m² 且可燃物较多的地上房间;建筑中长度大于 20 m 的疏散走道。厂房或仓库中应设置排烟设施的场所或部位有:人员或可燃物较多的丙类生产厂所,丙类厂房内建筑面积大于 300 m² 且经常有人停留或可燃物较多的地上房间;建筑面积大于 5 000 m² 的丁类生产车间;占地面积大于 1 000 m² 的丙类仓库;高度大于 32 m 的高层厂房(仓库)内长度大于 20 m 的疏散走道,其他厂房(仓库)内长度大于 40 m 的疏散走道。地下或半地下建筑(室)、地上建筑内的无窗房间,当总建筑面积大于 200 m² 或一个房间建筑面积大于 50 m²,且经常有人停留或可燃物较多时,应设置排烟设施。

13.1　自然通风与自然排烟

自然通风与自然排烟,是建筑火灾烟气控制防烟和排烟的方式之一,都是经济适用且有效的防排烟方式。系统设计时,应根据使用性质,建筑高度及平面布置等因素,优先采用自然排烟方式。

13.1.1　自然通风方式

（1）自然通风的原理

自然通风是以热压和风压作用的、不消耗机械动力的、经济的通风方式。如果室内外空气存在温度差或者窗户开口之间存在高度差,就会产生热压作用下的自然通风。当室外气流遇到建筑物时,会产生绕流流动,在气流的冲击下,将在建筑迎风面形成正压区,在建筑屋顶上部和建筑背风面形成负压区,这种建筑物表面所形成的空气静压变化即为风压。当建筑物受到热压、风压同时作用时,外围护结构上的各窗孔就会产生内外压差引起的自然通风。由于室外风的风向和风速经常变化,导致风压是一个不稳定因素。

（2）自然通风方式的选择

当建筑发生火灾时,疏散楼梯间是建筑内部人员疏散的唯一通道;前室、合用前室是消防队员进行火灾扑救的起始场所,也是人员疏散必经的通道。因此,在火灾时无论采用何种防烟方法,都必须保证它的安全,防烟就是控制烟气不进入上述安全区域。

对于建筑高度小于或等于 50 m 的公共建筑、工业建筑和建筑高度小于或等于 100 m 的住宅建筑,由于这些建筑受风压作用影响较小,利用建筑本身的采光通风,也可基本起到防止烟气进一步进入安全区域的作用,因此,其防烟楼梯间、独立前室、共用前室、合用前室(除共用前室与消防电梯前室合用外)及消防电梯前室采用自然通风系统,简便易行。当采用全敞开的阳台或凹廊作为防烟楼梯间的独立前室或合用前室,或者防烟楼梯间独立前室或合用前室设有两个及以上不同朝向的可开启外窗,且独立前室两个外窗分别不小于2.0 m²,合用前室两个外窗面积分别不小于 3.0 m²时,如图 13-1～图 13-3 所示,可以认为前室或合用前室自然通风,能及时排出前室的防火门开启时从建筑内漏入前室或合用前室的烟气,并可阻止烟气进入防烟楼梯间。当独立前室、共用前室及合用前室的机械加压送风口设置在前室的顶部或正对前室入口的墙面时,楼梯间可采用自然通风系统。

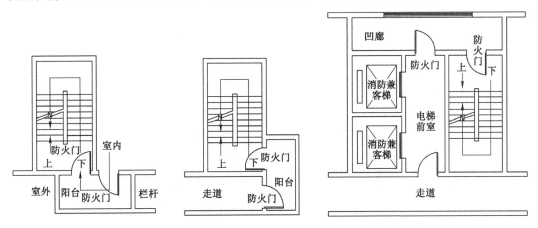

图 13-1　利用室外阳台或凹廊自然通风

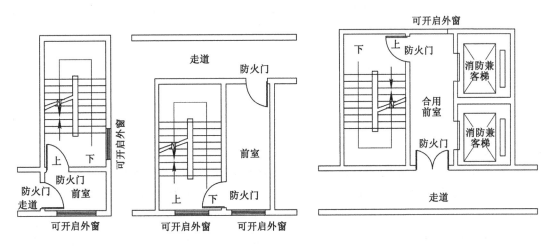

图 13-2　利用可开启外窗的自然通风

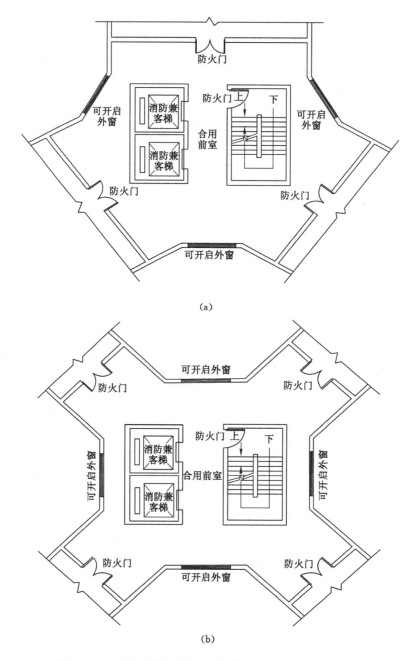

图 13-3　有两个不同朝向的可开启外窗防烟楼梯间合用前室

（3）自然通风设施的设置

① 采用自然通风方式的封闭楼梯间、防烟楼梯间，应在最高部位设置面积不小于 1.0 m² 的可开启外窗或开口；当建筑高度大于 10 m 时，尚应在楼梯间的外墙上每 5 层内设置总面积不小于 2.0 m² 的可开启外窗或开口，且布置间隔不大于 3 层。

② 前室采用自然通风方式时，独立前室、消防电梯前室可开启外窗或开口的面积不应小于 2.0 m²，共用前室、合用前室不应小于 3.0 m²。

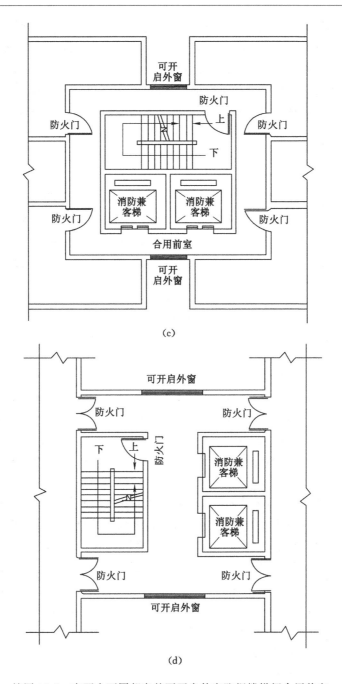

(c)

(d)

续图 13-3　有两个不同朝向的可开启外窗防烟楼梯间合用前室

③ 采用自然通风方式的避难层(间)应设有不同朝向的可开启外窗,其有效面积不应小于该避难层(间)地面面积的 2%,且每个朝向的面积不应小于 2.0 m²。

④ 可开启外窗应方便直接开启;设置在高处不便于直接开启的可开启外窗应在距地面高度为 1.3～1.5 m 的位置设置手动开启装置。

13.1.2　自然排烟方式

(1) 自然排烟的原理

自然排烟是利用火灾热烟气流的浮力和外部风压作用,通过建筑开口将建筑内的烟气直接排至室外的排烟方式,如图 13-4 所示。这种排烟方式的实质是使室内外空气对流进行排烟,在自然排烟中,必须有冷空气的进口和热烟气的排出口。一般采用可开启外窗以及专门设置的排烟口进行自然排烟。这种排烟方式经济、简单、易操作,并具有不需使用动力及专用设备等优点。自然排烟是最简单、不消耗动力的排烟方式,系统无复杂的控制及控制过程,因此,对于满足自然排烟条件的建筑,首先应考虑采取自然排烟方式。

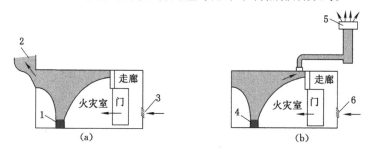

图 13-4　自然排烟的方式

(a) 窗口排烟;(b) 竖井排烟

1,4——火源;2——排烟口;3,6——进风口;5——风帽

(2) 自然排烟方式的选择

高层建筑主要受自然条件(如室外风速、风压、风向等)的影响会较大,许多场所无法满足自然排烟条件,故一般采用机械排烟方式较多,多层建筑受外部条件影响较少,一般采用自然排烟方式较多。工业建筑中,因生产工艺的需要,出现了许多无窗或设置固定窗的厂房和仓库,丙类及以上的厂房和仓库内可燃物荷载大,一旦发生火灾,烟气很难排放。设置排烟系统既可为人员疏散提供安全环境,又可在排烟过程中导出热量,防止建筑或部分构件在高温下出现倒塌等恶劣情况,为消防队员进行灭火救援提供较好的条件。考虑到厂房、库房建筑的外观要求没有民用建筑的要求高,因此可以采用可熔材料制作的采光带、采光窗进行排烟。为保证可熔材料在平时环境中不会熔化和熔化后不会产生流淌火引燃下部可燃物,要求制作采光带、采光窗的可熔材料必须是只在高温条件下(一般大于最高环境温度 50 ℃)自行熔化且不产生熔滴的可燃材料,其熔化温度应为 120～150 ℃。设有中庭的建筑,中庭应设置自然排烟系统,且应符合要求。四类隧道和行人或非机动车辆的三类隧道,因长度较短、发生火灾的概率较低或火灾危险性较小,可不设置排烟设施。当隧道较短或隧道沿途顶部可开设通风口时可以采用自然排烟。

(3) 自然排烟设施的设置

采用自然排烟系统的场所应设置自然排烟窗(口)。

① 自然排烟窗(口)应设置在排烟区域的顶部或外墙,并应符合下列规定:

a. 当设置在外墙上时,自然排烟窗(口)应在储烟仓以内,但走道、室内空间净高度不大于 3 m 的区域的自然排烟窗(口)可设置在室内净高度的 1/2 以上。

b. 自然排烟窗(口)的开启形式应有利于火灾烟气的排出。

c. 当房间面积不大于 200 m² 时,自然排烟窗(口)的开启方向可不限。

d. 自然排烟窗(口)宜分散均匀布置,且每组的长度不宜大于 3.0 m。

e. 设置在防火墙两侧的自然排烟窗(口)之间最近边缘的水平距离不应小于 2.0 m。

f. 自动排烟窗(口)应设置手动开启装置,设置在高位不便于直接开启的自然排烟窗(口),应设置距地面高度 1.3～1.5 m 的手动开启装置。净空高度大于 9 m 的中庭、建筑面积大于 2 000 m² 的营业厅、展览厅、多功能厅等场所,尚应设置集中手动开启装置和自动开启设施。

g. 防烟分区内自然排烟窗(口)的面积、数量、位置应经计算确定,且防烟分区内任一点与最近的自然排烟窗(口)之间的水平距离不应大于 30 m。当工业建筑采用自然排烟方式时,其水平距离尚不应大于建筑内空间净高的 2.8 倍;当公共建筑空间净高大于或等于 6 m,且具有自然对流条件时,其水平距离不应大于 37.5 m。

② 采用自然排烟方式所需自然排烟窗(口)截面积应按下式计算,并符合以下规定:

$$A_V C_V = \frac{M_\rho}{\rho_0} \left[\frac{T^2 + \left(\frac{A_V C_V}{A_0 C_0}\right)^2 T T_0}{2 g d_b \Delta T T_0} \right]^{\frac{1}{2}} \tag{13-1}$$

式中　A_V —— 自然排烟窗(口)截面积,m²;

A_0 —— 所有进气口总面积,m²;

C_V —— 自然排烟窗(口)流量系数(通常选定在 0.5～0.7 之间);

C_0 —— 进气口流量系数(通常约为 0.6);

g —— 重力加速度,m/s²。

注:公式中 $A_V C_V$ 在计算时应采用试算法。

自然排烟系统是利用火灾热烟气的热浮力作为排烟动力,其排烟口的排放率在很大程度上取决于烟气的厚度和温度,自然排烟系统的优点是简单易行,这里推荐采用比较成熟的英国防火设计规范的计算公式。

可开启外窗的形式有侧开窗和顶开窗。侧开窗有上悬窗、中悬窗、下悬窗、平开窗和侧拉窗等,如图 13-5 所示。在设计时,必须将这些作为排烟使用的窗设置在储烟仓内。如果中悬窗的下开口部分不在储烟仓内,则这部分的面积不能计入有效排烟面积之内。

a. 当采用开窗角大于 70°的悬窗时,其面积应按窗的面积计算;当开窗角小于或等于 70°,其面积应按窗最大开启时的水平投影面积计算。

b. 当采用开窗角大于 70°的平开窗时,其面积应按窗的面积计算;当开窗角小于或等于 70°,其面积应按窗最大开启时的竖向投影面积计算。

c. 当采用推拉窗时,其面积应按开启的最大窗口面积计算。

d. 当采用百叶窗时,其面积应按窗的有效开口面积计算。

e. 当平推窗设置在顶部时,其面积可按窗的 1/2 周长与平推距离乘积计算,且不应大于窗面积[图 13-5(e)]。

f. 当平推窗设置在外墙时,其面积可按窗的 1/4 周长与平推距离乘积计算,且不应大于窗面积[图 13-5(f)]。

③ 厂房、仓库的自然排烟窗(口)设置尚应符合下列规定:

a. 当设置在外墙时,自然排烟窗(口)应沿建筑物的两条对边均匀设置;

b. 当设置在屋顶时,自然排烟窗(口)应在屋面均匀设置且宜采用自动控制方式开启;当屋面斜度小于或等于 12°时,每 200 m² 的建筑面积应设置相应的自然排烟窗(口);当屋面

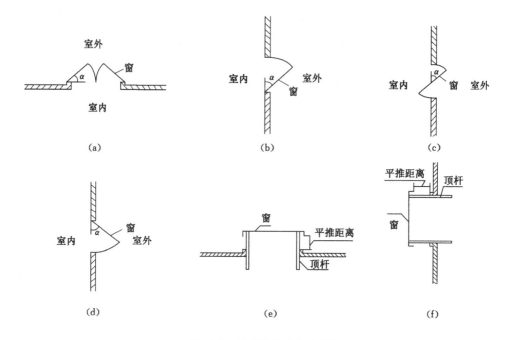

图 13-5　可开启外窗的示意图

（a）平开窗；（b）下悬窗（剖视图）、推拉窗（平面图）；（c）中悬窗（剖视图）；

（d）上悬窗（剖视图）；（e）平推窗（剖视图）；（d）平推窗（剖视图）

斜度大于 12°时，每 400 m² 的建筑面积应设置相应的自然排烟窗（口）。

④ 除洁净厂房外，设置自然排烟系统的任一层建筑面积大于 2 500 m² 的制鞋、制衣、玩具、塑料、木器加工储存等丙类工业建筑，除自然排烟所需排烟窗（口）外，尚宜在屋面上增设可熔性采光带（窗），其面积应符合下列规定：

a. 未设置自动喷水灭火系统的，或采用钢结构屋顶，或采用预应力钢筋混凝土屋面板的建筑，不应小于楼地面面积的 10％。

b. 其他建筑不应小于楼地面面积的 5％。

注：可熔性采光带（窗）的有效面积按其实际面积计算。

13.2　机械加压送风系统

在不具备自然通风条件时，机械加压送风系统是确保火灾中建筑疏散楼梯间及前室（合用前室）安全的主要措施。

13.2.1　机械加压送风系统的组成及工作原理

机械加压送风系统主要由送风口、送风管道、送风机和吸风口组成。

机械加压送风方式是通过送风机所产生的气体流动和压力差来控制烟气的流动，即在建筑内发生火灾时，对着火区以外的有关区域进行送风加压，使其保持一定正压，以防止烟气侵入的防烟方式，如图 13-6 所示。

为保证疏散通道不受烟气侵害使人员安全疏散，发生火灾时，从安全性的角度出发，高层建筑内可分为四个安全区：第一类安全区为防烟楼梯间、避难层；第二类安全区为防烟楼

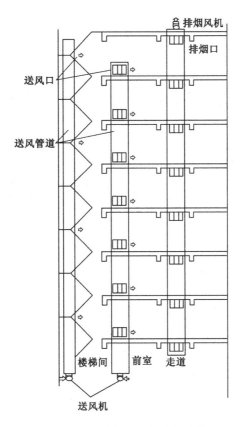

图 13-6　机械加压送风防烟系统

梯间前室、消防电梯间前室或合用前室;第三类安全区为走道;第四类安全区为房间。依据上述原则,加压送风时应使防烟楼梯间压力＞前室压力＞走道压力＞房间压力,同时还要保证各部分之间的压差不要过大,以免造成开门困难,从而影响疏散。当火灾发生时,机械加压送风系统应能够及时开启,防止烟气侵入作为疏散通道的走廊、楼梯间及其前室,以确保有一个安全可靠、畅通无阻的疏散通道和环境,为安全疏散提供足够的时间。

13.2.2　机械加压送风系统的选择

(1) 建筑高度大于 50 m 的公共建筑、工业建筑和建筑高度大于 100 m 的住宅建筑,其防烟楼梯间、独立前室、共用前室、合用前室及消防电梯前室应采用机械加压送风系统。

(2) 建筑高度小于或等于 50 m 的公共建筑、工业建筑和建筑高度小于或等于 100 m 的住宅建筑,其防烟楼梯间、独立前室、共用前室、合用前室(除共用前室与消防电梯前室合用外)及消防电梯前室应采用自然通风系统;当不能设置自然通风系统时,应采用机械加压送风系统。防烟系统的选择,尚应符合下列规定:

① 当独立前室或合用前室满足下列条件之一时,楼梯间可不设置防烟系统:

a. 采用全敞开的阳台或凹廊;

b. 设有两个及以上不同朝向的可开启外窗,且独立前室两个外窗面积分别不小于 2.0 m²,合用前室两个外窗面积分别不小于 3.0 m²。

② 当独立前室、共用前室及合用前室的机械加压送风口设置在前室的顶部或正对前室

入口的墙面时,楼梯间可采用自然通风系统;当机械加压送风口未设置在前室的顶部或正对前室入口的墙面时,楼梯间应采用机械加压送风系统。

③ 当防烟楼梯间在裙房高度以上部分采用自然通风时,不具备自然通风条件的裙房的独立前室、共用前室及合用前室应采用机械加压送风系统,且独立前室、共用前室及合用前室送风口也应设置在前室的顶部或正对前室入口的墙面上。

(3)建筑地下部分的防烟楼梯间前室及消防电梯前室,当无自然通风条件或自然通风不符合要求时,应采用机械加压送风系统。

(4)防烟楼梯间及其前室的机械加压送风系统的设置应符合下列规定:

① 建筑高度小于或等于50 m的公共建筑、工业建筑和建筑高度小于或等于100 m的住宅建筑,当采用独立前室且其仅有一个门与走道或房间相通时,可仅在楼梯间设置机械加压送风系统;当独立前室有多个门时,楼梯间、独立前室应分别独立设置机械加压送风系统。

② 当采用合用前室时,楼梯间、合用前室应分别独立设置机械加压送风系统。

③ 当采用剪刀楼梯时,其两个楼梯间及其前室的机械加压送风系统应分别独立设置。

(5)封闭楼梯间应采用自然通风系统,不能满足自然通风条件的封闭楼梯间,应设置机械加压送风系统。当地下、半地下建筑(室)的封闭楼梯间不与地上楼梯间共用且地下仅为一层时,可不设置机械加压送风系统,但首层应设置有效面积不小于1.2 m²的可开启外窗或直通室外的疏散门。

(6)设置机械加压送风系统的场所,楼梯间应设置常开风口,前室应设置常闭风口;火灾时其联动开启方式应符合《建筑防烟排烟系统技术标准》(GB 51251)第5.1.3条的规定。

(7)避难层的防烟系统可根据建筑构造、设备布置等因素选择自然通风系统或机械加压送风系统。

(8)避难走道应在其前室及避难走道分别设置机械加压送风系统,但下列情况可仅在前室设置机械加压送风系统:

① 避难走道一端设置安全出口,且总长度小于30 m;

② 避难走道两端设置安全出口,且总长度小于60 m。

13.2.3 机械加压送风系统的主要设计参数

(1)加压送风量的计算

① 楼梯间或前室的机械加压送风量应按下列公式计算。

楼梯间:

$$L_j = L_1 + L_2 \tag{13-2}$$

前室:

$$L_s = L_1 + L_3 \tag{13-3}$$

式中 L_j ——楼梯间的机械加压送风量,m³/s;

L_s ——前室的机械加压送风量,m³/s;

L_1 ——门开启时,达到规定风速值所需的送风量,m³/s;

L_2 ——门开启时,规定风速值下,其他门缝漏风总量,m³/s;

L_3 ——未开启的常闭送风阀的漏风总量,m³/s。

根据气体流动规律,如果正压送风系统缺少必要的风量,送风口没有足够的风速,就难以形成满足阻挡烟气进入安全区域的能量。烟气一旦进入设计安全区域,将严重影响人员安全疏散。通过工程实测得知,加压送风系统的风量仅按保持该区域门洞处的风速进行计算是不够的。这是因为门洞开启时,虽然加压送风开门区域中的压力会下降,但远离门洞开启楼层的加压送风区域或管井仍具有一定的压力,存在着门缝、阀门和管道的渗漏风,使实际开启门洞风速达不到设计要求。因此,在计算系统送风量时,对于楼梯间,常开风口,按照疏散层的门开启时,其门洞达到规定风速值所需的送风量和其他门漏风总量之和计算。对于前室,常闭风口,按照其门洞达到规定风速值所需的送风量以及未开启常闭送风阀漏风总量之和计算。一般情况下,经计算后楼梯间窗缝或合用前室电梯门缝的漏风量,对总送风量的影响很小,在工程的允许范围内可以忽略不计。如遇漏风量很大的情况,计算中可加上此部分漏风量。

② 门开启时,达到规定风速值所需的送风量应按以下公式计算:

$$L_1 = A_K v N_1 \tag{13-4}$$

式中　A_K——一层内开启门的截面面积(m^2),对于住宅楼楼梯前室,可按一个门的面积取值;

　　　v——门洞断面风速,m/s。当楼梯间和独立前室、共用前室、合用前室均机械加压送风时,通向楼梯间和独立前室、共用前室、合用前室疏散门的门洞断面风速均不应小于 0.7 m/s;当楼梯间机械加压送风,只有一个开启门的独立前室不送风时,通向楼梯间疏散门的门洞断面风速不应小于 1.0 m/s;当消防电梯前室机械加压送风时,通向消防电梯前室门的门洞断面风速不应小于 1.0 m/s;当独立前室、共用前室或合用前室机械加压送风而楼梯间采用可开启外窗的自然通风系统时,通向独立前室、共用前室或合用前室疏散门的门洞风速不应小于 0.6($A_1/A_g + 1$) (m/s);

　　　A_1——楼梯间疏散门的总面积,m^2;

　　　A_g——前室疏散门的总面积(m^2)。

　　　N_1——设计疏散门开启的楼层数量。楼梯间:采用常开风口,当地上楼梯间为24 m以下时,设计 2 层内的疏散门开启,取 $N_1 = 2$;当地上楼梯间为 24 m 及以上时,设计 3 层内的疏散门开启,取 $N_1 = 3$;当为地下楼梯间时,设计 1 层内的疏散门开启,取 $N_1 = 1$;前室:采用常闭风口,计算风量时取 $N_1 = 3$。

③ 门开启时,规定风速值下的其他门漏风总量应按下式计算:

$$L_2 = 0.827 \times A \times \Delta p^{\frac{1}{n}} \times 1.25 \times N_2 \tag{13-5}$$

式中　A——每个疏散门的有效漏风面积,m^2;疏散门的门缝宽度取 0.002~0.004 m;

　　　Δp——计算漏风量的平均压力差(Pa),当开启门洞处风速为 0.7 m/s 时,取 $\Delta p = 6.0$ Pa;当开启门洞处风速为 1.0 m/s 时,取 $\Delta p = 12.0$ Pa;当开启门洞处风速为 1.2 m/s 时,取 $\Delta p = 17.0$ Pa;

　　　n——指数(一般取 $n = 2$);

　　　1.25——不严密处附加系数;

　　　N_2——漏风疏散门的数量,楼梯间采用常开风口,取 $N_2 =$ 加压楼梯间的总门数 $- N_1$ 楼层数上的总门数。

④ 未开启的常闭送风阀的漏风总量应按下式计算:

$$L_3 = 0.083 \times A_f N_3 \tag{13-6}$$

式中　A_f——单个送风阀门的面积，m^2；

　　　0.083——阀门单位面积的漏风量，$m^3/(s \cdot m^2)$；

　　　N_3——漏风阀门的数量；前室采用常闭风口：N_3＝楼层数－3。

（2）加压送风量的选取

① 防烟楼梯间、前室的机械加压送风系统的设计风量应充分考虑管道沿程损耗和漏风量，且不应小于计算风量的 1.2 倍。防烟楼梯间、独立前室、共用前室、合用前室和消防电梯前室的机械加压送风的计算风量应由式(13-2)～式(13-6)的规定计算确定。当系统负担建筑高度大于 24 m 时，防烟楼梯间、独立前室、共用前室、合用前室和消防电梯前室应按计算值与表 13-1 至表 13-4 的值中的较大值确定。

表 13-1　　　　　消防电梯前室加压送风的计算风量

系统负担高度 h/m	加压送风量/(m^3/h)
$24 < h \leqslant 50$	35 400～36 900
$50 < h \leqslant 100$	37 100～40 200

表 13-2　　　楼梯间自然通风，独立前室、合用前室加压送风的计算风量

系统负担高度 h/m	加压送风量/(m^3/h)
$24 < h \leqslant 50$	42 400～44 700
$50 < h \leqslant 100$	45 000～48 600

表 13-3　　　前室不送风，封闭楼梯间、防烟楼梯间加压送风的计算风量

系统负担高度 h/m	加压送风量/(m^3/h)
$24 < h \leqslant 50$	36 100～39 200
$50 < h \leqslant 100$	39 600～45 800

表 13-4　　　防烟楼梯间及独立前室、合用前室分别加压送风的计算风量

系统负担高度 h/m	送风部位	加压送风量/(m^3/h)
$24 < h \leqslant 50$	楼梯间	25 300～27 500
	独立前室、合用前室	24 800～25 800
$50 < h \leqslant 100$	楼梯间	27 800～32 200
	独立前室、合用前室	26 000～28 100

注：① 表 13-1～表 13-4 的风量按开启 1 个 2.0 m×1.6 m 的双扇门确定。当采用单扇门时，其风量可乘以 0.75 计算。

② 表中风量按开启着火层及其上下层，共开启三层的风量计算。

③ 表中风量的选取应按建筑高度或层数、风道材料、防火门漏风量等因素综合确定。

② 封闭避难层(间)、避难走道的机械加压送风量应按避难层(间)、避难走道的净面积每平方米不少于 30 m^3/h 计算。避难走道前室的送风量应按直接开向前室的疏散门的总断面积乘以 1.0 m/s 门洞断面风速计算。

（3）风压的有关规定及计算方法

机械加压送风机的全压,除计算最不利管道压头损失外,尚应有余压。机械加压送风量应满足走廊至前室至楼梯间的压力呈递增分布,余压值应符合下列规定:

① 前室、封闭避难层(间)与走道之间的压差应为 25～30 Pa。

② 楼梯间与走道之间的压差应为 40～50 Pa。

③ 当系统余压值超过最大允许压力差时应采取泄压措施。最大允许压力差应按以下公式计算:

$$\begin{cases} p = 2(F' - F_{dc})(W_m - d_m)/(W_m \times A_m) \\ F_{dc} = M/(W_m - d_m) \end{cases} \tag{13-7}$$

式中　p ——疏散门的最大允许压力差,Pa;

　　　F' ——门的总推力(N),一般取 110 N;

　　　F_{dc} ——门把手处克服闭门器所需的力,N;

　　　W_m ——单扇门的宽度,m;

　　　A_m ——门的面积,m²;

　　　d_m ——门的把手到门闩的距离,m;

　　　M ——闭门器的开启力矩,N·m。

(4) 送风风速

当排烟管道内壁为金属时,管道设计风速不应大于 20 m/s;当排烟管道内壁为非金属时,管道设计风速不应大于 15 m/s。加压送风口的风速不宜大于 7 m/s。

13.2.4　机械加压送风的组件与设置要求

(1) 机械加压送风风机

机械加压送风风机宜采用轴流风机或中、低压离心风机,其设置应符合下列规定:

① 送风机的进风口应直通室外,且应采取防止烟气被吸入的措施。

② 送风机的进风口宜设在机械加压送风系统的下部。

③ 送风机的进风口不应与排烟风机的出风口设在同一面上。当确有困难时,送风机的进风口与排烟风机的出风口应分开布置,且竖向布置时,送风机的进风口应设置在排烟出口的下方,其两者边缘最小垂直距离不应小于 6.0 m;水平布置时,两者边缘最小水平距离不应小于 20.0 m。

④ 送风机宜设置在系统的下部,且应采取保证各层送风量均匀性的措施。

⑤ 送风机应设置在专用机房内。该房间应采用耐火极限不低于 2.00 h 的隔墙和 1.50 h 的楼板及甲级防火门与其他部位隔开。

⑥ 当送风机出风管或进风管上安装单向风阀或电动风阀时,应采取火灾时自动开启阀门的措施。

(2) 加压送风口

加压送风口用作机械加压送风系统的风口,具有赶烟和防烟的作用。加压送风口分常开和常闭两种形式。常闭型风口靠感烟(温)信号控制开启,也可手动(或远距离缆绳)开启,风口可输出动作信号,联动送风机开启。风口可设 280 ℃ 时重新关闭装置。

① 除直灌式加压送风方式外,楼梯间宜每隔 2～3 层设一个常开式百叶送风口。

② 前室应每层设一个常闭式加压送风口,并应设手动开启装置。

③ 送风口的风速不宜大于 7 m/s。

④ 送风口不宜设置在被门挡住的部位。

需要注意的是采用机械加压送风的场所不应设置百叶窗,且不宜设置可开启外窗。

（3）送风管道

① 送风管道应采用不燃烧材料制作且内壁应光滑,不宜采用土建风道。

② 竖向布置的送风管道应独立设置在管道井内,当确有困难时,未设置在管道井内或与其他管道合用管道井的送风管道,其耐火极限不应低于 1.00 h。水平设置的送风管道,当设置在吊顶内时,其耐火极限不应低于 0.50 h;当未设置在吊顶内时,其耐火极限不应低于 1.00 h。

③ 机械加压送风系统的管道井应采用耐火极限不小于 1.00 h 的隔墙与相邻部位分隔,当墙上必须设置检修门时,应采用乙级防火门。

13.3 机械排烟系统

在不具备自然排烟条件时,机械排烟系统能将火灾中建筑房间、走道中的烟气和热量排出建筑,为人员安全疏散和灭火救援行动创造有利条件。

13.3.1 机械排烟系统的组成及工作原理

机械排烟系统是由挡烟壁(活动式或固定式挡烟垂壁,或挡烟隔墙、挡烟梁)、排烟口(或带有排烟阀的排烟口)、排烟防火阀、排烟道、排烟风机和排烟出口组成。

当建筑内发生火灾时,采用机械排烟系统,将房间、走道等空间的烟气排至建筑物外。当采用机械排烟系统时,通常由火场人员手动控制或由感烟探测将火灾信号传递给防排烟控制器,开启活动的挡烟垂壁将烟气控制在发生火灾的防烟分区内,并打开排烟口以及和排烟口联动的排烟防火阀,同时关闭空调系统和送风管道内的防火调节阀,防止烟气从空调、通风系统蔓延到其他非着火房间,最后由设置在屋顶的排烟机将烟气通过排烟管道排至室外,如图 13-7 所示。

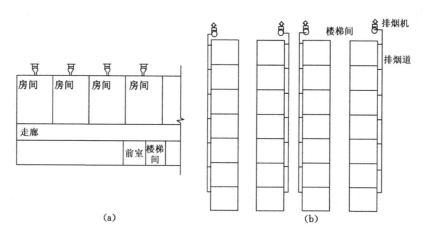

图 13-7　机械排烟方式

(a)局部机械排烟方式;(b)集中机械排烟方式

13.3.2 机械排烟系统的选择

(1) 当建筑的机械排烟系统沿水平方向布置时,每个防火分区的机械排烟系统应独立设置。

(2) 建筑高度超过 50 m 的公共建筑和建筑高度超过 100 m 的住宅,其排烟系统应竖向分段独立设置,且公共建筑每段高度不应超过 50 m,住宅建筑每段高度不应超过 100 m。

(3) 排烟系统与通风、空气调节系统应分开布置;当确有困难时可以合用,但应符合排烟系统的要求,且当排烟口打开时,每个排烟合用系统的管道上需联动关闭的通风和空气调节系统的控制阀门不应超过 10 个。

需要注意的是,在同一个防烟分区内不应同时采用自然排烟方式和机械排烟方式,因为这两种方式相互之间对气流会造成干扰,影响排烟效果。尤其是在排烟时,自然排烟口还可能在机械排烟系统动作后变成进风口,使其失去排烟作用。

13.3.3 机械排烟系统的主要设计参数

(1) 最小清晰高度的计算

走道、室内空间净高不大于 3 m 的区域,其最小清晰高度不宜小于其净高的 1/2,其他区域最小清晰高度应按下式计算:

$$H_q = 1.6 + 0.1H' \qquad (13-8)$$

式中　H_q ——最小清晰高度,m;

H' ——对于单层空间,取排烟空间的建筑净高度;对于多层空间,取最高疏散楼层的层高,m。

火灾时的最小清晰高度是为了保证室内人员安全疏散和方便消防人员的扑救而提出的最低要求,也是排烟系统设计时必须达到的最低要求。对于单个楼层空间的清晰高度,可以参照图 13-8(a)所示,式(13-8)也是针对这种情况提出的。对于多个楼层组成的高大空间,最小清晰高度同样也是针对某一个单层空间提出的,往往也是连通空间中同一防烟分区中最上层计算得到的最小清晰高度,如图 13-8(b)所示。然而,在这种情况下的燃料面到烟层底部的高度 Z 是从着火的那一层起算,如图 13-8(b)所示。

(2) 排烟量的计算

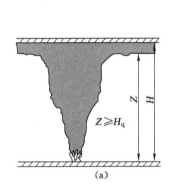

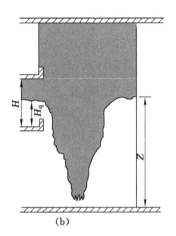

(a)　　　　　　　　　　(b)

图 13-8　最小清晰高度示意图

① 火灾热释放量应按以下公式计算或查表 13-5 选取。

$$Q = \alpha t^2 \tag{13-9}$$

式中　Q——热释放速率，kW；

　　　t——火灾增长时间，s；

　　　α——火灾增长系数（kW/s²），按表 13-6 取值。

表 13-5　　　　　　　　　　　火灾达到稳定时的热释放速率

建筑类别	喷淋设置情况	热释放速率 Q/MW
办公室、教室、客房、走道	无喷淋	6.0
	有喷淋	1.5
商店、展览厅	无喷淋	10.0
	有喷淋	3.0
其他公共场所	无喷淋	8.0
	有喷淋	2.5
汽车库	无喷淋	3.0
	有喷淋	1.5
厂房	无喷淋	8.0
	有喷淋	2.5
仓库	无喷淋	20.0
	有喷淋	4.0

表 13-6　　　　　　　　　　　火灾增长系数

火灾类别	典型的可燃材料	火灾增长系数/(kW/s²)
慢速火	硬木家具	0.002 78
中速火	棉质、聚酯垫子	0.011
快速火	装满的邮件袋、木制货架托盘、泡沫塑料	0.044
超快速火	池火、快速燃烧的装饰家具、轻质窗帘	0.178

排烟系统的设计取决于火灾中的热释放速率，因此首先应明确设计的火灾规模。火灾规模取决于燃烧材料性质、时间等因素和自动灭火设置情况，为确保安全，一般按可能达到的最大火势确定火灾热释放速率。各类场所的火灾热释放速率可按式（13-9）的规定计算或按表 13-5 设定的值确定。设置自动喷水灭火系统（简称喷淋）的场所，其室内净高大于12 m时，应按无喷淋场所对待。

② 烟羽流质量流量

轴对称型烟羽流、阳台溢出型烟羽流、窗口型烟羽流为火灾情况下涉及的三种烟羽流形式，计算公式选自 NFPA 92B。

a. 轴对称型烟羽流如图 13-9 所示，计算公式如下：

当 $Z > Z_1$ 时：

$$M_\rho = 0.071 Q_c^{\frac{1}{3}} Z^{\frac{5}{3}} + 0.001\,8 Q_c \tag{13-10}$$

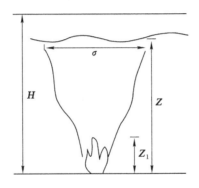

图 13-9　轴对称型烟羽流

当 $Z \leqslant Z_1$ 时：

$$M_\rho = 0.032 Q_c^{\frac{3}{5}} Z \tag{13-11}$$

$$Z_1 = 0.166 Q_c^{\frac{2}{5}} \tag{13-12}$$

式中　Q_c——热释放速率的对流部分，一般取值为 $Q_c = 0.7Q$（kW）；

　　　　Z——燃料面到烟层底部的高度（取值应大于或等于最小清晰高度与燃料面高度之差），m；

　　　　Z_1——火焰极限高度，m；

　　　　M_ρ——烟羽流质量流量，kg/s。

b. 阳台溢出型烟羽流如图 13-10 所示，计算公式如下：

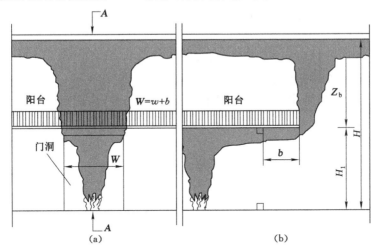

图 13-10　阳台溢出型烟羽流

（a）正面图；（b）A—A 剖面图

$$M_\rho = 0.36 \left(QW^2\right)^{\frac{1}{3}} \left(Z_b + 0.25 H_1\right) \tag{13-13}$$

$$W = w + b \tag{13-14}$$

式中　H_1——燃料面至阳台的高度，m；

　　　　Z_b——从阳台下缘至烟层底部的高度，m；

　　　　W——烟羽流扩散宽度，m；

w——火源区域的开口宽度,m;

b——从开口至阳台边沿的距离($b \neq 0$),m。

c. 窗口型烟羽流如图 13-11 所示,计算公式如下:

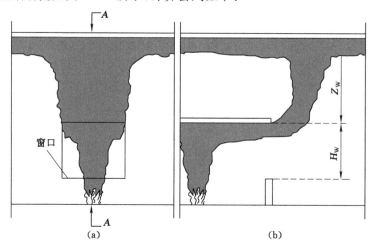

图 13-11　窗口溢出型烟羽流

(a) 正面图;(b) A—A 剖面图

$$M_\rho = 0.68 \left(A_{\mathrm{W}} H_{\mathrm{W}}^{\frac{1}{2}}\right)^{\frac{1}{3}} \left(Z_{\mathrm{W}} + \alpha_{\mathrm{W}}\right)^{\frac{5}{3}} + 1.59 A_{\mathrm{W}} H_{\mathrm{W}}^{\frac{1}{2}} \tag{13-15}$$

$$\alpha_{\mathrm{W}} = 2.4 A_{\mathrm{W}}^{\frac{2}{5}} H_{\mathrm{W}}^{\frac{1}{5}} - 2.1 H_{\mathrm{W}} \tag{13-16}$$

式中　A_{W}——窗口开口的面积,m²;

H_{W}——窗口开口的高度,m;

Z_{W}——窗口开口的顶部到烟层底部的高度,m;

α_{W}——窗口型烟羽流的修正系数,m。

式(13-15)适用于通风控制型火灾(热释放速率由流进室内的空气量控制的火灾规模)和可燃物产生的火焰在窗口外燃烧的场景,并且仅适用于只有一个窗口的空间。不适用于有喷淋控制的火灾场景。

③ 烟层平均温度与环境温度的差应按以下公式计算:

$$\Delta T = K Q_{\mathrm{c}} / (M_\rho c_p) \tag{13-17}$$

式中　ΔT——烟层平均温度与环境温度的差,K;

c_p——空气的定压比热,一般取 $c_p = 1.01$ kJ/(kg·K);

K——烟气中对流放热量因子。当采用机械排烟时,取 $K = 1.0$;当采用自然排烟时,取 $K = 0.5$。

④ 排烟风机的风量选型除根据设计计算确定外,还应考虑系统的泄漏量。每个防烟分区排烟量应按以下公式计算或查表 13-7 选取:

$$V = M_\rho T / (\rho_0 T_0) \tag{13-18}$$

$$T = T_0 + \Delta T \tag{13-19}$$

式中　V——排烟量,m³/s;

ρ_0——环境温度下的气体密度(kg/m³),通常 $T_0 = 293.15$ K,$\rho_0 = 1.2$ kg/m³;

T_0——环境的绝对温度,K;

T——烟层的平均绝对温度,K。

表 13-7　　　　　　　　　　　　火灾烟气表

$Q=1$ MW			$Q=1.5$ MW			$Q=2.5$ MW		
M_p/(kg/s)	ΔT/K	V/(m³/s)	M_p/(kg/s)	ΔT/K	V/(m³/s)	M_p/(kg/s)	ΔT/K	V/(m³/s)
4	175	5.32	4	263	6.32	6	292	9.98
6	117	6.98	6	175	7.99	10	175	13.31
8	88	8.66	10	105	11.32	15	117	17.49
10	70	10.31	15	70	15.48	20	88	21.68
12	58	11.96	20	53	19.68	25	70	25.80
15	47	14.51	25	42	24.53	30	58	29.94
20	35	18.64	30	35	27.96	35	50	34.16
25	28	22.8	35	30	32.16	40	44	38.32
30	23	26.90	40	26	36.28	50	35	46.60
35	20	31.15	50	21	44.65	60	29	54.96
40	18	35.32	60	18	53.10	75	23	67.43
50	14	43.60	75	14	65.48	100	18	88.50
60	12	52.00	100	10.5	86.00	120	15	105.10
$Q=3$ MW			$Q=4$ MW			$Q=5$ MW		
8	263	12.64	8	350	14.64	9	525	21.50
10	210	14.30	10	280	16.30	12	417	24.00
15	140	18.45	15	187	20.48	15	333	26.00
20	105	22.64	20	140	24.64	18	278	29.00
25	84	26.80	25	112	28.80	24	208	34.00
30	70	30.96	30	93	32.94	30	167	39.00
35	60	35.14	35	80	37.14	36	139	43.00
40	53	39.32	40	70	41.28	50	100	55.00
50	42	49.05	50	56	49.65	65	77	67.00
60	35	55.92	60	47	58.02	80	63	79.00
75	28	68.48	75	37	70.35	95	53	91.50
100	21	89.30	100	28	91.30	110	45	103.50
120	18	106.20	120	23	107.88	130	38	120.00
140	15	122.60	140	20	124.60	150	33	136.00
$Q=6$ MW			$Q=8$ MW			$Q=20$ MW		
10	420	20.28	15	373	28.41	20	700	56.48
15	280	24.45	20	280	32.59	30	467	64.85
20	210	28.62	25	224	36.76	40	350	73.15

$Q=6$ MW			$Q=8$ MW			$Q=20$ MW		
$M_p/(\text{kg/s})$	$\Delta T/\text{K}$	$V/(\text{m}^3/\text{s})$	$M_p/(\text{kg/s})$	$\Delta T/\text{K}$	$V/(\text{m}^3/\text{s})$	$M_p/(\text{kg/s})$	$\Delta T/\text{K}$	$V/(\text{m}^3/\text{s})$
25	168	32.18	30	187	40.96	50	280	81.48
30	140	38.96	35	160	45.09	60	233	89.76
35	120	41.13	40	140	49.26	75	187	102.40
40	105	45.28	50	112	57.79	100	140	123.20
50	84	53.6	60	93	65.87	120	117	139.90
60	70	61.92	75	74	78.28	140	100	156.50
75	56	74.48	100	56	90.73	—	—	—
100	42	98.10	120	46	115.70	—	—	—
120	35	111.80	140	40	132.60	—	—	—
140	30	126.70	—	—	—	—	—	—

⑤ 机械排烟系统中,单个排烟口的最大允许排烟量 $V_{\max}$ 宜按下式计算:

$$V_{\max} = 4.16\gamma \cdot d_b^{\frac{5}{2}} \left(\frac{T-T_0}{T_0} \right)^{\frac{1}{2}} \tag{13-20}$$

式中　$V_{\max}$ ——排烟口最大允许排烟量,m^3/s;

　　　　γ ——排烟位置系数;当风口中心点到最近墙体的距离≥2 倍的排烟口当量直径时,γ 取 1.0;当风口中心点到最近墙体的距离<2 倍的排烟口当量直径时,γ 取 0.5;当吸入口位于墙体上时,γ 取 0.5。

　　　　d_b ——排烟系统吸入口最低点之下烟气层厚度,m;

　　　　T_0 ——环境的绝对温度,K;

　　　　T ——烟层的平均绝对温度,K。

如果从一个排烟口排出太多的烟气,则会在烟层底部撕开一个"洞",使新鲜的冷空气卷吸进去,随烟气被排出,从而降低了实际排烟量,如图 13-12 所示。因此,这里规定了每个排烟口的最高临界排烟量,公式选自 NFPA 92B。根据工程经验,排烟口设置位置参考图如图 13-13所示。

(3) 排烟量的选取

① 机械排烟系统的设计风量应充分考虑管道沿程损耗和漏风量,排烟系统的设计风量不应小于系统计算风量的 1.2 倍。

② 除中庭外下列场所一个防烟分区的排烟量计算应符合下列规定:

a. 建筑空间净高小于或等于 6 m 的场所,其排烟量应按不小于 60 $\text{m}^3/(\text{h} \cdot \text{m}^2)$计算,且取值不小于 15 000 m^3/h,或设置有效面积不小于该房间建筑面积 2% 的自然排烟窗(口)。

b. 公共建筑、工业建筑中空间净高大于 6 m 的场所,其每个防烟分区排烟量应根据场所的热释放速率以及相关规定的计算确定,或设置自然排烟窗(口),其所需有效排烟面积和排烟窗(口)处风速计算应符合相关规定。

c. 当公共建筑仅需在走道或回廊设置排烟时,其机械排烟量不应小于 13 000 m^3/h,或

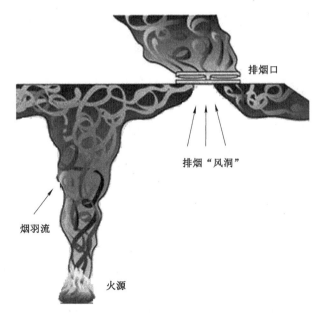

图 13-12　排烟口的最高临界排烟量示意图

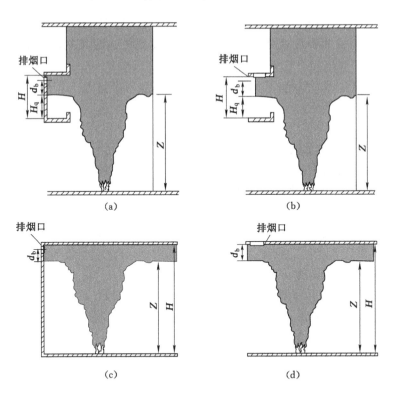

图 13-13　排烟口设置位置参考图

(a),(c) 侧排烟;(b),(d) 顶排烟

在走道两端(侧)均设置面积不小于 2 m² 的自然排烟窗(口),且两侧自然排烟窗(口)的距离不应小于走道长度的 2/3。

d. 当公共建筑房间内与走道或回廊均需设置排烟时,其走道或回廊的机械排烟量可按 60 m³/(h•m²)计算且不小于 13 000 m³/h,或设置有效面积不小于走道、回廊建筑面积 2% 的自然排烟窗(口)。

e. 当一个排烟系统担负多个防烟分区排烟时,其系统排烟量的计算应符合下列规定:

当系统负担具有相同净高场所时,对于建筑空间净高大于 6 m 的场所,应按排烟量最大的一个防烟分区的排烟量计算;对于建筑空间净高为 6 m 及以下的场所,应按同一防火分区中任意两个相邻防烟分区的排烟量之和的最大值计算。

当系统负担具有不同净高场所时,应采用上述方法对系统中每个场所所需的排烟量进行计算,并取其中的最大值作为系统排烟量。

③ 中庭周围场所设有机械排烟时,中庭采用机械排烟系统的,中庭排烟量应按周围场所防烟分区中最大排烟量的 2 倍数值计算,且不应小于 107 000 m³/h;中庭采用自然排烟系统时,应按上述排量和自然排烟窗(口)的风速不大于 0.5 m/s 计算有效开窗面积。

当中庭周围场所不需设置排烟系统,仅在回廊设置排烟系统时,回廊的排烟量应对应表 13-5 中的热释放速率按本节相关规定的计算确定。中庭的排烟量不应小于 40 000 m³/h;中庭采用自然排烟系统时,应按上述排烟量和自然排烟窗(口)的风速不大于 0.4 m/s 计算有效开窗面积。

④ 除第②条、第③条规定的场所外,其他场所的排烟量或自然排烟窗(口)面积应按照烟羽流类型,根据火灾热释放速率、清晰高度、烟羽流质量流量及烟羽流温度等参数计算确定。

⑤ 设置自动喷水灭火系统(简称喷淋)的场所,其室内净高大于 8 m 时,应按无喷淋场所对待。

(4)排烟风速

当排烟管道内壁为金属时,管道设计风速不应大于 20 m/s;当排烟管道内壁为非金属时,管道设计风速不应大于 15 m/s。排烟口的风速不宜大于 10 m/s。

13.3.4 机械排烟系统的组件与设置要求

13.3.4.1 排烟风机

(1)排烟风机可采用离心式或轴流排烟风机(满足 280 ℃ 时连续工作 30 min 的要求),排烟风机入口处应设置 280 ℃ 能自动关闭的排烟防火阀,该阀应与排烟风机连锁,当该阀关闭时,排烟风机应能停止运转。

(2)排烟风机宜设置在排烟系统的最高处,烟气出口宜朝上,并应高于加压送风机和补风机的进风口,两者垂直距离或水平距离应符合:竖向布置时,送风机的进风口应设置在排烟机出风口的下方,其两者边缘最小垂直距离不应小于 6.0 m;水平布置时,两者边缘最小水平距离不应小于 20.0 m。

(3)排烟风机应设置在专用机房内,该房间应采用耐火极限不低于 2.00 h 的隔墙和 1.50 h 的楼板及甲级防火门与其他部位隔开。风机两侧应有 600 mm 以上的空间。对于排烟系统与通风空气调节系统共用的系统,其排烟风机与排风风机的合用机房,应符合下列规定:

① 机房内应设置自动喷水灭火系统。

② 机房内不得设置用于机械加压送风的风机与管道。

③ 排烟风机与排烟管道的连接部位应能在 280 ℃时连续 30 min 保证其结构完整性。

(4) 排烟风机应满足 280 ℃时连续工作 30 min 的要求,排烟风机应与风机入口处的排烟防火阀连锁,当该阀关闭时,排烟风机应能停止运转。

13.3.4.2　排烟防火阀

排烟管道下列部位应设置排烟防火阀:垂直风管与每层水平风管交接处的水平管段上;一个排烟系统负担多个防烟分区的排烟支管上;排烟风机入口处;穿越防火分区处。

13.3.4.3　排烟阀(口)

排烟阀(口)的设置应符合下列要求:

(1) 排烟口应设在储烟仓内,当用隔墙或挡烟垂壁划分防烟分区时,每个防烟分区应分别设置排烟口,排烟口应尽量设置在防烟分区的中心部位,且防烟分区内任一点与最近的排烟口之间的水平距离不应超过 30 m,如图 13-14 所示。

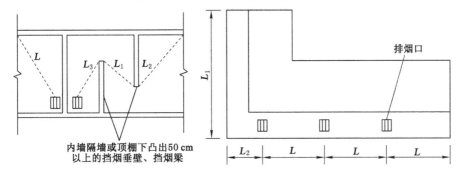

图 13-14　房间、走道排烟口至防烟区最远水平距离示意图

① 排烟口宜设置在顶棚或靠近顶棚的墙面上。

② 排烟口应设在储烟仓内,但走道、室内空间净高不大于 3 m 的区域,其排烟口可设置在其净空高度的 1/2 以上;当设置在侧墙时,吊顶与最近的边缘的距离不应大于 0.5 m,如图 13-15 所示。

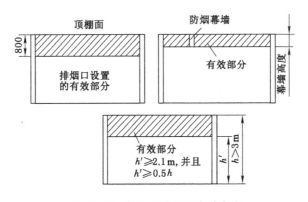

图 13-15　排烟口设置的有效高度

③ 对于需要设置机械排烟系统的房间,当其建筑面积小于 50 m² 时,可通过走道排烟,排烟口可设置在疏散走道

④ 火灾时由火灾自动报警系统联动开启排烟区域的排烟阀或排烟口,应在现场设置手

动开启装置。

⑤ 排烟口的设置宜使烟流方向与人员疏散方向相反,排烟口与附近安全出口相邻边缘之间的水平距离不应小于 1.5 m,如图 13-16 所示。

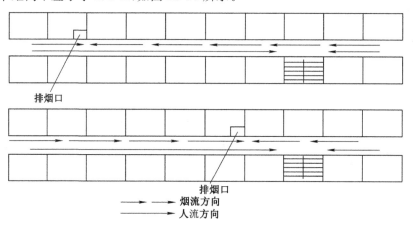

图 13-16　疏散方向与排烟口的布置

⑥ 每个排烟口的排烟量不应大于最大允许排烟量,最大允许排烟量应计算确定。

⑦ 排烟口的风速不宜大于 10 m/s。

(2) 当排烟口设在吊顶内且通过吊顶上部空间进行排烟时,应符合下列规定:

① 吊顶应采用不燃材料,且吊顶内不应有可燃物;

② 封闭式吊顶上设置的烟气流入口的颈部烟气速度不宜大于 1.5 m/s;

③ 非封闭吊顶的开孔率不应小于吊顶净面积的 25%,且孔洞应均匀布置。

13.3.4.4　排烟管道

(1) 排烟管道应采用不燃材料制作且内壁应光滑,不应采用土建风道。当排烟管道内壁为金属时,管道设计风速不应大于 20 m/s;当排烟管道内壁为非金属时,管道设计风速不应大于 15 m/s。排烟管道的厚度应按《通风与空调工程施工质量验收规范》(GB 50243)的有关规定执行。

(2) 排烟管道的设置和耐火极限应符合下列规定:

① 排烟管道及其连接部件应能在 280 ℃时连续 30 min 保证其结构完整性。

② 竖向设置的排烟管道应设置在独立的管道井内,排烟管道的耐火极限不应低于0.50 h。

③ 水平设置的排烟管道应设置在吊顶内,其耐火极限不应低于 0.50 h;当确有困难时,可直接设置在室内,但管道的耐火极限不应小于 1.00 h。

④ 设置在走道部位吊顶内的排烟管道,以及穿越防火分区的排烟管道,其管道的耐火极限不应小于 1.00 h,但设备用房和汽车库的排烟管道耐火极限可不低于 0.50 h。

(3) 当吊顶内有可燃物时,吊顶内的排烟管道应采用不燃烧材料进行隔热,并应与可燃物保持不小于 150 mm 的距离。

(4) 排烟管道井应采用耐火极限不小于 1.00 h 的隔墙与相邻区域分隔;当墙上必须设置检修门时,应采用乙级防火门。

图 13-17 为一些常用的、推荐的处理方法。

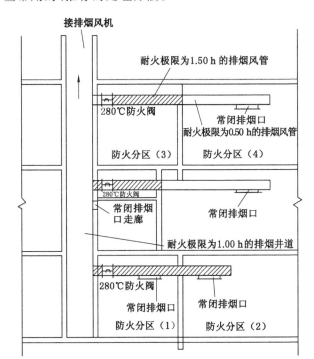

图 13-17　排烟管道布置剖面图

13.3.4.5　挡烟垂壁

挡烟垂壁是用不燃材料制成,垂直安装在建筑顶棚、梁或吊顶下,能在火灾时形成一定的蓄烟空间的挡烟分隔设施。挡烟垂壁可采用固定式或活动式,当建筑物净空较高时可采用固定式挡烟垂壁,将其长期固定在顶棚上;当建筑物净空较低时,宜采用活动式挡烟垂壁。挡烟垂壁应用不燃烧材料制作,如钢板、防火玻璃、无机纤维织物、不燃无机复合板等。活动挡烟垂壁应具有火灾自动报警系统自动启动和现场手动启动功能,当火灾确认后,火灾自动报警系统应在 15 s 内联动相应防烟分区的全部活动挡烟垂壁,60 s 以内挡烟垂壁应开启到位。

13.3.5　补风

13.3.5.1　补风原理

根据空气流动的原理,在排出某一区域空气的同时,需要有另一部分的空气补充。当排烟系统排烟时,补风的主要目的是为了形成理想的气流组织,迅速排除烟气,有利于人员的安全疏散和消防救援。

13.3.5.2　补风系统的选择

除地上建筑的走道或建筑面积小于 500 m² 的房间外,设置排烟系统的场所应设置补风系统。由于这些场所的面积较小,排烟量也较小,因此可以利用建筑的各种缝隙,满足排烟系统所需的补风,为了简化系统管理和减少工程投入,可以不专门为这些场所设置补风系统。除这些场所以外的排烟系统均应设置补风系统。

13.3.5.3 补风的方式

补风系统应直接从室外引入空气,可采用疏散外门、手动或自动可开启外窗等自然进风方式以及机械送风方式。

(1) 自然补风

在同一个防火分区内,补风系统可以采用疏散外门、手动或自动可开启外窗进行排烟补风,并保证补风气流不受阻隔,但防火门、窗不得用作补风设施。

(2) 机械补风

① 机械排烟与机械补风组合方式。利用排烟机通过排烟口将着火房间的烟气排到室外,同时对走廊、楼梯间前室和楼梯间等利用送风机进行机械送风,使疏散通道的空气压力高于着火房间的压力,从而防止烟气从着火房间渗漏到走廊,确保疏散通道的安全。这种方式也称为全面通风排烟方式。该方式防烟、排烟效果好,不受室外气象条件影响,但系统较复杂、设备投资较高,耗电量较大。要维持着火房间的负压差,需要设置良好的调节装置,控制进风和排烟的平衡。机械排烟方式如图 13-18 所示。

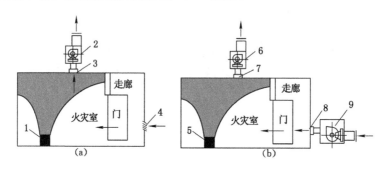

图 13-18 机械排烟的方式
(a) 自然进风;(b) 机械进风
1,5——火源;2,6——排烟风机;3,7——排烟口;4,8——进(送)风口;9——通风机

② 自然排烟与机械补风组合方式。这种方式采用机械送风系统向走廊、前室和楼梯间送风,使这些区域的空气压力高于着火房间,防止烟气窜入疏散通道;着火房间的烟气通过外窗或专用排烟口以自然排烟的方式排至室外。这种方式需要控制加压区域的空气压力,避免与着火房间压力相差过大,导致渗入着火房间的新鲜空气过多,助长火灾的发展。

13.3.5.4 补风的主要设计参数

(1) 补风量

补风系统应直接从室外引入空气,且补风量不应小于排烟量的 50%。

(2) 补风风速

机械补风口的风速不宜大于 10 m/s,人员密集场所补风口的风速不宜大于 5 m/s;自然补风口的风速不宜大于 3 m/s。

13.3.5.5 补风系统组件与设置

(1) 补风口

补风口与排烟口设置在同一空间内相邻的防烟分区时,补风口位置不限;当补风口与排烟口设置在同一防烟分区时,补风口应设在储烟仓下沿以下;补风口与排烟口水平距离不应少于 5 m。机械送风口或自然补风口设于储烟仓以下,才能形成理想的气流组织。补风口如果设置位置不当的话,则会造成对流动烟气的搅动,严重影响烟气导出的有效组织,或由于补风受阻,使排烟气流无法稳定导出,所以必须对补风口的设置有严格要求。

（2）补风机

补风机的设置与机械加压送风机的要求相同。补风系统应与排烟系统联动开启或关闭。

13.4 防排烟系统的联动控制

13.4.1 防烟系统的联动控制

对采用总线控制的系统,当某一防火分区发生火灾时,该防火分区内的感烟、感温探测器探测的火灾信号发送至消防控制主机,主机发出开启与探测器对应的该防火分区内前室及合用前室的常闭加压送风口的信号,至相应送风口的火警联动模块,由它开启送风口,消防控制中心收到送风口动作信号,就发出指令给装在加压送风机附近的火警联动模块,启动前室及合用前室的加压送风机,同时启动该防火分区内所有楼梯间加压送风机。当防火分区跨越楼层时,应开启该防火分区内全部楼层的前室及合用前室的常闭加压送风口及其加压送风机。当火灾确认后,火灾自动报警系统应能在 15 s 内联动开启常闭加压送风口和加压送风机。除火警信号联动外,还可以通过联动模块在消防中心直接点动控制,或在消防控制室通过多线控制盘直接手动启动加压送风机,也可手动开启常闭型加压送风口,由送风口开启信号联动加压送风机。另外,设置就地启停控制按钮,以供调试及维修用。当系统中任一常闭加压送风口开启时,相应加压风机应能联动启动。火警撤销由消防控制中心通过火警联动模块停加压送风机,送风口通常由手动复位。消防控制设备应显示防烟系统的送风机、阀门等设施启闭状态。防烟楼梯间及前室、消防电梯间前室和合用前室加压送风控制程序如图 13-19 所示。

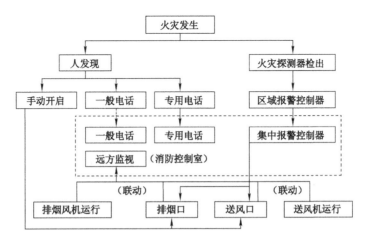

图 13-19 防烟楼梯间及前室、消防电梯间前室和合用前室加压送风控制程序

13.4.2 排烟系统的联动控制

机械排烟系统中的常闭排烟阀(口)应设置火灾自动报警系统联动开启功能和就地开启的手动装置,并与排烟风机联动。火警时,与排烟阀(口)相对应的火灾探测器探得火灾信号发送至消防控制主机,主机发出开启排烟阀(口)信号至相应排烟阀的火警联动模块,由它开启排烟阀(口),排烟阀的电源是直流 24 V。消防控制主机收到排烟阀(口)动作信号,就发出指令给装在排烟风机、补风机附近的火警联动模块,启动排烟风机和补风机。除火警信号联动外,还可以通过联动模块在消防中心直接点动控制,或在消防控制室通过多线控制盘直接手动启动,也可现场手动启动排烟风机和补风机。另外,设置就地启停控制按钮,以供调试及维修用。当火灾确认后,火灾自动报警系统应在 15 s 内联动开启同一排烟区域的全部排烟阀(口)、排烟风机和补风设施,并应在 30 s 内自动关闭与排烟无关的通风、空调系统。担负两个及以上防烟分区的排烟系统,应仅打开着火防烟分区的排烟阀(口),其他防烟分区的排烟阀(口)应呈关闭状态。系统中任一排烟阀(口)开启时,相应排烟风机、补风机应能联动启动。火警撤销由消防控制中心通过火警联动模块停排烟风机和补风机,关闭排烟阀(口)。

排烟系统吸入高温烟雾,当烟温度达到 280 ℃时,应停排烟风机,所以在风机进口处设置排烟防火阀,或当一个排烟系统负担多个防烟分区时,排烟支管应设 280 ℃自动关闭的排烟防火阀。当烟温达到 280 ℃时,排烟防火阀自动关闭,可通过触点开关(串入风机启停回路)直接停排烟风机,但收不到防火阀关闭的信号。也可在排烟防火阀附近设置火警联动模块,将防火阀关闭的信号送到消防控制中心,消防中心收到此信号后,再送出指令至排烟风机火警联动模块停风机,这样消防控制中心不但收到停排烟风机信号,而且也能收到防火阀的动作信号。消防控制设备应显示排烟系统的排烟风机、补风机、阀门等设施启闭状态。联动运行方式如图 13-20 和图 13-21 所示。

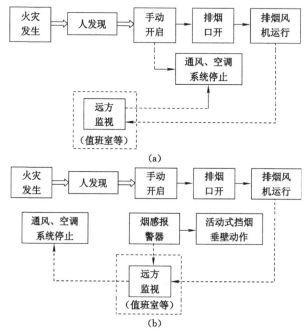

图 13-20　不设消防控制室的机械排烟控制程序

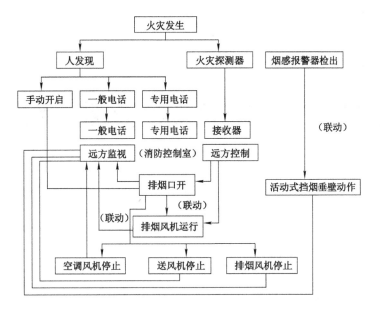

图 13-21　设有消防控制室的机械排烟控制程序

第14章 消防应急照明和疏散指示系统

消防应急照明和疏散指示系统是指在为人员疏散和发生火灾时仍需工作的场所提供照明和疏散指示的系统。其主要由消防应急灯具及相关装置组成。正确地选择消防应急灯具的种类,合理地设计、安装及科学地使用消防应急灯具对充分发挥系统的性能,保证消防应急照明和疏散指示标志在发生火灾时,能有效地指导人员疏散和消防人员的消防作业,都有十分重要的作用和意义。

14.1 系统分类与组成

消防应急照明和疏散指示系统的主要功能是为火灾中人员的逃生和灭火救援行动提供照明及方向指示,由消防应急照明灯具和消防应急标志灯具等构成。

14.1.1 消防应急灯具分类

消防应急灯具是为人员疏散、消防作业提供照明和标志的各类灯具,包括消防应急照明灯具和消防应急标志灯具,其分类如图 14-1 所示。

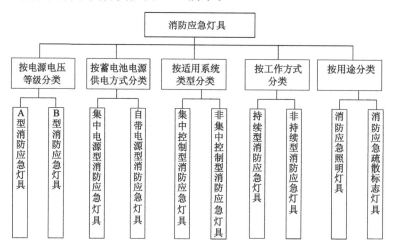

图 14-1 消防应急灯具分类

消防应急标志灯具是用于指示疏散出口、疏散路径、消防设施位置等重要信息的灯具,一般均用图形加以标示,有时会有辅助的文字信息。

消防应急照明标志灯具是为人员疏散、消防作业提供照明的消防应急灯具,其中,发光部分为便携式的消防应急照明灯具,也称为疏散用手电筒。

消防应急照明标志复合灯是同时具备消防应急照明灯具和消防应急标志灯具功能的消

防应急灯具。

持续型消防应急灯具是指光源在主电源或应急电源工作时均处于点亮状态的消防应急灯具,非持续型灯具的光源在主电源工作时不点亮,仅在应急电源工作时处于点亮状态。

自带电源型消防应急灯具的电池、光源及相关电路安装在灯具内部,一般分两种,一种为电池、光源和相关电路为一体;一种为电池和相关电路为一体,光源为分体。子母型消防应急灯具由子灯具和母灯具组成,子灯具的电源和点亮方式均由母灯具控制。集中电源型消防应急灯具的电源由应急照明集中电源提供,自身无独立的电池,不能独立工作。

14.1.2 系统的分类与组成

消防应急照明和疏散指示系统按照灯具的应急供电方式和控制方式的不同,分为自带电源非集中控制型、自带电源集中控制型、集中电源非集中控制型、集中电源集中控制型四类系统。

(1)自带电源非集中控制型系统

自带电源非集中控制型系统由应急照明配电箱和消防应急灯具组成。消防应急灯具由应急照明配电箱供电。

自带电源非集中控制系统连接的消防应急灯具均为自带电源型,灯具内部自带蓄电池,工作方式为独立控制,无集中控制功能,系统组成如图 14-2 所示。

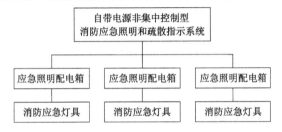

图 14-2 自带电源非集中控制型系统组成

(2)自带电源集中控制型系统

自带电源集中控制型系统由应急照明控制器、应急照明配电箱和消防应急灯具组成。消防应急灯具由应急照明配电箱供电,消防应急灯具的工作状态受应急照明控制器控制和管理。

自带电源集中控制型系统连接的消防应急灯具均为自带电源型,灯具内部自带蓄电池,但是消防应急灯具的应急转换由应急照明控制器控制,系统组成如图 14-3 所示。

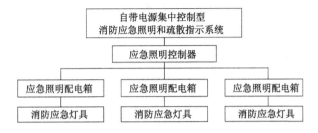

图 14-3 自带电源集中控制型系统组成

(3)集中电源非集中控制型系统

集中电源非集中控制型系统由应急照明集中电源、应急照明分配电装置和消防应急灯具组成。应急照明集中电源通过应急照明分配电装置为消防应急灯具供电。

集中电源非集中控制型系统连接的消防应急灯具自身不带电源,工作电源由应急照明集中电源提供,工作方式为独立控制,无集中控制功能,系统组成如图 14-4 所示。

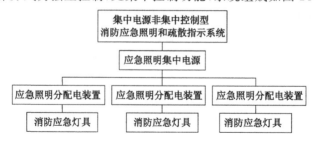

图 14-4　集中电源非集中控制型系统组成

（4）集中电源集中控制型系统

集中电源集中控制型系统由应急照明控制器、应急照明集中电源、应急照明分配电装置和消防应急灯具组成。应急照明集中电源通过应急照明分配电装置为消防应急灯具供电,应急照明集中电源和消防应急照明灯具的工作状态受应急照明控制器控制。

集中电源集中控制型系统连接的消防应急灯具的电源由应急照明集中电源提供,控制方式由应急照明控制器集中控制,系统组成如图 14-5 所示。

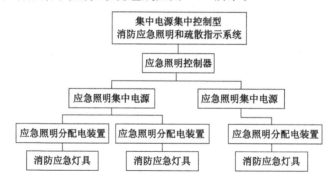

图 14-5　集中电源集中控制型系统组成

14.2　系统的工作原理与性能要求

自带电源非集中控制型、自带电源集中控制型、集中电源非集中控制型、集中电源集中控制型四类系统,由于供电方式和应急工作的控制方式不同,因此在工作原理存在着一定的差异。本节主要介绍系统的工作原理与性能要求。

14.2.1　系统工作原理

（1）自带电源非集中控制型系统工作原理

自带电源非集中控制型系统在正常工作状态时,市电通过应急照明配电箱为灯具供电,用于正常工作和蓄电池充电。

发生火灾时,相关防火分区内的应急照明配电箱动作,切断消防应急灯具的市电供电线路,灯具的工作电源由灯具内部自带的蓄电池提供,灯具进入应急状态,为人员疏散和消防作业提供应急照明和疏散指示。

（2）自带电源集中控制型系统工作原理

自带电源集中控制型系统在正常工作状态时,市电通过应急照明配电箱为灯具供电,用于正常工作和蓄电池充电。应急照明控制器通过实时检测消防应急灯具的工作状态,实现灯具的集中监测和管理。

发生火灾时,应急照明控制器接收到消防联动信号后,下发控制命令至消防应急灯具,控制应急照明配电箱和消防应急灯具转入应急状态,为人员疏散和消防作业提供照明和疏散指示。

（3）集中电源非集中控制型系统工作原理

集中电源非集中控制型系统在正常工作状态时,市电接入应急照明集中电源,用于正常工作和电池充电,通过各防火分区设置的应急照明分配电装置将应急照明集中电源的输出提供给消防应急灯具。

发生火灾时,应急照明集中电源的供电电源由市电切换至电池,集中电源进入应急工作状态,通过应急照明分配电装置供电的消防应急灯具也进入应急工作状态,为人员疏散和消防作业提供照明和疏散指示。

（4）集中电源集中控制型系统工作原理

集中电源集中控制型系统在正常工作状态时,市电接入应急照明集中电源,用于正常工作和电池充电,通过各防火分区设置的应急照明分配电装置将应急照明集中电源的输出提供给消防应急灯具。应急照明控制器通过实时监测应急照明集中电源、应急照明分配电装置和消防应急灯具的工作状态,实现系统的集中监测和管理。

发生火灾时,应急照明控制器接收到消防联动信号后,下发控制命令至应急照明集中电源、应急照明分配电装置和消防应急灯具,控制系统转入应急状态,为人员疏散和消防作业提供照明和疏散指示。

14.2.2　系统的性能要求

消防应急照明和疏散指示系统在火灾事故状况下,所有消防应急照明和标志灯具转入应急工作状态,为人员疏散和消防作业提供必要的帮助,因此响应迅速、安全稳定是对系统的基本要求。

（1）应急转换时间

系统的应急转换时间不应大于 5 s;高危险区域使用系统的应急转换时间不应大于0.25 s。

（2）应急工作时间

系统的应急工作时间不应小于 90 min,考虑到电池在日常充电老化中容量会自然下降,工作环境温度的变化也会导致电池释放容量发生变化,变化曲线如图 14-6 所示,因此规范要求系统的应急工作时间不小于灯具本身标称的应急工作时间。

（3）标志灯具的表面亮度

① 仅用绿色或红色图形构成标志的标志灯,其标志表面最小亮度不能小于 50 cd/m²,最大亮度不大于 300 cd/m²;

② 用白色与绿色组合或白色与红色组合构成的图形作为标志的标志灯表面最小亮度不小于 5 cd/m²,最大亮度不大于 300 cd/m²,白色、绿色或红色本身最大亮度与最小亮度比

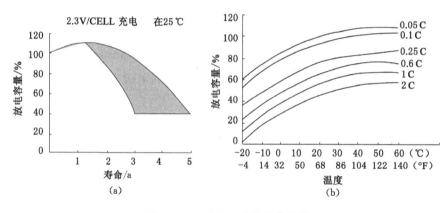

图 14-6　电池放电容量变化曲线

值不大于 10。白色与相邻绿色或红色交界两边对应点的亮度比不小于 5 且不大于 15。

（4）照明灯具的光通量

消防应急照明灯具应急状态光通量不应低于其标称的光通量，且不小于 50 lm。疏散用手电筒的发光色温在 2 500 K 至 2 700 K 之间。

（5）系统自检

系统持续主电工作 48 h 后每隔（30±2）d 自动由主电工作状态转入应急工作状态并持续 30～180 s，然后自动恢复到主电工作状态。系统持续主电工作每隔一年应能自动由主电工作状态转入应急工作状态并持续至放电终止，然后自动恢复到主电工作状态，持续应急工作时间不少于 30 min。

（6）应急转换控制

在消防控制室，应设置强制使消防应急照明和疏散指示系统切换和应急投入的手动和自动控制装置。在设置了火灾自动报警系统的场所，消防应急照明和疏散指示系统的切换和应急投入要接受火灾自动报警系统的联动控制。

14.3　系统的选择及设计要求

消防应急照明和疏散指示系统的组成和选择非常重要，作为系统组成的四种类型，它们各有特点，适用的场所、引导疏散的效能各不相同，因此必须根据建筑物的规模、使用性质和人员疏散难度等因素来加以确定。

14.3.1　系统选择

系统的选择要遵循以下几个原则：

（1）专业性

消防应急灯具在产品性能、可靠性和防护等级等方面都优于普通的民用灯具，能够在火灾条件下更加可靠地提供照明和疏散指示，因此在工程使用中不能用民用灯具替代消防应急灯具。

消防应急照明和疏散指示标志系统产品的国家标准为《消防应急照明和疏散指示系统》（GB 17945）和《消防应急照明和疏散指示系统技术规范》（GB 51309），《中华人民共和国消防法》第 24 条第 2 款规定：依法实行强制性产品认证的消防产品，由具有法定资质的认证机构按照国家标准、行业标准的强制性要求认证合格后,方可生产、销售、使用。实行强制性产品认证的消防产品目录,由国务院产品质量监督部门会同国务院公安部门制定并公布。公安部消防产品合格评定中心是指定的消防产品质量认证机构,国家消防电子产品质量监督检验中心是指定的消防产品认证检验机构。

(2)节能

绿色、节能和环保是当今建筑设计的前提,因此在选择系统和选用消防应急灯具时应选择应用成熟、运行可靠、节能环保的产品。

(3)安全性

疏散走道和楼梯间在火灾条件下,由于自动喷水灭火装置可能发生动作,为避免人身触电事故的发生,系统的供电电压应为安全电压。疏散走道、楼梯间和建筑空间高度不大于8 m的场所,应选择应急供电电压为安全电压的消防应急灯具;采用非安全电压时,外露接线盒和消防应急灯具的防护等级应达到 IP54 的要求。

《消防应急照明和疏散指示系统》(GB 17945)规定了室内地面使用和室外地面使用的消防应急灯具最低防护等级为 IP54;安装在室外地面的消防应急灯具最低防护等级为IP67;安装在地面的灯具应能耐受外界的机械冲击和研磨。

14.3.2　系统设计要求

火灾发生后,消防应急照明和疏散指示系统控制所有消防应急照明和标志灯具立即转入应急工作状态,帮助人员安全、迅速、有序地逃生,防止发生次生灾害。

(1)一般要求

① 应急转换时间

在火灾突发的情况下,如正常照明中断,人们极易引起恐慌。对于比较熟悉环境的一般场所,人员在几秒钟之内即产生逃生的本能反应,此时照明中断可能引起较大混乱;对于人员密集场所,人员流动性大,人员特征和状态复杂,如商场、机场和车站等大型公共建筑,较长的中断照明时间,必定会导致撞伤、踩伤等伤亡情况发生。因此,高危险场所灯具光源应急点亮的响应时间不应大于 0.25 s;其他场所灯具光源应急点亮的响应时间不应大于 5 s;具有两种及以上疏散指示方案的场所,标志灯光源点亮、熄灭的响应时间不应大于 5 s。

② 蓄电池供电持续工作时间

建筑高度大于 100 m 的民用建筑,不应小于 1.5 h;医疗建筑、老年人照料设施、总建筑面积大于 100 000 m² 的公共建筑和总建筑面积大于 20 000 m² 的地下、半地下建筑,不应少于 1.0 h;其他建筑,不应少于 0.5 h。

(2)供电设计

① 水平疏散区域供电

应按防火分区、同一防火分区的楼层、隧道区间、地铁站台和站厅等为基本单元设置配电回路;除住宅建筑外,不同的防火分区、隧道区间、地铁站台和站厅不能共用同一配电回路;避难走道应单独设置配电回路;防烟楼梯间前室及合用前室内设置的灯具应由前室所在楼层的配电回路供电;配电室、消防控制室、消防水泵房、自备发电机房等发生火灾时仍需工作、值守的区域和相关疏散通道,应单独设置配电回路。

大于 2 000 m² 的防火分区单独设置应急照明配电箱或应急照明分配电装置;小于2 000 m² 的防火分区可采用专用应急照明回路;应急照明回路沿电缆管井垂直敷设时,公共建筑应急照明配电箱供电范围不宜超过 8 层,住宅建筑不宜超过 18 层;任一配电回路配接灯具的数量量不宜超过 60 只;道路交通隧道内,配接灯具的范围不宜超过 1 000 m;地铁隧道内,配接灯具的范围不应超过一个区间的 1/2。

当应急照明集中电源和应急照明分配电装置在同一平面层时,应急照明电源采用放射式供电方式;二者不在同一平面层,且配电分支干线沿同一电缆管井敷设时,应急照明集中电源可采用放射式或树干式供电方式。商住楼的商业部分与居住部分应分开,并单独设置应急照明配电箱或应急照明集中电源。

② 竖向疏散区域及其扩展区域的供电

封闭楼梯间、防烟楼梯间、室外疏散楼梯应单独设置配电回路;敞开楼梯间内设置的灯具应由灯具所在楼层或就近楼层的配电回路供电。避难层和避难层连接的下行楼梯间应单独设置配电回路。

③ 避难层及航空疏散场所

避难层及航空疏散场所的消防应急照明由变配电所放射式供电。

④ 消防工作区域及其疏散走道的供电

消防控制室、高低压配电房、发电机房及蓄电池类自备电源室、消防水泵房、防烟及排烟机房、消防电梯机房、BAS 控制中心机房、电话机房、通信机房、大型计算机房、安全防范控制中心机房等在发生火灾时有人值班的场所,应同时设置备用照明和疏散照明;楼层配电间(室)及其他在发生火灾时无人值班的场所可不设置备用照明和疏散照明;备用照明可采用普通灯具,并由双电源供电。

⑤ 灯具配电回路

任一配电回路的额定功率、额定电流应符合下列规定:配接灯具的额定功率总和不应大于配电回路额定功率的 80%;A 型灯具配电回路的额定电流不应大于 6 A;B 型灯具配电回路的额定电流不应大于 10 A。

⑥ 应急照明配电箱及应急照明分配电装置的输出

输出回路不超过 8 路;采用安全电压时的每个回路输出电流不大于 5 A;采用非安全电压时的每个回路输出电流不大于 16 A。

(3) 非集中控制型系统的设计

① 系统的应急转换

未设置火灾自动报警系统的场所,系统在正常照明中断后转入应急工作状态;设置火灾自动报警系统的场所,自带电源非集中控制型系统由火灾自动报警系统联动各应急照明配电箱实现工作状态的转换。集中电源非集中控制型系统由火灾自动报警系统联动各应急照明集中电源和应急照明分配电装置实现工作状态的转换。

② 应急照明集中电源和分配电装置设计

应急照明集中电源的控制装置设置在消防控制室内,未设置消防控制室的建筑,应急照明集中电源控制装置设置在有人员值班的场所。集中设置蓄电池组的系统,应急照明集中电源能够手动控制消防应急照明分配电装置的工作状态。分散设置蓄电池组的系统,其控制装置能够手动控制各蓄电池组及转换装置的工作状态。

(4) 集中控制型系统的设计

① 集中控制型系统的控制方式

接收到火灾自动报警系统的火灾报警信号或联动控制信号后,应急照明控制器控制相应的消防应急灯具转入应急工作状态。

自带电源集中控制型系统,由应急照明控制器控制系统内的应急照明配电箱和相应的消防应急灯具及其他附件实现工作状态转换。

集中电源集中控制型系统,由应急照明控制器控制系统内应急照明集中电源、应急照明分配电装置和相应的消防应急灯具及其他附件实现工作状态转换。

② 应急照明控制器设计

系统内仅有一台应急照明控制器时,应急照明控制器设置于消防控制室或有人员值班的场所;系统内有多台应急照明控制器时,主控制器设置在消防控制室内,其他控制器可设置在配电间等场所内。每台应急照明控制器直接控制的应急照明集中电源、应急照明分配电装置、应急照明配电箱和消防应急灯具等设备总数不大于 3 200 个。应急照明控制器的主电源由消防电源供电,应急照明控制器的备用电源至少使控制器在主电源中断后工作 3 h。

消防应急照明和疏散指示系统的具体设计过程,请参考《消防应急照明和疏散指示系统技术规范》(GB 51309)的设计要求。

第15章　建筑火灾风险评估

随着我国经济的快速发展,城市化发展速度加快,建筑火灾危险源增多,火灾危险性严重,火灾形势越来越严峻。为此,需要对建筑火灾危险源进行辨识,对建筑火灾风险进行分析、评价,为消防技术措施的实施及消防管理提供科学的技术支持,尽可能地减少建筑火灾造成的财产损失和人员伤亡。

15.1　火灾风险评估的相关概念

火灾风险评估以及评估过程中涉及的相关概念主要有:

(1)火灾风险评估:对目标对象可能面临的火灾危险、被保护对象的脆弱性、控制风险措施的有效性、风险后果的严重度以及上述各因素综合作用下的消防安全性能进行评估的过程。

(2)可接受风险:在当前技术、经济和社会发展条件下,组织或公众所能接受的风险水平。

(3)消防安全:发生火灾时,可将对人身安全、财产和环境等可能产生的损害控制在可接受风险以下的状态。

(4)火灾危险:引发潜在火灾的可能性,针对的是作为客体的火灾危险源引发火灾的状况。

(5)火灾隐患:由违反消防法律法规的行为引起,可能导致火灾发生,或发生火灾后会造成人员伤亡、财产损失、环境损害或社会影响的不安全因素。

(6)火灾风险:对潜在火灾的发生概率及火灾事件所产生后果的综合度量。一般可用"火灾风险＝概率×后果"表达。其中"×"为数学算子,不同的方法"×"的表达会有所不同。

(7)火灾危险源:可能引起目标遭受火灾影响的所有来源。

(8)火灾风险源:能够对目标发生火灾的概率及其后果产生影响的所有来源。

(9)火灾危险性:物质发生火灾的可能性及火灾在不受外力影响下所产生后果的严重程度,强调的是物质固有的物理属性。

15.2　火灾风险评估的分类

(1)按建筑所处状态

根据建筑所处的不同状态,火灾风险评估可以分为预先评估和现状评估。

① 预先评估

它是在建设工程的开发、设计阶段所进行的风险评估,用于指导建设工程的开发和设计,以在建设工程的基础阶段最大限度地降低建设工程的火灾风险。

② 现状评估

它是在建筑(区域)建设工程已经竣工,即将投入运行前或已经投入运行时所处的阶段进行的风险评估,用于了解建筑(区域)的现实风险,以采取降低风险的措施。由于在建筑(区域)的运行阶段,对建筑(区域)的风险已有一定了解,因而与预先评估相比,现状评估更接近于现实情况。当前的火灾风险评估大多数属于现状评估。

(2) 按指标处理方式

在建筑(区域)风险评估的指标中,有些指标本身是定量的,可以用一定的数值来表示;有些指标则具有不确定性,无法用一个数值来准确地度量。因此,根据建筑(区域)风险评估指标的处理方式,风险评估可以分为定性评估、半定量评估和定量评估。

① 定性评估

它是依靠人的观察分析能力,借助经验和判断能力进行的评估。在风险评估过程中,无须将不确定性指标转化为确定的数值进行度量,只需进行定性比较。常用的定性评估方法有安全检查表。

② 半定量评估

它是在风险量化的基础上进行的评估。在评估过程中,需要通过数学方法,将不确定的定性指标转化为量化的数值。由于其评估指标可进行一定程度的量化,因而能够比较准确地描述建筑(区域)的风险。

③ 定量评估

它是在评估过程中所涉及的参数均已经通过实验、测试、统计等各种方法实现了完全的量化的评估,且其量化数值可被业界公认。其评估指标可完全量化,因而评估结果更为精确。

15.3　火灾风险评估的作用

火灾风险评估的作用主要体现在以下几个方面:

(1) 社会化消防工作的基础

为有效推动各级政府和部门履行其消防工作职责,解决所属区域内火灾防控的薄弱环节,开展区域火灾风险评估工作是一项重要的基础性工作。火灾风险评估结论将指导各级政府和部门有针对性地开展消防工作,更有重点地解决风险较大的行业、区域消防安全问题。

(2) 公共消防设施建设的基础

为科学、合理规划城市公共消防设施,满足城市应对火灾扑救和抢险救援需要,将包括消防站、消防水源、消防装备、消防通信在内的公共消防设施建设纳入城市总体规划,有必要开展区域火灾风险评估工作。火灾风险评估结论将指导政府和部门优先解决制约火灾扑救和抢险救援的基础性、瓶颈性问题,从而提升城市防灾减灾能力。

(3) 重大活动消防安全工作的基础

大型文化体育活动具有人员密集、时间短暂、用电量大等特点;重要的政治和社会活动具有安全要求高、火灾防控难度大等特点。为有效做好上述活动的消防安全工作,在举办这些活动前,就活动场所以及主办单位及其组织过程与管理开展火灾风险评估,能够及时发现活动的组织方案、应急措施、责任制落实、消防设施配置、火灾扑救准备、消防救援等存在的薄弱环节,有针对性地进行完善。

(4) 确定火灾保险费率的基础

根本上,风险评估的源于保险业的需求,是随着保险业的发展而逐渐发展起来的。只是我国保险事业本身的起步就较晚,目前发展还未完全成熟,加上缺少相应的法规支持,火灾公众责任险还在探索之中,尚未找到成熟的发展和推广模式。随着我国经济社会的发展与进步,人们对安全的认识将不断深化,对安全的需求也将不断提高,可预期在不久的将来,火灾风险评估将会在我国消防工作中发挥越来越大的作用。

15.4 火灾风险评估流程

火灾风险评估的基本流程有以下几方面:

(1)前期准备

明确火灾风险评估的范围,收集所需的各种资料,重点收集与实际运行状况有关的各种资料与数据。评估机构依据经营单位提供的资料,按照确定的范围进行火灾风险评估。

所需主要资料从以下方面收集:

① 评估对象的功能;

② 可燃物;

③ 周边环境情况;

④ 消防设计图纸;

⑤ 消防设备相关资料;

⑥ 火灾应急救援预案;

⑦ 消防安全规章制度;

⑧ 相关的电气检测和消防设施与器材检测报告。

(2)火灾危险源的识别

应针对评估对象的特点,采用科学、合理的评估方法,进行火灾危险源识别和危险性分析。

(3)定性、定量评估

根据评估对象的特点,确定消防评估的模式及采用的评估方法。在系统生命周期内的运行阶段,应尽可能采用定量的安全评估方法,或定性与定量相结合的综合性评估模式进行分析和评估。

(4)消防安全管理水平评估

消防安全管理水平的评估主要包含以下三个方面:

① 消防管理制度评估;

② 火灾应急救援预案评估;

③ 消防演练计划评估。

(5)确定对策、措施及建议

根据火灾风险评估结果,提出相应的对策措施及建议,并按照火灾风险程度的高低进行解决方案的排序,列出存在的消防隐患及整改紧迫程度,针对消防隐患提出改进措施及改善火灾风险状态水平的建议。

(6)确定评估结论

根据评估结果,明确指出生产经营单位当前的火灾风险状态水平,提出火灾风险可接受程度的意见。

(7)编制火灾风险评估报告

评估流程完成后,评估机构应根据火灾风险评估的过程编制专门的技术报告。

15.5　火灾风险评估方法

火灾风险评估的方法较多,本章介绍了安全检查表法、事件树分析法、事故树分析法和火灾危险度分析法等几种常用的系统安全评估方法,重点叙述了这些评估方法基本概念、应用领域和特点。

15.5.1　安全检查表

安全检查表(SCA)是一种最基础的系统安全的定性分析法。进行安全检查前,需要把系统分为若干层次,每一层次又分为若干单元。根据有关的安全规范、规定、标准和经验等,把需要检查的项目、要点按一定顺序列成表格,作为检查的依据。因此安全检查表实际上是对某一对象安全现状诊断的明细表和备忘录。

由于检查的对象和目的不同,安全检查表可设计为多种形式。根据检查的目的和范围,可分为防火设计用安全检查表、日常检查用安全检查表、火灾风险隐患整改安全检查表、专项安全检查表等,其中日常安全检查表用得最多。按检查的重点和细致程度,还可分为单位安全检查表、部门安全检查表、岗位安全检查表等。防火、防爆、防止有毒和可燃气体泄漏等是常见的专项检查。可以根据生产和储存物品的火灾危险性设计检查表的形式。

安全检查表的内容一般包括项目、要点、情况和处理意见等,每次检查后都应认真填写检查情况,一般用"√"或"○"表示符合要求,用"×"表示不符合要求,并应注明检查日期。安全检查表应当经常审核、修改以保持其实效性。

安全检查表应将需要检查的内容逐一列出,避免遗漏主要的影响因素。在检查中往往可延伸发现一些相关的其他危险问题。根据检查结果,可以提出有针对性的改进措施。这些资料可作为定量或半定量分析的基础数据。

表 15-1 为一种综合型的火灾安全检查表,大体适合一个单位的安全检查使用。不过具体单位应根据自己的情况进一步细化。表 15-2 为专为检查灭火器配备而设计的专项检查表,对于其他的火灾安全问题,可参照这种格式编制相应的安全检查表。

表 15-1 　　　　　　　　　　　　　　**火灾安全检查表(示例)**

检查项目	检查内容	检查结果(是打○,否打×)	检查日期
易燃物品	存储的易燃物较多		
	存有易燃气体、液体		
	存有易爆物品		
	上述物品符合要求存储		
	可燃装饰材料较多		
电气设备	设备本身状况良好		
	与易燃物的距离适当		
	电源控制箱良好		
	保险丝的规格合适		
	接地装置牢固、清洁		

检查项目	检查内容	检查结果(是打○,否打×)	检查日期
热物体	热表面周围无可燃物		
	电热器功率适当、安装合理		
	热废渣用金属容器盛放		
明火	无可燃性气体、蒸气泄漏		
	与易燃物的距离适当		
	燃料控制系统正常		
吸烟	区分了吸烟区和禁烟区		
	吸烟区内备有烟灰缸		
	禁火区无冒烟物体		
消防设施	火灾探测系统正常运行		
	按规定安装消火栓		
	自动喷水灭火系统良好		
	按规定配备灭火器		
	防火门动作灵活		
	消防设施的位置醒目		
其他	室内地面清洁、无油污		
	可燃废料、垃圾存放合理		
	室内通风情况良好		
	人员了解灭火器材的使用		
	单位有严格的动火安全规定		

表 15-2　　　　　　　　**灭火器配备情况专项检查表(示例)**

序号	检查内容	检查结果(是打○,否打×)	处理意见
1	配备有足够的灭火器		
2	在规定的地点有灭火器		
3	灭火器放置位置合适		
4	灭火器类型合适		
5	灭火器进行了按期检查		
6	灭火器采取了防冻措施		
7	启动过的灭火器及时更换		
8	灭火器处有醒目标志		
9	室内人员了解灭火器的使用		
10	每个人都知道灭火器的位置		
11	通往灭火器的道路通畅		
12	存在影响灭火器使用的因素		

检查人:(签名)　　　　　　　　　　　　　　　　　　　　检查日期:

15.5.2　事件树分析

事件树分析（ETA），它采用的是一种归纳分析法。任何事故都有一个起因事件，按时间顺序导致一个又一个新的事件出现，直至事故发生。在每一个事件的转化环节上，原来事件转化为希望事件（成功）还是不希望事件（失败），都是若干因素相互作用的结果。因此，从起因事件开始，推论起因事件的所以成功、失败的途径和结果，对事故的预测、预防以及分析已发生的事故是十分重要的。

运用事件树分析法，按照系统的构成情况，分析事故发展过程中各条路径、各阶段成功或失败的两种可能状态，把成功作为上分支，状态值记为"1"；把失败作为下分支，状态值记为"0"。这样，形成一个水平放置的树形图，可以把促成事件发生的纷杂众多的因素条理清晰地按事件顺序展现出来。所以事件树分析也称为事故过程分析。火灾初期发展阶段事件树如图 15-1 所示。

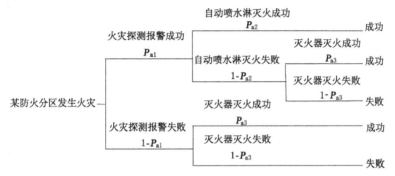

图 15-1　火灾初期发展阶段事件树

图 15-1 从火灾探测器报警系统的可靠性、自动喷水灭火系统和灭火器的灭火有效性分析了火灾初期发展阶段的可能结果。利用事件树的分析方法，可以计算出火灾初期发展阶段消防措施失效导致火灾失控的概率 P_{FPh1} 为

$$P_{\mathrm{FPh1}} = (1-P_{\mathrm{a1}})(1-P_{\mathrm{a3}}) + P_{\mathrm{a1}}(1-P_{\mathrm{a2}})(1-P_{\mathrm{a3}}) = 1 - P_{\mathrm{a3}} - P_{\mathrm{a1}}P_{\mathrm{a2}} + P_{\mathrm{a1}}P_{\mathrm{a2}}P_{\mathrm{a3}}$$

$$(15\text{-}1)$$

15.5.3　事故树分析

事故树分析（FTA）是一种演绎推理法。这种方法把系统可能发生的某种事故与导致事故发生的各种原因之间的逻辑关系用一种称为事故树的树形图表示，通过对事故树的定性与定量分析，找出事故发生的主要原因，为确定安全对策提供可靠依据。

事故树评估方法是具体运用运筹学原理对事故原因和结果进行逻辑分析的方法。事故树分析方法先从事故开始，逐层次向下演绎，将全部出现的事件，用逻辑关系联成整体，将能导致事故的各种因素及相互关系，作出全面、系统、简明和形象的描述。

15.5.3.1　事故树的定性分析

（1）割集和最小割集

事故树顶上事件发生与否是由构成事故树的各种基本事件的状态决定的。很显然，所有基本事件都发生时，顶上事件肯定发生。然而，在大多数情况下，并不是所有基本事件都发生时顶上事件才发生，而只要某些基本事件发生就可导致顶上事件发生。在事故树中，我们把引起顶上事件发生的基本事件的集合称为割集。一个事故树中的割集一般不止一个，在这些割集中,凡不包含其他割集的,叫作最小割集。最小割集是引起顶上事件发生的充分必要条件。

任何一个事故树都可以用布尔函数来描述。化简布尔函数,其最简析取标准式中每个最小项所属变元构成的集合,便是最小割集。若最简析取标准式中含有几个最小项,则该事故树有几个最小割集。

用布尔代数法计算最小割集,通常分三个步骤进行。

第一,建立事故树的布尔表达式。

第二,将布尔表达式化为析取标准式。

第三,化析取标准式为最简析取标准式。

最小割集在事故树分析中起着非常重要的作用,归纳起来有三个方面:

① 表示系统的危险性。最小割集的定义明确指出,每一个最小割集都表示顶上事件发生的一种可能,事故树中有几个最小割集,顶上事件发生就有几种可能。从这个意义上讲,最小割集越多,说明系统的危险性越大。

② 表示顶上事件发生的原因组合。事故树顶上事件发生,必然是某个最小割集中基本事件同时发生的结果。一旦发生事故,就可以方便地知道所有可能发生事故的途径,并可以逐步排除非本次事故的最小割集,而较快地查出本次事故的最小割集,这就是导致本次事故的基本事件的组合。

③ 为降低系统的危险性提出控制方向和预防措施。每个最小割集都代表了一种事故模式。由事故树的最小割集可以直观地判断哪种事故模式最危险,哪种次之,哪种可以忽略,以及如何采取措施降低事故发生概率。

(2) 径集与最小径集

在事故树中,当所有基本事件都不发生时,顶上事件肯定不会发生。然而,顶上事件不发生常常并不要求所有基本事件都不发生,而只要某些基本事件不发生顶上事件就不会发生。这些不发生的基本事件的集合称为径集。在同一事故树中,不包含其他径集的径集称为最小径集。最小径集是保证顶上事件不发生的充分必要条件。

求最小径集的方法一般采用对偶树法。根据对偶原理,成功树顶上事件发生,就是其对偶树(事故树)顶上事件不发生。因此,求事故树最小径集的方法是,首先将事故树变换成其对偶的成功树,然后求出成功树的最小割集,即是所求事故树的最小径集。

将事故树变为成功树的方法是,将原事故树中的逻辑或门改成逻辑与门,将逻辑与门改成逻辑或门,并将全部事件变成事件补的形式,这样便可得到与原事故树对偶的成功树。

最小径集在事故树分析中的作用与最小割集同样重要,主要表现在以下两个方面:

① 表示系统的安全性。最小径集表明,一个最小径集中所包含的基本事件都不发生,就可防止顶上事件发生。可见,每一个最小径集都是保证事故树顶上事件不发生的条件,是采取预防措施,防止发生事故的一种途径。

② 选取确保系统安全的最佳方案。每一个最小径集都是防止顶上事件发生的一个方案,可以根据最小径集中所包含的基本事件个数的多少、技术上的难易程度、耗费的时间以及投入的资金数量,来选择最经济、最有效控制事故的方案。

15.5.3.2 事故树的定量分析

事故树的定量分析首先是确定基本事件的发生概率,然后求出事故树顶上事件的发生概率。求出顶上事件的发生概率之后,可与系统安全目标值进行比较和评价,当计算值超过目标值时,就需要采取防范措施,使其降至安全目标值以下。

基本事件的发生概率包括系统的单元(部件或元件)故障概率及人的失误概率等,在工程上计算时,往往用基本事件发生的频率来代替其概率值。

(1) 系统的单元故障概率

目前,许多工业发达国家都建立了故障率数据库,用计算机存储和检索,使用非常方便,为系统安全和可靠性分析提供了良好的条件。我国已有少数行业开始进行建库工作,但数据还相当缺乏。

(2) 人的失误概率

人的失误是另一种基本事件,系统运行中人的失误是导致事故发生的一个重要原因。人的失误概率通常是指作业者在一定条件下和规定时间内完成某项规定功能时出现偏差或失误的概率,它表示人的失误的可能性大小,因此,人的失误概率也就是人的不可靠度。

(3) 顶上事件的发生概率

事故树定量分析,是在已知基本事件发生概率的前提条件下,定量地计算出在一定时间内发生事故的可能性大小。如果事故树中不含有重复的或相同的基本事件,各基本事件又都是相互独立的,顶上事件发生概率可根据事故树的结构,用下列公式求得。

用"与门"连接的顶上事件的发生概率为:

$$P(T) = \prod_{i=1}^{n} q_i \qquad (15\text{-}2)$$

用"或门"连接的顶上事件的发生概率为:

$$P(T) = 1 - \prod_{i=1}^{n} (1 - q_i) \qquad (15\text{-}3)$$

式中　q_i——第 i 个基本事件的发生概率($i=1,2,\cdots,n$)。

15.5.4　火灾危险度分析

火灾危险度分析法需要把分析对象(系统)划分为若干单元,根据需要,每个单元还需进一步划分为若干因素,分别从火灾可能和火灾危害等方面来分析各因素的火灾危险度,进而用加权平均的方式确定系统的火灾危险等级。

确定各组成因素的危险度是进行系统危险分析的基础,应当综合各种有关的资料加以确定。由于事故概率类数据极其缺乏,因此通常采取专家评判的办法。基本做法是邀请足够数量的专家,让他们根据自己的经验分别对各个因素的危险程度划出等级。

在一个大系统中,不同单元、因素的作用和性能往往大不相同,它们对系统火灾危险性的影响程度存在很大差别,不应当同等对待。常用的修正办法是分别给予它们适当的权重,权重也应综合足够多专家的意见确定。为了保证权重的合理性,还需要对其进行多次敏感性分析。

单元的危险度可综合因素危险度确定,同样系统的危险度可综合单元危险度确定。现在常用的综合方式有相加和相乘两种方式,所选用的方式应能合理地反映其有关因素之间的内在联系。一般认为,在计算中对于相关性较弱的因素采取相加形式处理,相关性较强的因素采取相乘形式处理。在下面讨论的火灾危险度计算模型中,包括了相加和相乘两种算法。具体步骤如下:

（1）根据系统的特点，将其分解为若干独立的单元，进而将单元分为影响火灾的基本因素。例如，一个企业可分为办公区、生产区、生活区等单元，而影响各单元火灾的主要因素可分为：建筑因素、物质因素、起火因素、防灭火技术因素、管理水平因素、当地消防能力因素等。建筑因素表示建、构筑物的防火设计水平、耐火能力、使用性质、消防通道等状况；物质因素是反映该系统内可燃物或危险物的防火重要性的参数，主要根据生产和储存物品的火灾危险性确定，一般还应参考所在建筑的价值等情况；起火因素反映各种起火源的特点，包括物质、技术、人为因素等方面。由于起火条件的复杂多变，这一因素值波动较大，防灭火技术因素反映该系统抵御火灾的能力，应当综合其火灾探测、灭火、烟气控制等方面；管理水平因素涉及的方面较多，应当反映该单位的火灾安全管理水平；消防能力则与当地的消防队伍有关。

（2）按单元分别分析各因素间的关系，将相关性较强的因素的危险度按下式相乘组成一些新的独立因素：

$$R'_{ij} = A_{ij} \times B_{ij} \times C_{ij} \times D_{ij} \tag{15-4}$$

式中　R'_{ij} ——独立因素的危险度；

　　　A_{ij}，B_{ij}，C_{ij}，D_{ij} ——其基本因素的危险度；

　　　i ——单元；

　　　j ——独立因素。

对于建筑火灾，现将独立因素定为起火因素、火蔓延因素、防治技术因素和其他因素四类。起火因素包括可燃物、起火源、管理水平等方面；火蔓延因素则主要与建筑物的防火设计、建筑结构有关；防治技术包括建筑自身的消防设施、当地消防力量、地域条件等；其他因素为一些尚不确定、不明朗的因素，可根据情况赋予一定值。各基本因素的危险度和权重值，见表 15-3。

表 15-3　　　　　　　　　　　　　　单元火灾危险度取值表

独立因素	基本因素	危险度数	权重
起火因素	可燃物	2～10	0.4～0.6
	起火源	2～5	
	管理水平	1～4	
火蔓延因素	防火设计	2～10	0.3～0.6
	建筑结构	2～5	
防治技术因素	本身消防设施	1～5	0.15～0.25
	当地消防力量	1～4	
	地域条件	1～3	
其他因素	不确定因素	2～5	0.01～0.10

分值越大表示造成事故的可能性越大，或防治手段越差。对于各独立因素的分值上限应有所限制，因为它的各个基本因素的危险度不可能同时处于最大值。为此规定，独立因素危险度的最大值不超过其基本因素最大危险度乘积的 80%；如果超过按 80% 计算。另一方面，各因素的火灾危险度也不应为零，先规定一般不小于 8。

为了便于比较,进一步用下式将危险度转为百分数形式:

$$R_{ij} = \frac{R'_{ij}}{R'_{ij\max}} \times 100\%$$ (15-5)

式中 $R'_{ij\max}$ ——该因素限定的最大危险度数值。

（3）分别确定各独立因素的权重 r_{ij},这些权重之和应等于 1.0。然后按下式计算该单元的火灾危险度:

$$S_i = \sum_{j=1}^{n} r_{ij} \times R_{ij}$$ (15-6)

式中 S_i ——某单元的危险度;

　　　　r_{ij} ——其各独立因素的权重;

　　　　R_{ij} ——其各独立因素的危险度。

参考有关规定,可将单元的危险度分为若干等级。在此按六级划分,即:危险度值低于 18 的为低度风险,19~32 为中低危险,33~45 为中等危险,45~57 为中高风险,57~68 为高度危险,68 以上为极高危险。

（4）分别确定各单元的权重 ω_i,同样,这些权重之和亦应为 1.0,然后按下式计算系统的火灾危险度:

$$S = \sum_{i=1}^{n} \omega_i \times S_i$$ (15-7)

式中 S ——系统的总危险度;

　　　　ω_i ——其各组成单元的权重;

　　　　S_i ——各组成单元的危险度。

系统危险度等级范围的确定方式与单元危险度相同。

【例 15-1】 某加工厂（系统）的火灾危险分析按原料库、车间、成品库、办公楼四个主要部分（单元）分析。根据初始检查结果,分别确定每个单元各因素的危险度。

【解】 例如对原料库（单元一）,若各基本因素的危险度为:

$A_{11} = 7, B_{11} = 4, C_{11} = 2, A_{12} = 4, B_{12} = 4, A_{13} = 3, B_{13} = 2, C_{13} = 2, A_{14} = 3$,则可得

$$R_{11} = (7 \times 4 \times 2)/200 \times 100\% = 28\%$$

$$R_{12} = (4 \times 4)/50 \times 100\% = 32\%$$

$$R_{13} = (3 \times 2 \times 2)/60 \times 100\% = 20\%$$

$$R_{14} = 3/5 \times 100\% = 60\%$$

设各独立因素的权重依次取 0.4、0.3、0.2、0.1,于是单元一的火灾危险度为:

$$S_1 = 0.4 \times 28 + 0.3 \times 32 + 0.2 \times 20 + 0.1 \times 60 = 30.8$$

由此判断,单元一属中等火灾危险。

设其他各单元的危险度分别为

$$S_2 = 55, S_3 = 65, S_4 = 35$$

且各单元的危险权重依次为 0.25、0.2、0.45、0.1,于是系统的总危险度为

$$S = 0.25 \times 30.8 + 0.2 \times 55 + 0.45 \times 65 + 0.1 \times 35 = 51.45$$

综上所述,该厂的火灾危险属中高危险,应当认真研究存在的问题,采取整改措施。

15.6 重大火灾危险因素的判定

建筑物的火灾危险是多种多样的,都应当加以重视。在实际的安全工作中,对不同的危险应当分出轻重,区别对待,并应当将关心的重点放在那些可能产生严重后果的火灾危险方面。这对于有效保护人们的生命财产安全具有重要的意义。

我国消防安全与生产安全的管理部门和科研人员进行了大量的研究,提出一些有针对性的检查与判定方法,例如《重大火灾隐患判定方法》(GB 35181)等,这对辨识与评定建筑物和工业生产中重大危险因素提供了重要的依据。本节简要介绍这两个标准的基本思想和实施步骤。

15.6.1 重大火灾隐患判定

对于特定建筑物,合理确定其中主要的火灾危险因素,恰当判定这些因素的影响程度具有重要的意义,有助于采取有针对性的整改措施,有效地预防和控制重特大火灾的发生。

15.6.1.1 重大火灾隐患的定义

重大火灾隐患是指违反消防法律法规、不符合消防技术标准,可能导致火灾发生或火灾危害增大,并由此可能造成重大、特别重大火灾事故后果或严重社会影响的各类潜在不安全因素。

《重大火灾隐患判定方法》的制定和发布,为公民、法人、其他组织和公安机关消防机构提供了判定重大火灾隐患的方法,也可为消防安全评估提供技术依据。

15.6.1.2 重大火灾隐患的判定原则和程序

重大火灾隐患判定应坚持科学严谨、实事求是、客观公正的原则。

重大火灾隐患判定程序:

(1)现场检查:组织进行现场检查,核实火灾隐患的具体情况,并获取相关影像与文字资料。

(2)集体讨论:组织对火灾隐患进行集体讨论,做出结论性判定意见,参与人数不应少于3人。

(3)专家技术论证:对于涉及复杂疑难的技术问题,按照本标准判定重大火灾隐患有困难的,应组织专家成立专家组进行技术论证,形成结论性判定意见。结论性判定意见应有三分之二以上的专家同意。

技术论证专家组应由当地政府有关行业主管、监督管理部门和相关消防技术专家组成,人数不应少于7人。

集体讨论或技术论证时,可以听取业主和管理、使用单位等利害关系人的意见。

15.6.1.3 不应判定为重大火灾隐患的条件

(1)依法进行了消防设计专家评估,并已采取相应技术措施的;

(2)单位、场所已停产停业或停止使用的;

(3)不足以导致重大、特别重大火灾事故或严重社会影响的。

15.6.1.4 重大火灾隐患的直接判定

符合下面条目中任意一条,可以直接判定为重大火灾隐患:

(1)生产、储存和装卸易燃易爆危险品的工厂、仓库和专用车站、码头、储罐区,未设置在城市的边缘或相对独立的安全地带。

（2）生产、储存、经营易燃易爆危险品的场所与人员密集场所、居住场所设置在同一建筑物内，或与人员密集场所、居住场所的防火间距小于国家工程建设消防技术标准规定值的 75%。

（3）城市建成区内的加油站、天然气或液化石油气加气站、加油加气合建站的储量达到或超过《汽车加油站设计与施工规范》(GB 50156)对一级站的规定。

（4）甲、乙类生产场所和仓库设置在建筑的地下室或半地下室。

（5）公共娱乐场所、商店、地下人员密集场所的安全出口数量不足或其总净宽度小于国家工程建设消防技术标准规定值的 80%。

（6）旅馆、公共娱乐场所、商店、地下人员密集场所未按国家工程建设消防技术标准的规定设置自动喷水灭火系统或火灾自动报警系统。

（7）易燃可燃液体、可燃气体储罐（区）未按国家工程建设消防技术标准的规定设置固定灭火、冷却、可燃气体浓度报警、火灾报警设施。

（8）在人员密集场所违反消防安全规定使用、储存或销售易燃易爆危险品。

（9）托儿所、幼儿园的儿童用房以及老年人活动场所，所在楼层位置不符合国家建设消防技术标准的规定。

（10）人员密集场所的居住场所采用彩钢夹芯板搭建，且彩钢夹芯板芯材的燃烧性能等级低于《建筑材料及制品燃烧性能分级》(GB 8624)规定的 A 级。

15.6.1.5　重大火灾隐患的综合判定要素

（1）总平面布置

① 未按国家工程建设消防技术标准的规定或城市消防规划的要求设置消防车道或消防车道被堵塞、占用；② 建筑之间的既有防火间距被占用或小于国家工程建设消防技术标准的规定值的 80%，明火和散发火花地点与易燃易爆生产厂房、装置设备之间的防火间距小于国家工程建设消防技术标准的规定值；③ 在厂房、库房、商场中设置员工宿舍，或是在居住等民用建筑中从事生产、储存、经营等活动，且不符合《住宿与生产储存经营合用场所消防安全技术要求》(GA 703)的规定；④ 地下车站的站厅乘客疏散区、站台及疏散通道内设置商业经营活动场所。

（2）防火分隔

① 擅自改变原有防火分区，造成防火分区面积超过规定值的 50%；② 防火门、防火卷帘等防火分隔设施损坏的数量大于该防火分区相应防火分隔设施总数的 50%；③ 丙、丁、戊类厂房内有火灾或爆炸危险的部位未采取防火分隔等防火防爆技术措施。

（3）安全疏散设施及灭火救援条件

① 建筑内的避难走道、避难间、避难层的设置不符合国家工程建设消防技术标准的规定，或避难走道、避难间、避难层被占用；② 人员密集场所内疏散楼梯间的设置形式不符合国家工程建设消防技术标准的规定；③ 除公共娱乐场所、商店、地下人员密集场所规定外的其他场所或建筑物的安全出口数量或宽度不符合国家工程建设消防技术标准的规定，或既有安全出口被封堵；④ 按国家工程建设消防技术标准的规定，建筑物应设置独立的安全出口或疏散楼梯而未设置；⑤ 商店营业厅内的疏散距离大于国家工程建设消防技术标准规定值的 125%；⑥ 高层建筑和地下建筑未按国家工程建设消防技术标准的规定设置疏散指示

标志、应急照明,或所设置设施的损坏率大于标准规定要求设置数量的30%;其他建筑未按国家工程建设消防技术标准的规定设置疏散指示标志、应急照明,或所设置设施的损坏率大于标准规定要求设置数量的50%;⑦ 设有人员密集场所的高层建筑的封闭楼梯间或防烟楼梯间的门的损坏率超过其设置总数的20%,其他建筑的封闭楼梯间或防烟楼梯间的门的损坏率大于其设置总数的50%;⑧ 人员密集场所内疏散走道、疏散楼梯间、前室的室内装修材料的燃烧性能不符合《建筑内部装修设计防火规范》(GB 50222)的规定;⑨ 人员密集场所的疏散走道、楼梯间、疏散门或安全出口设置栅栏、卷帘门;⑩ 人员密集场所的外窗被封堵或被广告牌等遮挡;⑪ 高层建筑的消防车道、救援场地设置不符合要求或被占用,影响火灾扑救;⑫ 消防电梯无法正常运行。

(4)消防给水及灭火设施

① 未按国家工程建设消防技术标准的规定设置消防水源、储存泡沫液等灭火剂;② 未按国家工程建设消防技术标准的规定设置室外消防给水系统,或已设置但不符合标准的规定或不能正常使用;③ 未按国家工程建设消防技术标准的规定设置室内消火栓系统,或已设置但不符合标准的规定或不能正常使用;④ 除旅馆、公共娱乐场所、商店、地下人员密集场所外,其他场所未按国家工程建设消防技术标准的规定设置自动喷水灭火系统;⑤ 未按国家工程建设消防技术标准的规定设置除自动喷水灭火系统外的其他固定灭火设施;⑥ 已设置的自动喷水灭火系统或其他固定灭火设施不能正常使用或运行。

(5)防烟排烟设施

人员密集场所、高层建筑和地下建筑未按国家工程建设消防技术标准的规定设置防烟、排烟设施,或已设置但不能正常使用或运行。

(6)消防供电

① 消防用电设备的供电负荷级别不符合国家工程建设消防技术标准的规定;② 消防用电设施未按国家工程建设消防技术标准的规定采用专用的供电回路;③ 未按国家工程建设消防技术标准的规定设置消防用电设备末端自动切换装置,或已设置但不符合标准的规定或不能正常自动切换。

(7)火灾自动报警系统

① 除旅馆、公共娱乐场所、商店、其他地下人员密集场所以外的其他场所未按国家工程建设消防技术标准的规定设置火灾自动报警系统;② 火灾自动报警系统不能正常运行;③ 防烟排烟系统、消防水泵以及其他自动消防设施不能正常联动控制。

(8)消防安全管理

① 社会单位未按消防法律法规要求设置专职消防队;② 消防控制室操作人员未按《消防控制室通用技术要求》(GB 25506)的规定持证上岗。

(9)其他

① 生产、储存场所的建筑耐火等级与其生产、储存物品的火灾危险性类别不相匹配,违反国家工程建设消防技术标准的规定;② 生产、储存、装卸和经营易燃易爆危险品的场所或有粉尘爆炸危险场所未按规定设置防爆电气设备和泄压设备,或防爆电气设备和泄压设施失效;③ 违反国家工程建设消防技术标准的规定使用燃油、燃气设备,或燃油、燃气管道敷设和紧急切断装置不符合标准规定;④ 违反国家工程建设消防技术标准的规定在可燃材料或可燃构件上直接敷设电气线路或安装电气设备,或采用不符合标准规定的消防配电线缆

和其他供配电线缆;⑤ 违反国家工程建设消防技术标准的规定在人员密集场所使用易燃、可燃材料装修、装饰。

15.6.1.6　综合判定步骤

采用综合判定方法判定重大火灾隐患时,应按下列步骤进行:

(1) 确定建筑或场所类别;

(2) 确定该建筑或场所是否存在综合判定要素规定的综合判定要素的情形和数量。

(3) 按照重大火灾隐患的判定原则和程序,对照重大火灾隐患综合判定条件进行重大火灾隐患综合判定。

(4) 对照不应判定为重大火灾隐患的条件排除不应判定为重大火灾隐患的情形。

15.6.2　危险化学品重大危险源的辨识与评定

15.6.2.1　危险化学品重大危险源的定义

危险化学品重大危险源是指长期地或临时地生产、储存、使用和经营危险化学品,且危险化学品的数量等于或超过临界量的单元。

15.6.2.2　危险化学品重大危险源辨识

为了加强对工业生产领域的重大危险源的管理,我国于 2018 年发布了国家标准《危险化学品重大危险源辨识》(GB 18218),规定了辨识危险化学品重大危险源的依据和方法。

该标准适用于生产、储存、使用和经营危险化学品的生产经营单位。但不适用以下场所:① 核设施和加工放射性物质的工厂,但这些设施和工厂中处理非放射性物质的部门除外;② 军事设施;③ 采矿业,但涉及危险化学品的加工工艺及储存活动除外;④ 危险化学品的厂外运输(包括铁路、道路、水路、航空、管道等运输方式);⑤ 海上石油天然气开采活动。

危险化学品重大危险源辨识依据是物质的危险特性及其数量。危险化学品重大危险源可分为生产单元危险化学品重大危险源和储存单元危险化学品重大危险源。

(1) 危险化学品临界量的确定

现行国家标准《危险化学品重大危险源辨识》规定了危险化学品临界量的确定方法。

① 在《危险化学品重大危险源辨识》范围内的危险化学品,其临界量应按规定确定:如氨的临界量为 10 t,硫化氢的临界量为 5 t。

② 未在规定范围内的危险化学品,应根据其危险性,按《危险化学品重大危险源辨识》确定其临界量;若一种危险化学品具有多种危险性,应按其中最低的临界量确定。该类型的危险化学品主要分为健康危害、物理危险、爆炸物、易燃气体等 14 个类别。

(2) 重大危险源的辨识指标

生产单元、储存单元内存在危险化学品的数量等于或超过《危险化学品重大危险源辨识》规定的临界量,即被定为重大危险源。单元内存在的危险化学品的数量根据危险化学品种类的多少区分为以下两种情况:

① 生产单元、储存单元内存在的危险化学品为单一品种时,该危险化学品的数量即为单元内危险化学品的总量,若等于或超过相应的临界量,则定为重大危险源。

② 生产单元、储存单元内存在的危险化学品为多品种时,则按下式计算,若满足该式要求,则定为重大危险源:

$$S = \frac{q_1}{Q_1} + \frac{q_2}{Q_2} + \cdots + \frac{q_n}{Q_n} \geq 1 \tag{15-8}$$

式中　　S——辨识指标；

　　　　$q_1, q_2, \cdots, q_n$——每种危险化学品的实际存在量，t；

　　　　$Q_1, Q_2, \cdots, Q_n$——与每种危险化学品相对应的临界量，t。

危险化学品储罐以及其他容器、设备或仓储区的危险化学品的实际存在量按设计最大量确定。

对于危险化学品混合物，如果混合物与其纯物质属于相同危险类别，则视混合物为纯物质，按混合物整体进行计算；如果混合物与其纯物质不属于相同危险类别，则应按新危险类别考虑其临界量。

15.6.2.3　重大危险源的分级

（1）重大危险源的分级指标

采用单元内各种危险化学品实际存在量与其相对应的临界量比值，经校正系数校正后的比值之和 R 作为分级指标。

（2）重大危险源分级指标的计算方法

重大危险源的分级指标按下式计算：

$$R = \alpha \left(\beta_1 \frac{q_1}{Q_1} + \beta_2 \frac{q_2}{Q_2} + \cdots + \beta_n \frac{q_n}{Q_n} \right) \tag{15-9}$$

式中　　S——重大危险源分级指标；

　　　　α——该危险化学品重大危险源厂区外暴露人员的校正系数；

　　　　$\beta_1, \beta_2, \cdots, \beta_n$——与每种危险化学品相对应的校正系数；

　　　　其他符号意义同上。

校正系数的取值可查阅《危险化学品重大危险源辨识》。

（3）重大危险源分级标准

根据计算出来的 R 值，按表 15-4 确定危险化学品重大危险源的级别。

表 15-4　　　　　　　　重大危险源级别和 R 值的对应关系

重大危险源级别	R 值
一级	$R \geqslant 100$
二级	$100 > R \geqslant 50$
三级	$50 > R \geqslant 10$
四级	$R < 10$

15.7　火灾防治的经济性分析

15.7.1　火灾防治经济性分析的意义

加强建筑物火灾防治的技术水平与设施建设是有效减少火灾危害的基本条件。但这种水平受到多种因素的影响，其中经济因素无疑起着重要的约束作用，提高一栋建筑乃至一个地区的火灾安全水平必须以一定经济条件为前提。

以建筑物是否安装自动喷水灭火系统为例。按一定概率可预计某建筑物会发生一定的火灾,若让火灾自由发展势必会带来较大的人员伤亡和财产损失。而自动灭火系统是控制初期火灾的重要手段。但安装这种系统,建设者就需要支付一定的购买、安装及维修费用。这种投资要具有一定的强度,然而做出了这种投资后火灾发生的概率及损失肯定会有所减少。那么投入与所获得的效益之间是否合算,在有限的消防投资的基础上如何提高消防安全程度是值得思考的问题?

人们对火灾安全期望较高,但是决定火灾防治技术水平的经济条件往往是有限的,对消防投入和所获效益之间的平衡分析是一个十分现实的问题。但在如何投资方面经常出现两种错误倾向:一种是过度压缩消防投资,认为消防投资是一种非生产性的投入,从而导致火灾安全得不到充分保证。另一种是盲目增加投资,从而使得消防工程造价过高,造成投资的浪费。因此,开展消防工程投资和火灾安全度之间的关系分析具有重要的意义,这也能更好体现"性能化"的防火设计思想。

火灾防治的经济性分析大体可以分为宏观分析和微观分析两个层面,研究消防投资与社会经济发展的关系、国家和各级政府的消防投资效益、改进消防安全管理与加强消防部队的成本与效益、发展火灾保险等主要涉及宏观分析;而对消防工程的设计与安装、消防产品的开发、消防设施的运行与维护等基本上是微观方面的分析。

本节重点从微观角度进行火灾防治的成本与效益分析,且主要涉及消防工程项目的经济性分析。

15.7.2　火灾防治的成本与效益

在经济学中,成本通常被看作是生产者购买某种生产要素的货币支出,效益是所获得的货币形式的收入。但火灾防治是一种公共安全事业,其成本与效益的表述方式应与一般的生产和经营活动有所不同。

(1) 火灾防治的成本分类

从火灾风险的角度说,火灾防治成本可分为火灾风险的社会成本和控制成本两部分。从是否便于计算的角度说,成本常分为显性成本和隐性成本两类。抵御风险的费用是一种隐性成本,而消防投入正是对风险的投入。风险越大,相应的隐性成本越大。

① 火灾风险的社会成本

火灾风险的社会成本(C_L)包括火灾造成的直接损失成本、间接损失成本以及隐形成本。直接损失成本(C_1)指的是火灾造成的财产损失,包括房屋、构筑物和设备等;间接损失成本(C_2)指的是由于火灾导致的企业生产率下降、停业、企业形象和信誉度遭破坏,以及人员伤亡所必须支付的经济代价;隐形成本(C_3)指的是由于火灾所导致的无形成本。于是

$$C_L = P \times (C_1 + C_2 + C_3) \tag{15-10}$$

式中　P——火灾发生概率。

② 火灾风险的控制成本

火灾风险的控制成本(C_K)包括消防设备的投资成本和购买火灾保险的费用成本。

消防设备投资的成本(C_p)主要包括消防项目设计规划、建筑防火结构的建造、消防系统安装等项目初期的投入以及消防系统的维护成本。

业主购买火灾保险的费用(C_i)也可看作是一种消防工程成本。于是

$$C_K = C_p + C_i \tag{15-11}$$

与火灾损失和安全度的关系类似,这两类火灾风险成本与火灾风险大小的关系可用图 15-2 的曲线表示。

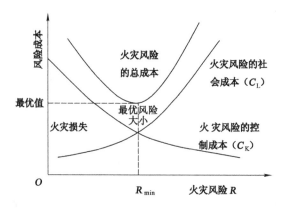

图 15-2   火灾风险与成本的关系

（2）消防投资最优化的基本原则

考虑消防投资最优化,主要应注意以下两个基本原则:

① 最低消耗原则

火灾防治所涉及的经济消耗主要有火灾损失和消防投资,两者之和通常称为火灾防治总代价或总成本,即

$$F(s) = L(s) + C(s) \tag{15-12}$$

式中 $F(s)$ ——消防安全总代价;

$L(s)$ ——火灾损失;

$C(s)$ ——消防投资。

这三者均为火灾安全度 s 的函数。火灾防治是一种公共安全问题,所选定的最低经济消耗必须以保证基本的火灾安全为前提。当安全度处于某一位置可达到消防总代价最小的要求。

② 最大效益原则

消防投资效益指的是火灾损失减少数额与投资数额的比值,即

$$E = B/P_t \tag{15-13}$$

式中 E ——消防投资的经济效益;

B ——投资的收益,或称为安全产出,在这里主要是指消防设施使用前后火灾损失的减少量和增值量;

P_t ——消防投资成本,包括消防设施的建造成本、运行费用和运行有关的其他所有费用。

显然,只有当 $E > 1$ 才会具有经济效益。消防投资效益最大化的含义是以较少的投入达到避免或减少重大火灾损失的效果。

据此还可引出消防投资的减损效益和增值效益两个概念。减损效益是指消防安全投入使火灾直接损失减少而产生的经济效益,等于减损产出与安全投入量之比。一般来说,消防投资对火灾直接损失所包含的各个方面都能起到减损作用。增值效益是指相关的投资对企业产值的贡献,等于增值效益与安全投入量之比。但安全投资的增值效用主要是隐性的,在

火灾不发生的情况下,消防投资似乎对企业的生产和经营没有多大作用,然而实际上当企业能够顺利运行时,消防投资就已潜在地发挥作用。

在进行消防工程经济分析时,除了应考虑这两个基本原则外,还应注意一些其他原则,例如系统分析原则、资源最优配置原则等,并应正确处理微观经济效益与宏观经济效益的关系、短期经济效益与长期经济效益的关系等。

(3) 不同决策者的成本与效益

火灾防治涉及多个方面的机构和人员,即存在多个投资决策者。然而不同决策者对火灾防治的成本与效益的理解有所不同。与消防工程相关的决策者主要包括建设项目的业主、消防安全管理部门、保险公司、消防设备的生产厂家及安装维修公司等。

建设项目的业主为了满足建筑防火设计的规定,必须进行一定的消防投资。但是采取多少设施、采取什么技术水平的措施直接关系到投资的强度,业主需要在投资与效益间进行权衡;而保险公司作为一种独立核算的企业,必须对相关项目的火灾安全问题所收取的保费认真核算,并赚取适当的利润。消防设备的安装公司在承包消防工程时,也需要通过尽量降低其成本、提高施工质量来获得经济效益。

尽管大家在减少火灾损失方面的总愿望是相同的,但不同角度的人在成本和效益之间的平衡标准是不同的。火灾防治的经济性分析还应当结合不同层面的需要进行。

(4) 保险因素在经济收益中的作用

对于安装消防系统来说,是否考虑火灾保险因素,将会影响投资收益的评价方法。若不考虑火灾保险因素,消防投资的净收益可表示为

$$B = (L_0 - L_1) - C \tag{15-14}$$

式中　B——企业在此方面的净收益;

　　　L_0——未安装消防系统时的预计损失;

　　　L_1——安装了消防系统后的预计损失;

　　　$L_0 - L_1$——损失的减少量;

　　　C——安装消防系统的投资额。

若考虑火灾保险因素,业主需向保险公司支付一定的保费 C_1,但却可以得到确定性的收益回报,主要包括保险费的优惠(I)和政府的税收补贴(G),因此,购买保险后的总收益为

$$B = (L_0 - L_1) - (C + C_1) + (I + G) = (L_0 - FX_D) + (I + G) \tag{15-15}$$

式中　(FX_D)——相关的火灾自留风险期望损失。

15.7.3　消防投资的分类与评价

(1) 消防投资的分类

① 按照投资作用分类

按照投资的作用,消防投资可分为预防性投资和控制性投资两类。

预防性投资是指为预防火灾发生而进行的投入,主要包括为建立健全各级公安消防机构而支出的费用,进行建筑防火审核、防火检查、防火管理,消防安全保卫及消防安全宣传所支出的费用等。

控制性投资是指在发生火灾情况下未来减少人员伤亡、降低事故损失的预先投入,主要包括新建与扩建消防站的投入,购置消防车辆和救援装备的费用,建筑内安装各类火灾探测

设施和灭火设施的费用等。该项投资是在火灾尚未发生的时候实现投入的，而它的效果只有在火灾发生的情况下才能够显现出来。

② 按照资金来源分类

按照资金来源，可分为政府投入、个体投入和其他投入 3 类。

政府投入分为中央政府的投入和地方政府投入，前者主要负责各级消防部门的人员薪金、生活福利、办公费用，以及消防科研机构和专业院校的教育科研经费等各项开支。后者主要用于消防队各类装备的添置与更新、营房建设及维修、市政消防设施的建立和维护、新建或扩建消防站等项目的投资。

建设项目的业主必须在项目建设投资中安排特定的数额用于消防设施与设备的购置、安装与维护，以保证消防设施的正常运行。一般来说，这是消防工程最直接的投资。

其他投入包括各类企事业单位购置消防用品及完善消防管理的费用、家庭或个人用于消防安全的支出、社会上用于公共消防建设的公益性捐资与集资及各类社会专业机构的消防研究投入等。

③ 按照投资用途分类

按照投资的用途可分为工程技术投资、人员业务投资、教育科研投资等。用于消防工程或消防设施的建设性投资是人们关心的主要方面，但用于消防人员的工资和津贴、消防行政业务支出、用于消防安全的宣传和教育的费用以及火灾防治技术的研究及技术开发方面的投资也不能忽视。另外，购买火灾保险也是一种形式的消防投资。

（2）消防投资的最优化分析

为了克服消防投资不足和局部投资过度的偏向，可以结合成本/效益的关系进行最优化分析，以确定消防投资的最佳范围。

① 投资的收益曲线

投资的收益曲线大体如图 15-3 所示。图中横坐标 P_t 表示某一特定时间范围和地域范围内的消防投资额，纵坐标 B 表示这些投资产生的火灾安全收益。水平直线 B_{max} 表示在一个时期内消防收益的最大值。随着 P_t 的增加，其安全收益只能逐渐接近而无法达到 B_{max}。由于消防投资效益 E 为 B 与 P_t 的比值，因此曲线上任意一点的投资效益可由该点与原点 O 的连线的斜率表示。

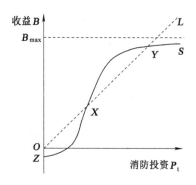

图 15-3　消防投资与收益的变化曲线

通常，直线 OL 与投资收益曲线可相交于 X 和 Y 两点，据此，该收益曲线可分为 3 段：

曲线 ZX 段位于直线 OL 线的下方,即曲线上各点的斜率都小于 1,表明此时的投资成本大于投资收益。这对应于基础性消防安全投资数额较小的情况。由于消防投资的起点过低,此阶段所投入的资金不能取得起码的效益。如果进一步加大消防安全投入,促使投资效益点沿着收益曲线向临界点 X 移动。

曲线 XY 段位于直线 OL 的上侧,即曲线上各点的斜率都大于 1,表明此阶段的消防投资收益大于投资成本。这对应于正常的社会消防投资情况。在完成了一定的消防安全基础建设后,投资的效益逐步提高。消防投资的极佳投资点应当在这个阶段寻找。

曲线 YS 段也位于直线 OL 的下方,表明此阶段的消防投资收益再次小于投资成本。这对应于过度增加安全投资额的情况。在火灾风险不变时,消防投资增加到一定额度后,再继续追加投资反而会使投资效益降至低于投资成本。

② 消防投资的最优化分析

根据上述分析消防投资最优区间位于曲线的 XY 段内。运用边际效益分析技术有助于寻求最优化的消防投资。

边际效益是指在某一安全投资的基数上,再增加一个单位的安全投资所获得的新增效益。如果边际效益大于 1,说明收益的增加量大于新投入的成本,因此适宜追加投资;边际效益等于 1 表明收益的增加量与成本的增加量相等,即已达到投资临界点;如果再继续追加投资,新增的收益值将无法抵消投资成本的增加值。

边际效益分析的基本思路是:首先在曲线上找到投资效益最高的点 M;从该点的消防投资额度 P_M 开始追加投资,直到其边际效益为 1,即达到临界点 N。曲线的 MN 段所对应的投资范围 $[P_M, P_N]$ 便为消防安全投资的最优区间,如图 15-4 所示。

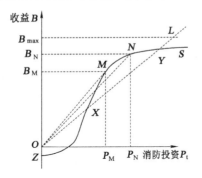

图 15-4　消防投资收益的最佳区间

确定 M 与 N 点的方法如下:

a. 过坐标原点 O 作曲线 XY 段的切线,可得切点 M。由于在投资效益曲线上 M 点的斜率 B/P_t 最大,因此是最佳投资效益点。应认识到,XM 是个不稳定段,在此阶段消防投资的少许减少也会导致收益的大幅下滑。因此一般情况下,消防投资应当适当大于 P_M。

b. 与横坐标成 45° 作与曲线 XY 段相切的直线,可得切点 N。N 点的斜率为 1,即表明在 N 点的投资效益值为 1。根据边际效益递减规律,从 M 点开始追加消防投资,到达 N 点后即达到边际效益的临界值。

在一个不太长的历史时期内,可以近似认为社会经济水平和火灾形势均处于相对稳定的状态。因此可参考上图的消防投资-收益曲线,在 MN 曲线所对应的投资范围 $[P_M, P_N]$

区间进行消防投资。

（3）消防投资经济效益的一般规律

对于一个工程项目来说，从项目建成到其寿命的终结，消防投资效益的变化状况如图 15-5 所示。图中，自 A 至 E 分别表示消防投资效益的无利期、微利期、持续高效期、效益减少期和失效期。这表明，消防投资的效益在项目的寿命期内是不断变化的，火灾安全管理的各级决策者应当清楚这一问题。

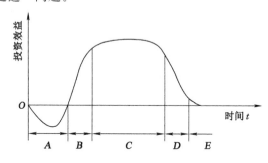

图 15-5　消防投资效益的规律

15.7.4　安装自动喷淋系统的经济性分析

各种消防技术措施在火灾防治过程中均具有其特定的作用，它们的购置与安装都涉及一定的基本费用，同时为了使不同消防设施之间能形成协同效应以提高火灾安全水平，需要对单项设施选取和多种设施组合的经济性进行合理权衡。在此，仅以安装自动喷淋系统为例做些初步分析。

（1）安装自动喷淋系统的成本与效益

① 成本的估算

自动喷淋系统主要包括喷头、湿式报警阀、水流指示器、末端试水装置、自动放气阀、泄压阀、泵组、稳压阀以及管道系统等。通过统计各个组件的数量和成本，就可以得出安装自动喷淋系统的成本。而安装自动喷淋系统的直接成本和间接成本分别依据国家的有关规定，按照工程费单价和工程量计算。

② 效益的估算

对于业主而言，安装自动喷淋系统的经济效益主要包括两个方面，一是财产损失的减少，二是财产保险费的降低。下面分别对这两方面的效益进行估算。

建筑物的火灾损失包括直接财产损失和间接财产损失两部分。每年的火灾直接财产损失可由下式计算：

$$DL = N \times \rho_F \times A_F \times P_F \tag{15-16}$$

式中　　DL——建筑物发生火灾的直接财产损失，元/年；

　　　　N——建筑物划分的防火分区的个数；

　　　　P_F——建筑物发生火灾的概率，起/（一个防火分区·年）；

　　　　A_F——建筑物某一防火分区内起火后的平均过火面积，m²；

　　　　ρ_F——建筑物的财产密度，元/m²。

建筑物发生火灾的概率 P_F 可由鲁茨坦（Rutstein）提供的公式计算得到：

$$P_F(A) = KA^a \tag{15-17}$$

式中　　A——建筑物防火分区的面积；

　　　　K,a——常数,对于不同类型的建筑取值不同,对于商用建筑, $K = 0.000\ 066$,

　　　　　　$a=1$。

通常,建筑物火灾的间接财产损失远大于直接财产损失。假设间接财产损失为直接财产损失的 n 倍(n 的取值与建筑物的使用性质有关),那么建筑物发生火灾的间接财产损失 IL （元/年）为

$$IL = n \cdot DL \tag{15-18}$$

对于安装自动喷淋系统的建筑,火灾财产损失的减少在于其过火面积的减小。

③ 关于自动喷淋系统效益的相关研究

安装自动喷淋系统的建筑物与未安装的建筑物相比,火灾死亡人数以及财产损失均有明显减少。美国消防协会(NFPA)的相关统计研究给出了很好的说明,见表 15-5。在我国,这类的统计研究尚少,应当尽快加强,以便获得一些有说服力的数据。

表 15-5　　　　　　　　　　　　　　是否安装自动喷淋灭火系统的效益比较

产业类型	每千次火灾死亡人数			每次火灾的直接财产损失		
	无自动喷淋灭火系统	有自动喷淋灭火系统	减少的百分比/%	无自动喷淋灭火系统	有自动喷淋灭火系统	减少的百分比/%
公共场所	1.3	0.1	92	16 100	6 200	61
教育产业	0.4	0.3	25	11 200	3 300	71
保健产业	4.2	2.1	50	2 400	800	67
旅　馆	7.5	2.6	65	10 200	4 500	56
办公楼	1.1	0.4	64	16 400	6 400	61
商　店	1.1	0.4	64	24 800	12 400	50
制造业	2.0	1.2	40	27 800	12 900	54

（2）安装自动喷淋灭火后的相关作用

从建筑物的整体火灾防治来看,安装了自动喷淋灭火后可以对建筑物的其他消防设计要求做出适当调整,这有利于使建筑物的使用功能更加合理。可能调整的方面主要有：

① 建筑面积

自动喷淋能够有效地控制起火区域的燃烧强度,防止起火房间发生轰燃,从而可降低火灾出现大范围蔓延的可能性。因此,如果在建筑物中安装了喷淋系统,便可以适当放宽对建筑面积的限制。

当建筑物安装了自动喷淋系统后,建筑面积的放宽程度可根据"等效损失"原则确定,就是说,对于这种放宽建筑面积的建筑物,应当保证在安装了自动喷淋系统后的火灾损失不会超过没安装自动喷淋系统时的损失。

② 防火分区面积

与可放宽建筑面积类似,安装自动喷淋系统的建筑的防火分区的面积也能够适当放宽。图 15-6 给出了某一封闭空间中防火分区面积与最大损失值之间的关系,其适用于分区面积

大于 32 m² 的情况。由该图可知,当受损面积都取为 153 m² 时,没安装喷淋的分区面积只能取到 500 m²,而安装了喷淋系统后该面积则可取到 4 000 m²。

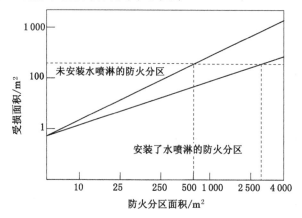

图 15-6 受损面积与防火分区面积的关系

我国《建筑设计防火规范》中规定,建筑内设置自动灭火系统时,该防火分区的最大允许建筑面积可在无自动灭火系统的基础上增加 1.0 倍。局部设置时,增加面积可按该局部面积的 1.0 倍计算。在英国等许多国家也大体是这样限定的。

③ 疏散通道

为了保证建筑内的人员顺利疏散,疏散通道必须不超过一定的长度,这基本上是根据烟气能够发生自由蔓延的情况确定的。安装了自动喷淋系统后,不仅能有效地扑灭初期火灾,或防止起火房间发生轰燃,而且能阻止烟气的蔓延,从而为相关区域内的人员提供更多的逃生时间。

因此,对于安装了喷淋系统的建筑,也能在保证火灾中人员安全程度的前提下,适当放宽对最大允许疏散距离的限制。而最大允许疏散距离的加长可以使建筑物的疏散楼梯或疏散出口的数量有所减少,从而降低了建筑成本。《建筑设计防火规范》规定,建筑物内全部设置自动喷水灭火系统时,其安全疏散距离可按规定增加 25%。

15.7.5 火灾损失的统计与评估

火灾损失的统计数据是反映火灾危险的基本资料,也是进行投入/效益比较的主要依据之一。《火灾损失统计方法》(GA 185)指出,火灾损失是火灾导致的火灾直接经济损失和人身伤亡。火灾直接经济损失是指火灾导致的火灾直接财产损失、火灾现场处置费用、人身伤亡所支出的费用之和。

火灾直接财产损失是指财产(不包括货币、票据、有价证券等)在火灾中直接被烧毁、烧损、烟熏、砸压、辐射以及在灭火抢险中因破拆、水渍、碰砸等所造成的损失。

火灾现场处置费用是指灭火救援费(包括:灭火剂等消耗材料费、水带等消防器材损耗费、消防装备损坏损毁费、现场清障调用大型设备及人力费)及灾后现场清理费。

统计火灾直接经济损失时,应按火灾直接财产损失、火灾现场处置费用和人身伤亡所支出的费用分类统计。火灾损失应以人民币货币作为计量货币,单位为元。火灾直接经济损失统计分类见表 15-6。

表 15-6　　　　　　　　　　　　　　　火灾直接经济损失统计分类

大类	中类	小类
火灾直接财产损失	建筑类损失	建筑构件损失
		设施设备损失
		房屋装修损失
	装置装备及设备损失	—
	家庭物品类损失	家电家具等物品损失
		衣物杂品损失
	汽车类损失	—
	产品类损失	—
	商品类损失	—
	保护类财产损失	文物建筑损失
		珍贵文物损失
		保护动植物损失
	其他财产损失	贵重物品损失
		图书期刊损失
		低值易耗品损失
		城市绿化损失
		农村堆垛损失
火灾现场处置费用	灭火救援费	灭火剂等消耗材料费
		水带等消防器材损耗费
		消防装备损坏损毁费
		清障调用大型设备及人力费
	灾害现场清理费	—
人身伤亡所支出的费用	医疗费(含护理费用)	—
	丧葬及抚恤费	—
	补助及救济费	—
	歇工工资	—

（1）火灾直接财产损失

统计火灾直接财产损失时,可根据现场损失物情况划分不同单元,选择相应的统计技术方法进行计算。

对损失价值相对较小的,或统计成本大于损失的,或杂乱零散无法区分的损失物,可不分类别、不分件数进行总体估算。

对文物建筑、珍贵文物、国家保护动植物、私人珍藏品等真伪鉴别难度较大、损失价值计算较难的以及社会影响大的火灾,可组织专家组或委托专业部门对其损失进行评估;亦可用文字描述的方式统计损失物的名称、类型、数量等。

财产损失计算中的价格取值原则如下:

① 对实行政府定价(包括工程定额)的商品、货物或其他财产,按政府定价计算;

② 对实行政府指导价的商品、货物或其他财产,按照规定的基准价及其浮动幅度确定价格;

③ 对实行市场调节价的商品、货物或其他财产,参照同类物品市场中间价格计算;

④ 对生产领域中的物品,如成品、半成品、原材料等,按成本取值;

⑤ 对流通领域中的商品,按进货价取值;

⑥ 对使用领域中的物品,按市场价取值。

对无法统计的损失物可不做损失价值统计或仅做文字、图片描述。如:火灾湮灭的物品或因火灾烧损、烟熏、砸压、水渍等作用致使损失物无法辨认等。

未列入的财产类别,其损失可参照类似财产统计。

(2) 火灾现场处置费

灭火救援费只统计消防队、单位专职消防队和志愿消防队在灭火救援中的灭火剂等消耗材料费、水带等消防器材损耗费、消防装备损坏损毁费和清障调用大型设备及人力费。灾后现场清理费只统计灾后第一次清理现场的费用。

(3) 人身伤亡所支出的费用

人身伤亡所支出的费用按照《企业职工伤亡事故经济损失统计标准》(GB/T 6721)的有关规定统计。

(4) 统计技术方法

① 选择原则

统计技术方法的选择原则如下:

a. 有充足的财产损失申报材料支持的宜选择调查验证法;

b. 低值易耗品、家庭物品等损失宜选择总量估算法统计;

c. 消防装备损失宜选择修复价值法,其他现场处置费宜选择实际价值法;

d. 建筑构件、设备设施及装置、城市绿化等损失宜选择重置价值法;

e. 房屋装修、汽车等损失宜选择修复价值法;

f. 产品商品类损失宜选择成本-残值法;

g. 贵重物品、图书期刊、农村堆垛等损失宜选择市值-残值法;

h. 文物建筑损失宜选择文物建筑重建价值法。

② 调查验证法

对受损单位(个人)申报的火灾直接财产损失进行调查验证。经验证,申报数据中主要损失物(贵重的、大件的)的名称、型号、数量、价值基本符合事实,按申报数据统计;基本不符合事实的,选择其他方法。验证方式有:

a. 有效证明材料(包括各种票据)复核;

b. 询问当事人、证人;

c. 现场勘验等。

③ 总量估算法

先估算损失物灾前财产总量价值,再通过损失程度估算一个损失百分比,两者相乘结果即为这些损失物的损失值。

④ 实际价值法

对灭火救援中损耗损毁的物品(如灭火剂、燃料、水带等)按当时当地实际价值统计;对灭火救援中调用大型设备、人力雇佣以及灾后清理现场等费用按实际发生额统计。

⑤ 重置价值法

重置价值法适用于计算建筑构件、房屋装修、设备设施及装置(包括储罐)、汽车、城市绿化以及家庭中家电家具等物品损失。重置价值法的计算见下式:

$$L_r = V_r \times R_r \times R_d \tag{15-19}$$

式中　L_r——损失额;

　　　V_r——重置价值;

　　　R_r——成新率,按规定确定;

　　　R_d——烧损率,按规定确定。

重置价值确定方法如下:

a. 对于在用建筑,其重置价值是受灾时该建筑在当地重新建造的每平方米工程造价与受灾面积的乘积;在建建筑,其重置价值是受灾时该建筑已经投入的每平方米工程造价与受灾面积的乘积。

b. 房屋装修重置价值按当地失火时实际投工投料的现行市场价格计算。

c. 设备设施及装置(包括储罐)和家电家具等物品的重置价值按当地当时相同商品的市场购置价格取值;市场没有相同商品,按相类似商品的市场购置价格取值;在市场上找不到相同或相类似的商品,重置价值取其原值。

d. 城市绿化重置价值按当地当时城市绿化工程预算计算。在计算城市绿化类损失时,只计算被损坏的绿化部分的重置价值,其成新率和烧损率的取值均为 1。

⑥ 修复价值法

修复价值法适用于计算建筑构件、房屋装修、设备设施及装置(包括储罐)、汽车、消防装备、贵重物品及家电家具等损失。修复价值法的计算见下式:

$$L_V = C_r \tag{15-20}$$

式中　L_V——损失额;

　　　C_r——修复费。

修复费大于受损前财产价值的,损失按受损前财产价值计算。汽车受损前价值可参照二手车市场估算价值。

⑦ 成本-残值法

成本-残值法适用于计算产品类和商品类损失。成本-残值法的计算见下式:

$$L_c = C - V_c \tag{15-21}$$

式中　L_c—— 损失额;

　　　C——成本;

　　　V_c——残值。

商品的成本只计算购进价、税金、运输费、仓储费等。

⑧ 市值-残值法

市值-残值法适用于计算金银首饰等贵重物品、图书期刊、家具家电、农村堆垛以及家庭粮仓等损失。市值-残值法的计算见下式:

$$L_m = M - V_c \tag{15-22}$$

式中　L_m——损失额；

　　　M——市值；

　　　V_c——残值。

市场没有相同物品的,可按相类似的物品计算。图书、农村堆垛、粮食等烧损后不能再使用的,其残值视为 0。

⑨ 文物建筑重建价值法

文物建筑重建价值法的计算见下式:

$$L_b = C_b \times (K_p + K_a) \times R_d \tag{15-23}$$

式中　L_b——文物建筑损失；

　　　C_b——文物建筑重建费,按国家有关部门颁布的古建筑修缮概(预)算定额取费；

　　　K_p——保护级别系数,取值按《火灾损失统计方法》附录 D 的规定确定；

　　　K_a——调节系数,取值按《火灾损失统计方法》附录 D 的规定确定；

　　　R_d——烧损率,按《火灾损失统计方法》附录 C 中"砌体部分"的规定确定。

参 考 文 献

[1] 蔡云.建设工程消防设计审核与验收实务[M].北京:国防工业出版社,2012.

[2] 程远平,李增华.消防工程学[M].徐州:中国矿业大学出版社,2002.

[3] 杜文峰.消防燃烧学[M].北京:中国人民公安大学出版社,1997.

[4] 公安部四川消防研究所.建筑材料及制品燃烧性能分级:GB 8624—2012[S].北京:中国标准出版社,2013.

[5] 公安部政治部.工业企业防火工程[M].北京:警官教育出版社,1998.

[6] 公安部政治部.建筑防火设计原理[M].北京:中国人民公安大学出版社,1997.

[7] 韩占先.降服火魔之术[M].济南:山东科学技术出版社,2001.

[8] 何天琪.供暖通风与空气调节[M].重庆:重庆大学出版社,2008.

[9] 霍然,胡源,刘元洲.建筑火灾安全工程导论[M].第2版.合肥:中国科学技术大学出版社,2009.

[10] 李亚峰,马学文,余海静.建筑消防工程[M].北京:机械工业出版社,2013.

[11] 吕显智,周白霞.建筑防火[M].北京:机械工业出版社,2015.

[12] 屈立军.建筑防火[M].北京:中国人民公安大学出版社,2006.

[13] 全国勘察设计注册公用设备专业管理委员会秘书处.全国勘察设计注册公用设备工程师暖通空调专业考试复习教材[M].第二版.北京:中国建筑工业出版社,2006.

[14] 全国消防标准化技术委员会.手提式灭火器第一部分性能和结构要求:GB 4351.1—2005[S].北京:中国标准出版社,2005.

[15] 全国消防标准化技术委员会.消防安全标志:GB 13495.1—2015[S].北京:中国标准出版社,2015.

[16] 全国消防标准化技术委员会火灾探测与报警分技术委员会.消防应急照明和疏散指示系统:GB 17945—2010[S].北京:中国标准出版社,2011.

[17] 全国消防标准化技术委员会建筑构件耐火性能分技术委员会.挡烟垂壁:GA 533—2012[S].北京:中国计划出版社,2012.

[18] 全国消防标准化技术委员会名词术语符合分技术委员会.火灾分类:GB/T 4968—2008[S].北京:中国标准出版社,2009.

[19] 孙景芝,韩永学.电气消防[M].第二版.北京:中国建筑工业出版社,2005.

[20] 徐彧,李耀庄.建筑防火设计[M].北京:机械工业出版社,2015.

[21] 张培红,王增欣.建筑消防[M].北京:机械工业出版社,2008.

[22] 张树平.建筑防火设计[M].北京:中国建筑工业出版社,2001.

[23] 中国消防协会.灭火救援员[M].北京:中国科学技术出版社,2013.

[24] 中华人民共和国公安部.火灾损失统计方法:GA 185—2014[S].北京:中国标准出版

社,2014.

[25] 中华人民共和国公安部消防局.消防安全技术实务(2016版)[M].北京:机械工业出版社,2016.

[26] 中华人民共和国公安部消防局.中国消防手册(第六卷):公共场所、用火用电、防火、建筑消防设施[M].上海:上海科学技术出版社,2011.

[27] 中华人民共和国公安部消防局.中国消防手册(第三卷):火灾预防[M].上海:上海科学技术出版社,2006.

[28] 中华人民共和国公安部消防局.中国消防手册(第一卷):总论·消防基础理论[M].上海:上海科学技术出版社,2011.

[29] 中华人民共和国国家质量监督检验检疫总局,中国国家标准化管理委员会.灭火器维修:GA 95—2015[S].北京:中国计划出版社,2015.

[30] 中华人民共和国国家质量监督检验检疫总局,中国国家标准化管理委员会.危险化学品重大危险源辨识:GB 18218—2018[S].北京:中国标准出版社,2018.

[31] 中华人民共和国国家质量监督检验检疫总局,中国国家标准化管理委员会.重大火灾隐患判定方法:GB 35181—2017[S].北京:中国标准出版社,2017.

[32] 中华人民共和国建设部,中华人民共和国国家质量监督检验检疫总局.火灾自动报警系统施工及验收规范:GB 50166—2007[S].北京:中国计划出版社,2008.

[33] 中华人民共和国建设部.建筑灭火器配置设计规范:GB 50140—2005[S].北京:中国计划出版社,2005.

[34] 中华人民共和国住房和城乡建设部,中华人民共和国国家教育委员会.托儿所、幼儿园建筑设计规范:JGJ 39—2016[S].北京:中国建筑工业出版社,2016.

[35] 中华人民共和国住房和城乡建设部,中华人民共和国国家质量监督检验检疫总局.火灾自动报警系统设计规范:GB 50116—2013[S].北京:中国计划出版社,2014.

[36] 中华人民共和国住房和城乡建设部,中华人民共和国国家质量监督检验检疫总局.建筑防烟排烟系统技术标准:GB 51251—2017[S].北京:中国计划出版社,2017.

[37] 中华人民共和国住房和城乡建设部,中华人民共和国国家质量监督检验检疫总局.消防应急照明和疏散指示系统技术规范:GB 51309—2018[S].北京:中国计划出版社,2018.

[38] 中华人民共和国住房和城乡建设部,中华人民共和国国家质量监督检验检疫总局.自动喷水灭火系统设计规范:GB 50084—2017[S].北京:中国计划出版社,2017.

[39] 中华人民共和国住房和城乡建设部.建筑灭火器配置验收及检查规范:GB 50444—2008[S].北京:中国计划出版社,2008.

[40] 中华人民共和国住房和城乡建设部.建筑设计防火规范:GB 50016—2014(2018版)[S].北京:中国计划出版社,2018.

[41] 中华人民共和国住房和城乡建设部.汽车库、修车库、停车场设计防火规范:GB 50067—2014[S].北京:中国计划出版社,2015.

[42] 中华人民共和国住房和城乡建设部.人民防空工程设计防火规范:GB 50098—2009[S].北京:中国计划出版社,2009.

[43] 中华人民共和国住房和城乡建设部.自动喷水灭火系统施工及验收规范:GB 50261—2017[S].北京:中国计划出版社,2017.